社交网络数据分析

陈 福 著

人民交通出版社股份有限公司
China Communications Press Co.,Ltd.

内容提要

随着信息技术的迅猛发展,参与到社交网络中的人越来越多,人们乐于在网络中分享自己的相关信息,拓展自己的人脉。企业甚至能通过社交平台直接影响客户。因此,研究社交网络数据,具有重大意义。

本书共分11章,具体内容包括:机器学习基本概念、隐马尔可夫模型、人工神经网络基本原理、相关数学基础与语言模型、Word2vec基本原理、Word2vec使用方法、新浪微博数据采集与分析、新浪微博爬虫WB-crawler、新浪微博情感倾向分析、新浪微博数据全息采集与向量化处理、基于网络新闻的国际态势感知等内容。

本书可供社交网络数据分析工程师、网络运营服务从业人员、相关专业的高校学生以及对社交网络数据感兴趣的人员参考使用。

图书在版编目(CIP)数据

社交网络数据分析/陈福著. — 北京 : 人民交通出版社股份有限公司, 2016.1

ISBN 978-7-114-12718-2

Ⅰ. ①社… Ⅱ. ①陈… Ⅲ. ①计算机网络—数据处理 Ⅳ. ①TP393

中国版本图书馆CIP数据核字(2015)第303858号

书　　名: 社交网络数据分析
著 作 者: 陈　福
责任编辑: 张江成
出版发行: 人民交通出版社股份有限公司
地　　址: (100011)北京市朝阳区安定门外外馆斜街3号
网　　址: http://www.ccpress.com.cn
销售电话: (010)59757973
总 经 销: 人民交通出版社股份有限公司发行部
经　　销: 各地新华书店
印　　刷: 北京中石油彩色印刷有限责任公司
开　　本: 787×1092　1/16
印　　张: 13
字　　数: 252千
版　　次: 2016年1月　第1版
印　　次: 2016年1月　第1次印刷
书　　号: ISBN 978-7-114-12718-2
定　　价: 26.00元

特 别 致 谢

本书的出版得到了北京外国语大学中国文化走出去协同创新中心、北京对外文化交流与世界文化研究基地的资助和支持。

前　言

距离挪威大陆北海岸657公里的斯瓦尔巴群岛一处山洞地窖中，有一座“末日粮仓”，约1亿粒世界各地的农作物种子保存在那里。这个“末日粮仓”位置高于海平面130m，即使格陵兰的冰盖融化或者南极洲的冰层完全消融，海平面上升61m，它也会安然无恙。这样，当核战争、自然灾害或气候变化等人类灾难发生后，人类还能重新播种，这是人类给自己的未来储存希望。与此类似，社交网络数据堪称是记录人类历史足迹的“种子”，是人类思想、事件、情感和关系的固化符号表示，是人类时空坐标下的精神足迹。这些数据隐藏着太多规律，这些数据即时发生、即时成为历史，但却可以帮助人类更好地走向未来。

英国牛津大学的人类学家罗宾·邓巴提出的邓巴数理论，根据猿猴的智力与社交网络推断出：人类智力允许人类拥有稳定社交网络的人数是148人。被誉为“世界最伟大的销售员”的乔·吉拉德总结出了“250定律”，认为每一位顾客身后约有250名亲朋好友。如果赢得一位顾客的好感就意味着赢得了250个人的好感，反之也就意味着失去了250名顾客。再如“六度空间理论”，你和任何一个陌生人之间所间隔的人不会超过6位，即最多通过5个中间人你就能够认识任何一个陌生人等。可见研究社交网络数据是非常有趣，也是非常有必要的。

本书第1章介绍了人工智能、机器学习与深度学习、人工神经网络等相关概念，试图给出本书涉及内容的宽角度理解。第2章讲述了隐马尔科夫模型(HMM)的基本概念、模型结构、可以解决的问题，最后采用实例阐述HMM的具体使用方法，将理论与实际问题相结合。第3章讲述了人工神经网络的基本概念，包括意识与神经元、人工神经元模型、M-P模型、激活函数、人工神经网络偏置、学习算法等。第4章讲述了Word2vec所涉及的相关数学基础，包括概率论和数理统计中的标准差、协方差、常见分布、数据拟合、极大似然估计和回归及梯度下降等。第5章介绍可Word2vec功能、源文件结构、使用的模型、Word2vec的核心代码等。第6章对Word2vec的环境建立、程序运行和使用等进行了介绍。Word2vec将词语转换成向量，进而可以把对文本内容的处理转化为向量空间中的向量运算，这在文本分析中具有一定的意义。第7章利

Word2vec 训练出的词向量和 K-means 算法对微博用户进行聚类。第 8 章阐述了微博爬虫 WB-crawler 的需求分析、实现思路和重点技术问题的解决方法，WB-crawler 对微博内容、转发嵌入评论以及转发关系的微博情感态度的分析挖掘奠定了基础。第 9 章提出两种微博情感分类的改进算法。基于情感分析方面，利用 SO-SD 和 Word2vec 建立微博空间情感词典，然后利用情感词的线性加和计算微博的整体情感态度，取得了较高情感分类准确率。第 10 章开展了微博的数据采集及其在社会管理方面的分析。第 11 章挖掘和分析跨中英语境的网络新闻，构建了基本的国际网络新闻分析模型，实现了抓取海量中、英文新闻文本，数据清洗，自然语言处理和文本分析。本书试图通过基本理论模型、实现原理、工具分析和应用，在社交网络和新闻数据挖掘的基础上，介绍社交网络和新闻数据的向量化实现方法，并在此基础上做一定的分析和应用。

本书的出版得到了国家自然科学基金“面向下一代互联网的网络服务建模基础理论研究(No. 61170209)”“信息中心网路中内嵌缓存和请求路由动态优化模型研究(No. 61502038)”“教育部新世纪优秀人才支持计划资助(No. NCET-13-0676)”、北京外国语大学 2011 协同创新中心重点课题“网路大数据驱动的中国文化国际影响力量化分析研究(NO. BFSU2011-ZD04)”等课题的资助。另外，我的学生管梦圆、白雪、温皓森、倪艺涵和姜小佛分别整理了相关资料。张妍、詹斯迪两位同学完成了第 10 章、第 11 章的主体工作。对上述几位同学辛苦而有成效的工作深表感谢。

由于本人水平有限，书中错误和不足之处在所难免，恳请专家、读者予以指正。

2015 年 10 月于北京

目　　录

第1章 机器学习基本概念

1.1 人工智能概述

在20世纪40年代和50年代,来自数学、心理学、工程学、经济学和政治学等不同领域的一批科学家开始探讨制造人工大脑的可能性。"人工智能"这一术语源于非常知名的达特茅斯会议。1956年8月,达特茅斯学院数学助理教授约翰·麦卡锡在洛克菲勒基金会的赞助下,邀请哈佛大学数学与神经学初级研究员马文·闵斯基(M L Minsky)、贝尔电话实验室数学家克劳德·香农(C E Shannon)和IBM工程师罗彻斯特(N Rochester)等几位学者,在美国汉诺斯小镇达特茅斯学院讨论用机器来模仿人类学习以及其他方面的智能问题。达特茅斯会议历时两个多月,首次提出"人工智能"这一术语,并确立了可行的目标和方法,这使得人工智能成为计算机领域一个独立的重要分支,获得了科学界的承认。要给人工智能下一个准确的定义是非常困难的,由于本书重点不是人工智能,因此仅仅给出人工智能的基本定义。

一般认为,人工智能(Artificial Intelligence)是研究、开发用于模拟、延伸和扩展人的智能的理论、方法、技术及应用系统的一门科学。人工智能是计算机科学的一个分支,试图掌握智能的实质并借此生产出与人类智能相似的、具有功能反应系统的智能机器。该领域的研究包括机器人、语言识别、图像识别、自然语言处理和专家系统等。终极的目的是制造模拟人类能在某种环境下做出反应和行为的系统或软件。研究领域包括推理(Reasoning)、知识表示(Knowledge Representation)、自动规划(Automated Planning and Scheduling)、机器学习(Machine Learning)、自然语言处理(Natural Language Processing)、计算机视觉(Computer Vision)、机器人学(Robotics)、通用智能或强人工智能(General Intelligence or Strong AI)等。机器学习是人工智能的重要研究领域,也是实现人工智能的一种手段。

1.2 机器学习与深度学习

1950年,计算机和人工智能领域的奠基人阿兰·图灵提出图灵试验的设想,即隔墙对话,你将不知道与你谈话的是人还是电脑。机器学习(Machine Learning)是一门研究计算机模拟或实现人类的学习行为,以获取新的知识或技能,重新组织已有的知识结构使之不断改善自身

性能的学科。从机器学习的模型结构层次来分,机器学习经历了两次浪潮:

(1)浅层学习(Shallow Learning)。20 世纪 80 年代末期,人工神经网络的反向传播算法(BP 算法)的发明,给机器学习带来了希望,掀起了基于统计模型的机器学习热潮。20 世纪 90 年代,各种浅层机器学习模型相继被提出,如支持向量机(SVM)、Boosting、最大熵方法(LR)等。浅层学习的局限性在于在有限样本和计算单元情况下,对复杂函数的表示能力有限,针对复杂分类问题其泛化能力受到一定制约。

(2)深度学习(Deep Learning)。2006 年加拿大多伦多大学教授、机器学习领域泰斗 Geoffrey Hinton 在《Science》上发表了《Unsupervised Discovery of Nonlinear Structure Using Contrastive Backpropagation》,开启了深度学习在学术界和工业界的浪潮。深度学习的实质是通过构建具有多个隐层的机器学习模型和海量的训练数据,来学习更有用的特征,从而最终提升分类或预测的准确性。因此,“深度模型”是手段,“特征学习”是目的。深度学习可通过学习一种深层非线性网络结构,实现复杂函数逼近,表征输入数据分布式表示,并展现了强大的从少数样本中集中学习数据集本质特征的能力。多层可以用较少的参数表示复杂的函数。区别于传统的浅层学习,深度学习的特点包括:

①含多层稳层节点。

②突出特征学习的重要性。通过逐层特征变换,将样本在原空间的特征表示变换到一个新特征空间,从而使分类或预测更加容易。

与人工规则构造特征的方法相比,利用大数据来学习特征,更能够刻画数据丰富的内在信息。2012 年 6 月,《纽约时报》披露了 Google Brain 项目。Google Brain 运用深度学习,使用 1 000台电脑创造 10 亿个连接的“神经网络”,让机器系统学会自动识别猫。2012 年 11 月,微软公开演示了一个全自动同声传译系统。讲演者用英文演讲,后台的计算机自动完成语音识别、英中机器翻译和中文语音合成,效果非常流畅,这背后支撑的关键技术也是深度学习。2013 年 1 月,百度创始人兼 CEO 李彦宏成立百度研究院和“深度学习研究所”。2013 年 3 月,谷歌收购了加拿大神经网络创业公司 DNNresearch。该公司是由多伦多大学教授 Geoffrey Hinton 与他的两个研究生创立。

深度学习的概念源于人工神经网络。深度学习最简单的一种方法是利用人工神经网络的特点。含多隐层的多层感知器就是一种深度学习结构。深度学习通过组合低层特征,形成更加抽象的高层表示属性类别或特征,以发现数据的分布式特征表示。深度学习采用了神经网络相似的分层结构,系统是由包括输入层、隐层(多层)、输出层组成的多层网络,只有相邻层节点之间有连接,同 层以及跨层节点之间相互无连接。这种分层结构比较接近人类大脑结构。传统神经网络采用反向传播的方式进行,用迭代算法训练网络,随机设定初值,计算当前网络的输出,然后根据当前计算的输出值和实际的标记值之间的差去改变前面各层的参数,直

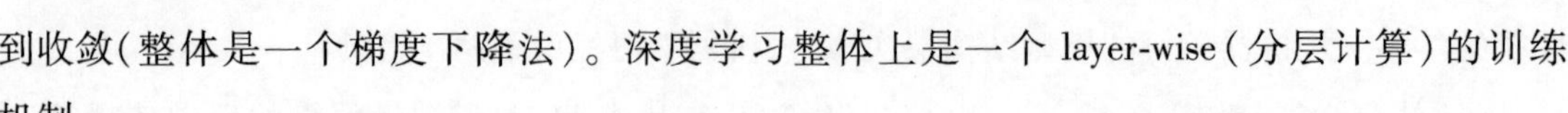

到收敛(整体是一个梯度下降法)。深度学习整体上是一个 layer-wise(分层计算)的训练机制。

①自下而上的非监督学习:从底层开始,一层一层地往顶层训练,分别得到各层参数。采用无标签数据分层训练各层参数,这是特征学习过程。

②自上而下的监督学习:通过带标签的数据去训练,误差自上向下传输,对网络进行微调。

基于第一步得到的各层参数进一步调整整个多层模型的参数,这一步是一个有监督训练过程。深度学习常用模型包括自动编码器(Auto Encoder)、深度信念网络(Deep Belief Networks)、卷积神经网络(Convolutional Neural Networks)。

人工神经网络(Artificial Neural Network,ANN)本身就是具有层次结构的系统,如果给定一个神经网络,假设输出与输入相同,然后训练调整其参数,得到每一层中的权重,从而得到输入的几种不同表示(每一层代表一种表示),这些表示就是特征。

深度信念网络(Deep Belief Network,DBN)。由 Geo ffrey Hinton 2006 年在《A Fast Learning Algorithm for Deep Belief Net》中提出,是一种无监督学习下的机器学习模型,用于建立一个观察数据和标签之间的联合分布。DBN 的组成元件是受限玻尔兹曼机。深度信念网络是一个包含多层隐层(隐层数大于 2)的概率生成模型,每一层从前一层的隐含单元捕获高度相关的关联。DBN 是由多层 RBM 组成的一个神经网络。学习的方法采用贪婪算法,时间复杂度和空间复杂度均为线性,适用于大规模数据的学习。训练 DBN 时,用数据向量来推断隐层,然后把稳层作为下一层的数据向量。

卷积神经网络。卷积神经网络是一种有监督的深度学习模型,已成为当前语音分析和图像识别领域的研究热点。卷积网络的核心思想是局部感受、权值共享(或权值复制)以及时间或空间亚采样。这种网络结构对平移、比例缩放、倾斜或者共他形式的变形具有高度不变性。

1.3 人工神经网络与 Word2vec

由于深度学习概念的兴起,人工神经网络重新受到了机器学习领域的高度重视。ANN 模拟人的大脑,把每一个节点当作一个神经元,这些"神经元"组成的网络就是神经网络。ANN 是由大量处理单元(人工神经元)互连而成的计算网络。人工神经网络本质上是一种抽象的数学模型,以现代神经科学研究为基础,通过某种简化、抽象和模拟等方式模拟大脑功能,从大量数据中寻找数据的内在规律,建立数据之间的联系,描述输入与输出之间的关系。可把神经网络当作一个黑箱子,只要告诉它输入、输出,就可以学到输入与输出之间的函数关系。神经网络的理论基础之一是三层的神经网络可以逼近任意函数。只要数据量足够大、神经元数量足够多,神经网络就可以学到数据的特征。神经网络涉及构成神经网络的基本单元神经元,神经网络的拓扑结构和神经网络学习和训练,修正神经元之间的连接权值和阈值的学习规则三个方面。神经元有一个变换函数,用于执行对该神经元所获的网络输入量的转换,这就是激活函数,它可以将神经元的输出进行放大处理或限制在一个适当的范围内。关于人工神经网络,《数学之美》(第二版)的介绍在有关材料中表述明确且容易理解。

2013 年 Google 发布了开源软件 Word2vec。Word2vec 是将词汇表征为实数值向量的高效工具。Word2vec 利用深度学习的思想,可以通过训练把对文本内容的处理简化为 K 维向量空间中的向量运算。向量空间上的相似度可以用来表示文本语义上的相似度,从而服务于许多自然语言的处理工作。Word2vec 是一个神经网络模型的开源实现,把文本变成向量形式。Word2vec 在不需要人工干预的情况下创建特征,包括词的上下文特征。这些上下文来自于多个词的窗口。如果有足够多的数据、用法和上下文,Word2Vec 能够基于这个词的出现情况,预测一个词的词义。Word2vec 需要一串句子作为其输入。每个句子,也就是一个词的数组,被转换成 n 维向量空间中的一个向量,并且可以和其他句子(词的数组)所转换成的向量进行比较。在这个向量空间里,相关的词语和词组会出现在一起。把它们变成向量之后,可以在一定程度上计算它们的相似度并对其进行聚类。这些类别可以作为搜索、情感分析和推荐的基础。Word2vec 神经网络的输出是一个词表,每个词由一个向量来表示。

1.4　本章小结

本章通过对人工智能、机器学习与深度学习、人工神经网络与 Word2vec 的介绍,给出本书所涉及技术内容的基本的概念。

第2章 隐马尔可夫模型

2.1 隐马尔可夫模型解决的问题

在众多系统的实际运行过程中,状态的转变有固定的顺序。如高铁的运行线路、网络带宽的消耗模型、甚至人的日常起居活动等,每一个状态的下一状态是确定的,这种模式一般称为确定性生成模式。存在另外有一些系统,其行为轨迹的状态改变事先无法确定。如根据今天的股票变化推测明天股票的市场行为、根据军队的演习能力推测实战能力、根据今天某人的表现推测明天表现等,系统的下一个状态是不明确的。这种状态变换不确定的模式一般称为非确定生成模式。确定性生成模式运行过程较为简单,因此,不确定性生成模式是研究的重点内容,而隐马尔科夫模型(Hidden Markov Models,HMM)是解决这类问题的一个重要方法。

在20世纪60年代后半期,隐马尔可夫模型最初是Leonard E. Baum等在一系列的统计学论文中提出的基于时序的概率模型。HMM最初的应用是开始于20世纪70年代中期的语音识别。20世纪80年代后期,HMM在生物信息学领域几乎已经无处不在。HMM在人体行为识别、文字识别等领域应用非常广泛。HMM是一种统计模型,用来描述一个含有隐含未知参数的马尔可夫过程。在一般的马尔可夫模型中,状态对于观察者来说是可见的,状态的转换概率便是全部参数。HMM是马尔可夫链的一种,其状态不能被直接观察到,但是可以通过可见的观察向量间接反映,即每一个观察向量由一个具有相应概率密度分布的状态序列产生,又由于每一个状态也是随机分布的,所以HMM是一双重随机过程。在HMM中,状态并不是直接可见的,但受状态影响的某些变量则是可见的。每一个状态在可能输出的符号上都有一概率分布。因此,可观察序列能够折射出隐含状态序列的部分信息,如图2-1所示,x是隐含状态,y为可观察的输出,a为转换概率(Transition Probabilities),b输出概率(Output Probabilities)。n阶HMM表示当前状态只与前n个状态有关,通常研究的是一阶HMM,即当前状态只与前一状态有关,显然这是不符合大多数系统的实际运行过程。HMM是与时间无关的模型,这也是一个与现实不符的假设。

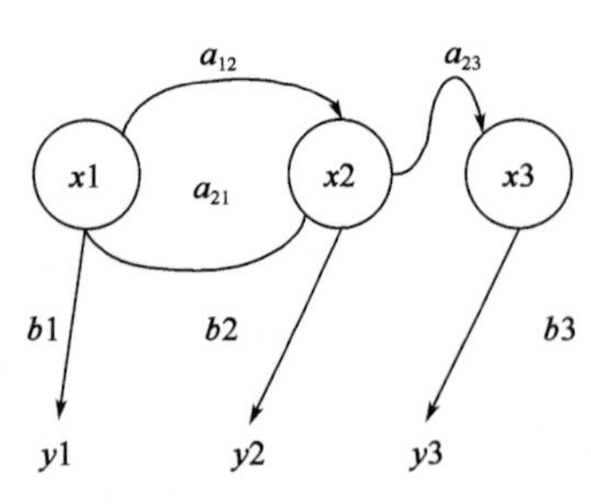

图2-1 隐马尔可夫模型状态变迁图

例如,假设某足球队运动员的日常训练需要根据室外天气进行安排,训练内容包括有球练习、体能训练和室内健身,并设室外天气“下雨”和“晴天”两种情况。通过观察该足球队训练得出该对依据天气进行活动安排的规律如下：

	下雨	晴天
有球练习	0.1	0.5
体能训练	0.2	0.4
室内健身	0.7	0.1

而天气之间互相转换的关系如下：

	下雨	晴天
下雨	0.7	0.3
晴天	0.4	0.6

设第一天下雨的概率为0.6，晴天的概率为0.4。连续三天该足球队的活动分别是有球练习、体能训练、室内健身。如根据体育运动的内容判断天气情况，就可以考虑采用HMM。

一个HMM模型可以用五个元组描述：

(1)两个状态集合：隐含状态S、可观测状态O。一个系统的隐藏状态集合S可以由一个马尔可夫过程进行描述。可观测状态O是可以观测得到的状态集合。

(2)三个概率矩阵：初始状态概率向量$\boldsymbol{\pi}$，隐含状态概率转移矩阵$\boldsymbol{A}$、可观测状态转移概率矩阵$\boldsymbol{B}$。初始状态概率向量$\boldsymbol{\pi}$是模型在时间$t=1$时各个隐藏状态出现的概率。状态转移矩阵是一个隐藏状态变迁到另一个隐藏状态的概率。混淆矩阵是给定某一隐藏状态，观察到的各个可观察状态的概率。因此，一个隐马尔可夫模型是在一个标准的马尔可夫过程中引入一组观察状态，以及其与隐藏状态之间的概率关系。

HMM在实际应用中主要用来解决三类问题：

(1)评估问题，即给定观测序列($O=O_1O_2O_3\cdots O_t$)和模型参数$\lambda=(\boldsymbol{A},\boldsymbol{B},\boldsymbol{\pi})$，计算这一观测序列出现的概率。该问题通过名为“前向法(Forward Algorithm)”的一种动态规划方法来求解。

(2)解码问题，即给定观测序列$O=O_1O_2O_3\cdots O_t$和模型参数$\lambda=(\boldsymbol{A},\boldsymbol{B},\boldsymbol{\pi})$，求解满足这种观察序列意义最优隐含状态序列$S$。用动态规划方法Viterbi算法找出最可能的状态路径求解。

(3)学习问题，即HMM的模型参数$\lambda=(\boldsymbol{A},\boldsymbol{B},\boldsymbol{\pi})$未知，通过一个观测序列求出这3个参数，使观测序列$O=O_1O_2O_3\cdots O_t$的概率尽可能大。采用Baum-Welch/EM算法，通过给定一个O，不断估算，找到一个适合的lambda参数，使发生这个O的概率$P(\mathrm{O|lambda})$最大。

2.2 隐马尔可夫模型基本原理

2.2.1 非确定生成模式

发现事物的变化规律对很多系统都是有重要意义的,如计算机指令系统的指令使用规律、汉语词汇连接顺序等。系统相关事件可能存在相对固定的变化模式,如通过一片海藻推断天气。湿透海藻代表可能是潮湿阴雨的天气,而干燥的海藻则代表可能是晴天,可以在观察的基础上预测天气是雨天或晴天的可能性。同时,前一天的天气状态也会对第二天有一定影响。通过综合昨天的天气及观察到的相应的海藻状态,可以预测今天的天气情况。可以通过一定时间段的海藻状态观察,预测后续天气状态变化等。

假设系统的每一个状态唯一依赖于前一状态。例如,如果当前交通灯为绿色,则交通灯下一个颜色状态一定是黄色,即该系统是确定性的。确定性系统相对比较容易理解和分析,因为状态间的转移是完全已知的。相反,非确定生成模式则较为复杂。因此,希望对这个系统建模,以便能够求解系统的变化规律。可以假设模型的当前状态仅仅依赖于前面的几个状态,这被称为马尔可夫假设,它极大地简化了问题的求解过程。虽然这样的假设显得依据不足,但这样的假设使系统简化,从而有利于分析。

一个马尔可夫过程是状态间的转移仅依赖于前 n 个状态的过程。这个过程被称之为 n 阶马尔可夫模型,其中 n 是影响下一个状态选择的(前)n 个状态。最简单的马尔可夫过程是一阶模型,它的状态选择仅与前一个状态有关,下一个状态由相应的概率决定,并不是确定性的。图 2-2 是三状态的一阶状态转移展示。

对于有 M 个状态的一阶马尔可夫模型,共有 M^2 个状态转移,因为任何一个状态都有可能是所有状态的下一个转移状态。每一个状态转移都有一个概率值,称为状态转移概率,这是从一个状态转移到另一个状态的概率。所有的 M^2 个概率可以用一个状态转移矩阵表示,这些概率不随时间变化。图 2-3 所示为状态变迁矩阵,该矩阵显示了是天气例子中可能的状态转移概率。

如果 T 时刻为状态 1,则 $T+1$ 时刻为状态 1 的概率为 0.2,则 $T+1$ 时刻为状态 2 的概率为 0.4,则 $T+1$ 时刻为状态 3 的概率为 0.4。每一行之和为 1。初始化该系统,需要确定起始状态,定义其为一个初始概率向量,称为 $\boldsymbol{\pi}$ 向量:

状态 1	状态 2	状态 3
1	0.0	0.0

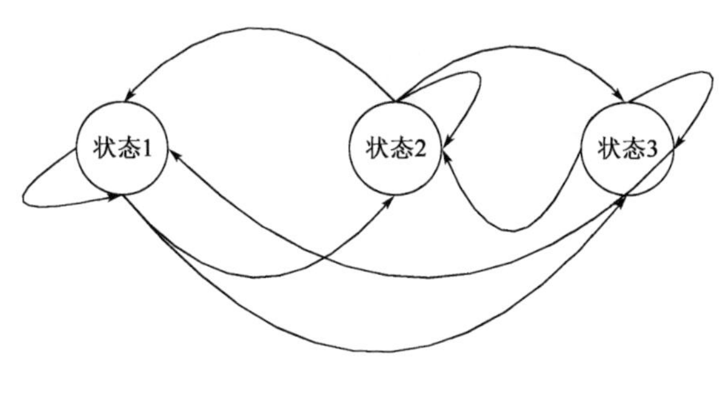

图 2-2 三状态变化

T时刻	T+1时刻		
	状态1	状态2	状态3
状态1	0.2	0.4	0.4
状态2	0.2	0.3	0.5
状态3	0.1	0.6	0.3

图 2-3 状态变迁矩阵

即 T 时刻为状态 1 的概率为 1。这个系统的一阶马尔可夫过程如下：

状态：状态 1、状态 2、状态 3；

$\boldsymbol{\pi}$ 向量：系统初始化时每一个状态的概率；

状态转移矩阵：给定 T 时刻下的状态，到当 $T+1$ 状态的概率。

任何一个可以用这种方式描述的系统都是一个马尔可夫过程。通过建立一个按时间变化的模型，使用离散时间点、离散状态以及马尔可夫假设对系统进行建模。该模型包括一个初始概率向量和一个状态转移矩阵，而且状态转移矩阵并不随时间的改变而改变是规律性体现。

2.2.2 HMM 结构

在某些情况下无法直接得到马尔可夫过程，如不能够直接得到天气情况，但水藻的状态可知。因为水藻的状态与天气状态有一定的概率关系，而水藻状态是可观察，天气状态是隐藏状态。在不能够直接观察天气的情况下，设计一种用水藻状态和马尔可夫假设来预测天气的算法。观察到的状态序列与隐藏过程有一定的概率关系。使用隐马尔可夫模型对这样的过程建模，这个模型包含了一个隐藏的随时间改变的马尔可夫过程，以及与隐藏状态存在某种关联的可观察状态集合。图 2-4 表示实际的天气的隐藏状态用一阶马尔可夫过程描述，它们之间都全连接，并具有自反性。

隐藏状态和观察状态之间的连接表示，在给定的马尔可夫过程中一个特定的隐藏状态生成特定的观察状态的概率。除了定义马尔可夫过程的概率关系，还需定义还需定义一个名为混淆矩阵（Confusion Matrix）的概率矩阵，该混淆矩阵描述了隐藏状态相对应的各个观察状态的概率。图 2 5 为对于图 2-4 中给出的天气例子的混淆矩阵。其中，矩阵的每一行之和为 1，表示一个隐藏状态对应的各个观察状态之和是一个必然事件。

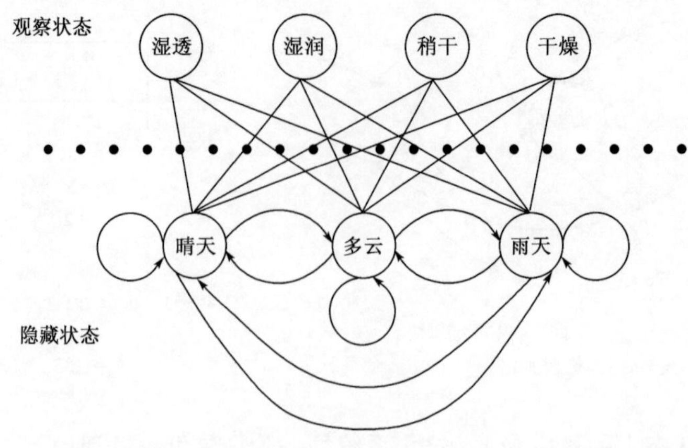

图 2-4　海藻天气关联图

		海藻			
		干燥	稍干	湿润	湿透
天气	晴天	0.60	0.20	0.15	0.05
	多云	0.25	0.25	0.25	0.25
	雨天	0.05	0.10	0.35	0.50

图 2-5　混淆矩阵

综上可知,一个观察序列与一个马尔可夫过程概率相关。观察状态的数目和隐藏状态的数目可以不同。隐马尔可夫模型结构如下:一个隐马尔可夫模型是一个三元组($\boldsymbol{\pi}$,$\boldsymbol{A}$,$\boldsymbol{B}$)。$\boldsymbol{\pi}$为始化概率向量,$\boldsymbol{A}=A_{ij}$为状态转移矩阵,$\boldsymbol{B}=B_{ij}$为混淆矩阵。

状态转移矩阵及混淆矩阵中的概率与时间无关,即当系统演化时这些矩阵并不随时间而改变,这也是马尔可夫模型关于真实世界最不现实的一个假设。隐马尔卡夫模型最适合描述变化概率稳定的系统。这样的系统是大量存在的,如人类语言的单词之间的连接关系、声音之间的连接关系等。

2.2.3　HMM 可以解决的问题

HMM 用来解决三个基本问题:给定 HMM 求一个观察序列的概率,即所谓的评估问题;给定观察序列求解隐藏状态,即所谓的解码问题;给定观察序列生成一个 HMM 的学习问题。其中前两个是模式识别的问题。

(1)评估或判断。对于一个观察序列匹配最可能的系统,使用前向算法(Forward Algorithm)的评估问题。当存在描述同一系统的多个 HMM 模型及一个观察序列,求解能最佳匹配相应观察序列的 HMM。例如,对于上述天气的例子,可能存在“夏季”、“冬季”两个模型。因为不同季节之间的天气情况不同,这样就可以根据海藻湿度的观察序列,来确定当前的季节。在语音识别中,建立很多马尔可夫模型,每一个模型对一个特定的单词进行建模。一个发音单词形成一个观察序列,并且通过寻找对于此观察序列最有可能的隐马尔可夫模型,从而识别这个单词。对应观察序列的概率最大的 HMM 相对于观察状态而言就是最好的 HMM。一般使用前向算法(Forward Algorithm)计算给定 HMM 的一个观察序列的概率,并由此选择最合适的 HMM,这本质上是一个分类过程。

(2)解码问题。对于已生成的一个观察序列,确定最可能的隐藏状态序列,使用 Viterbi 算法(Viterbi Algorithm)的解码问题。给定观察序列寻找最可能的隐藏状态序列过程,即寻找观察序列背后的隐藏状态序列。在很多情况下,隐藏状态不能直接进行观察或测量,它本质上是一种状态空间变换。如上述天气例子中天气状态在这里就是隐藏状态,解码研究的问题是如何通过海藻的状态推测天气的情况。一般使用 Viterbi 算法确定已知观察序列及 HMM 下最可能的隐藏状态序列。Viterbi 算法在自然语言处理的词性标注中有广泛的应用。句子中的单词是可观察状态,词性是隐藏状态。对于句子中的每个单词,通过搜索其最可能的隐藏状态,确定特定上下文中每个单词最可能的词性,从而满足诸如语义理解等自然语言处理的目标。

(3)学习。对于已生成的观察序列,使用 Forward-backward 算法(Forward-Backward Algorithm)决定最可能的模型参数的学习问题。学习是根据观察序列生成隐马尔可夫模型的过程,这是与 HMM 相关的问题中最复杂的问题。根据观察序列估计最合适的隐马尔可夫模型,即确定对已知序列描述最合适的$(\boldsymbol{\pi},\boldsymbol{A},\boldsymbol{B})$。当矩阵 $\boldsymbol{A}$ 和 $\boldsymbol{B}$ 不能直接得到时,常采用 Forward-Backward 算法进行参数估计学习,这也是实际应用中常见的情况。

虽然 HMM 只是一种近似求解,但通过由一个向量和两个矩阵组成的隐马尔可夫模型$(\boldsymbol{\pi},\boldsymbol{A},\boldsymbol{B})$对实际系统进行行为分析具有一定的意义。

2.2.4 Forward 算法

1)穷举搜索(Exhaustive Search for Solution)

给定隐马模型$(\boldsymbol{\pi},\boldsymbol{A},\boldsymbol{B})$,计算观察序列概率。如前述的天气的例子,假设连续 3 天海藻湿度的观察结果是干燥、湿润、湿透 3 种观察现象,而这 3 天每一天都可能是晴天、多云或雨天。设存在一个用来描述天气及与它密切相关的海藻湿度状态的 HMM,同时海藻的湿度状态观察序列已知。对于观察序列以及隐藏的状态,可以将其视为网格,如图 2-6 所示。图 2-6 中的一列表示某天的可能天气状态。每一列中的每个状态都与相邻列中的每一个状态相连,其状态间的转移概率由状态转移矩阵提供。每一列下面存在一个当天的观察状态。混淆矩阵描述给定一个隐藏状态所得到的观察状态概率。

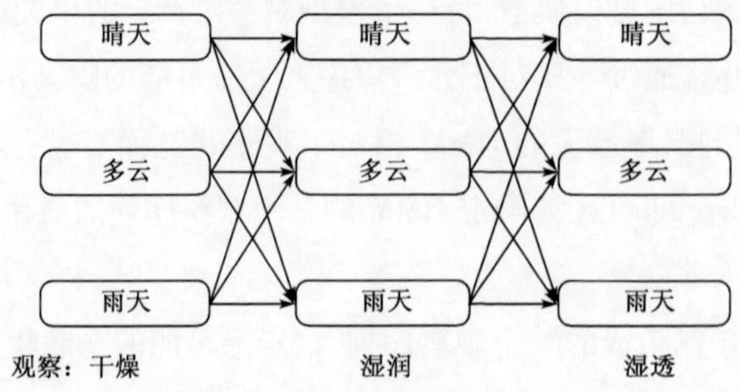

图 2-6　连续 3 天的天气变化规律

一种计算观察序列概率的方法是找到每一个可能的隐藏状态序列，并且将这些隐藏状态下的观察序列概率相加。对于上述天气的例子，将有 $3^3=27$ 种不同的天气序列可能性，因此，观察序列的概率是：

Pr(dry, damp, soggy | HMM) = Pr(dry, damp, soggy | sunny, sunny, sunny) + Pr(dry, damp, soggy | sunny, sunny, cloudy) + Pr(dry, damp, soggy | sunny, sunny, rainy) + …Pr(dry, damp, soggy | rainy, rainy, rainy)

用这种方式计算观察序列概率计算量很大，特别是大的模型或较长的序列，因此我们可以利用这些概率的时间不变性来减少问题的复杂度。

2)使用递归求解发生概率

给定一个 HMM，递归地计算一个观察序列概率。首先定义局部概率(Partial Probability)，它是到达网格中的某个中间状态时的概率。然后，介绍如何在 $t=1$ 和 $t=n(n>1)$ 时计算这些局部概率。假设存在一个长度为 T 的观察序列 $O=O_1O_2O_3\cdots O_t$。

(1)局部概率。图 2-7 表示天气状态及对于观察序列干燥、湿润及湿透的一阶状态转移情况。

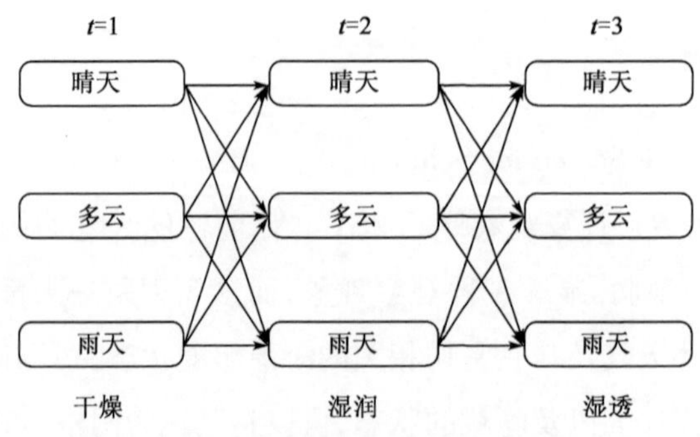

图 2-7　一阶状态转移的天气变化

某中间状态的概率等于到达这个状态的可能路径的概率和。如图 2-8 所示，$t=2$ 时位于“多云”状态的局部概率通过如下路径计算得出。

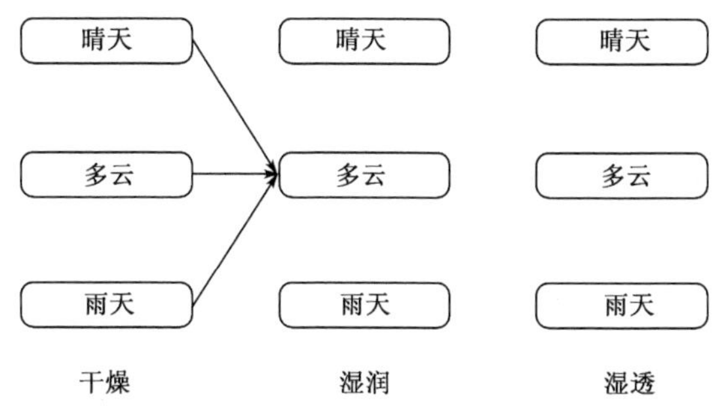

图 2-8 中间状态的概率计算

设 t 时刻位于状态 j 的局部概率为 $a_t(j)$：

$a_t(j)$ = Pr(观察状态|隐藏状态 j) × Pr(t 时刻所有指向 j 状态的路径)。

对于最后的观察状态，其局部概率包括了通过所有可能的路径到达这些状态的概率。例如，对于图 2-9 所示的网格，最终局部概率通过图示路径计算得出。

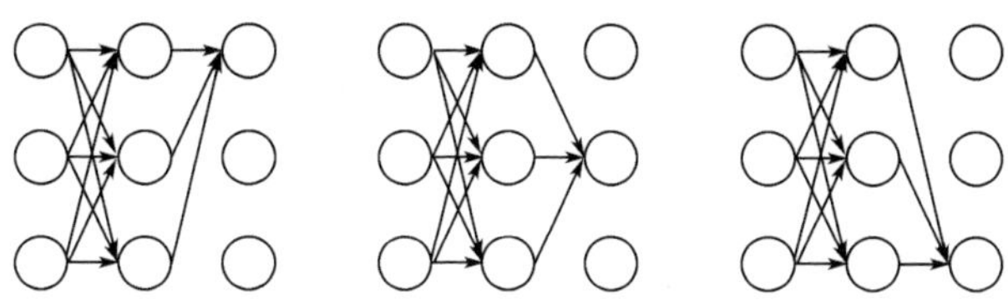

图 2-9 最后的观察状态

由此可见，对于这些最终局部概率求和，等价于对于网格中所有可能的路径概率求和，也就求出给定 HMM 后的观察序列概率。

(2)计算 $t=1$ 时的局部概率，按如下公式计算：

$a_t(j)$ = Pr(观察状态|隐藏状态 j) × Pr(t 时刻所有指向 j 状态的路径)

当 $t=1$ 时，没有任何指向当前状态的路径。故位于当前状态的概率是初始概率，即 Pr(状态|$t=1$) = $\boldsymbol{\pi}$(状态)，因此，$t=1$ 时的局部概率等于当前状态的初始概率乘以相关的观察概率，初始时刻状态 j 的局部概率依赖于此状态的初始概率及相应时刻的观察概率。

$$\alpha_1(j) = \boldsymbol{\pi}(j) \cdot b_{jk_1}$$

(3)计算 $t>1$ 时的局部概率，计算公式如下：

$a_t(j)$ = Pr(观察状态|隐藏状态 j) × Pr(t 时刻所有指向 j 状态的路径)

乘号左项“Pr(观察状态|隐藏状态 j)”已知，乘号右项“Pr(t 时刻所有指向 j 状态的路径)”也已知。为了计算到达某个状态的所有路径的概率，可以计算到达此状态的每条路径的

概率,并对它们求和,如图 2-10 所示。

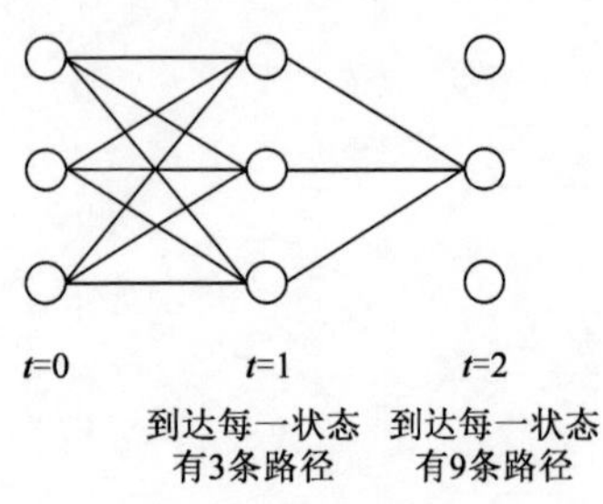

图 2-10　中间阶段的计算

计算局部概率所需要的路径数目,随着观察序列的增加而指数级递增。$t-1$ 时刻局部概率给出了所有到达此状态的路径概率。通过 $t-1$ 时刻的局部概率定义 t 时刻的局部概率,即:

$$\alpha_t(j) = b_{jk_t} \cdot \sum_{i=1}^{n} \alpha_{t-1}(i) a_{ij}$$

所计算的这个概率等于观察概率 t 时在状态 j 所观察到的符号的概率与该时刻到达此状态的概率总和,也就是利用 $t-1$ 时刻局部概率计算 t 时刻局部概率的表达式。这样就可以递归计算给定隐马尔可夫模型后一个观察序列的概率,即通过 $t=1$ 时刻的局部概率,计算 $t=2$ 时刻的局部概率;通过 $t=2$ 时刻的局部概率,计算 $t=3$ 时刻的局部概率等;直到 $t=T$。给定隐马尔可夫模型的观察序列的概率,就等于 $t=T$ 时刻的局部概率之和。

(4)降低计算复杂度。可以比较一下穷举搜索和递归前向算法计算观察序列概率的时间复杂度。长度为 T 的观察序列 O,以及一个含有 n 个隐藏状态的隐马尔可夫模型 $L=(\boldsymbol{\pi},\boldsymbol{A},\boldsymbol{B})$。穷举搜索需计算的所有可能序列为:

$$X_i = (X_{i_1}, X_{i_2}, \cdots, X_{i_T}), i = 1 \cdots N^{\mathrm{T}}$$

其概率公式为:

$$\sum_{i=1}^{N^{\mathrm{T}}} \boldsymbol{\pi}(i_1) b_{i_1 k_1} = \prod_{j=2}^{T} \alpha_{i_{j-1} i_j} b_{i_j k_j}$$

$\alpha_{i_{j-1}i_j}$ 表示从状态 $X_{i_{j-1}}$ 到状态 X_{i_j} 的转移概率。对所观察到的概率求和,其复杂度与 T 呈指数级关系。相反,使用前向算法可以上一步计算的信息,其时间复杂度与 T 呈线性关系。穷举搜索的时间复杂度是 TN^T,即给定一个观察序列,长度为 T,序列中每一个结果有 N 种隐含状态可选,外循环是 N^T,内循环是 T。前向算法的时间复杂度是 N^2T,其中 T 指的是观察序列长度,N 指的是隐藏状态数目。使用前向算法来计算给定隐马尔可夫模型的一个观察序列的概率。在计算中利用递归避免对网格所有路径进行穷举计算。通过这种算法,可以在一系列隐马尔可夫模型中,选取其中概率最高的一个作为最优的 HMM,该 HMM 是最佳描述已知观察序列的 HMM。

2.2.5　Viterbi 算法

对某一隐马尔可夫模型及一个相应的观察序列,寻找生成此序列最可能的隐藏状态序列是 Viterbi 算法解决的问题。Viterbi 算法由 Andrew Viterbi 于 1967 年提出,用于在数字通信链路中解卷积以消除噪声。Andrew Viterbi 是一位意大利后裔美国电机工程师和企业家，高通公司的共同创建者之一。Viterbi 算法广泛应用于 CDMA 和 GSM 数字蜂窝网络、拨号调制解调器、卫星、深空通信和 802.11 无线网络中解卷积码，也常用于语音识别、关键字识别、计算语言学和生物信息学中。例如在语音识别中，声音信号作为观察序列，而文本字符串视为隐含状态。因此，可对声音信号应用 Viterbi 算法，寻找最有可能的文本字符串。

1）穷举搜索

如图 2-6 所示，通过列出所有可能的隐藏状态序列，并计算对于每个组合相应的观察序列的概率，来找到最可能的隐藏状态序列。最可能的隐藏状态序列是使 Pr（观察序列|隐藏状态的组合）这个概率最大的组合。

例如，对于网格中所显示的观察序列，最可能的隐藏状态序列是下面这些概率中最大概率所对应的隐藏状态序列：

Pr(dry，damp，soggy | sunny，sunny，sunny)，Pr(dry，damp，soggy | sunny，sunny，cloudy)，Pr(dry，damp，soggy | sunny，sunny，rainy)…Pr(dry，damp，soggy | rainy，rainy，rainy)

这种方法是可行的，但是通过穷举计算每一个组合的概率，找到最可能的序列效率非常低。与前向算法类似，利用这些概率的时间不变性，来降低计算复杂度。

2）使用递归降低复杂度

给定一个观察序列和一个隐马尔可夫模型，递归地寻找最有可能的隐藏状态序列。首先定义局部概率 δ，它是到达网格中的某个特殊的中间状态时的概率。然后，介绍如何在 $t=1$ 和 $t=n(n>1)$ 时计算这些局部概率。这些局部概率与前向算法中所计算的局部概率是不同的，此处的局部概率表示的是时刻 t 到达某个状态最可能的路径的概率，而不是所有路径概率的总和。

（1）局部概率和局部最佳途径。图 2-7 表示了天气状态及对于观察序列干燥、湿润及湿透的一阶状态转移情况。

对于网格中的每一个中间及终止状态，都有一个到达该状态的最可能路径。例如在 $t=3$ 时刻的三个状态中的每一个都有一个到达该状态的最可能路径，可以假设为如图 2-11 所示的局部最佳路径。

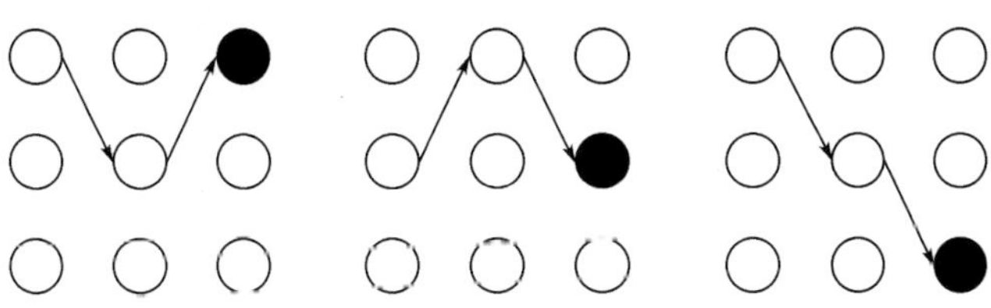

图 2-11　局部最佳路径

这些隐含状态构成了局部最佳路径。其中每个局部最佳路径都有一个相关联的概率，即局部概率 δ。与前向算法中的局部概率不同，δ 是到达该状态最可能的一条路径的概率。$\delta(i,t)$ 是 t 时刻到达状态 i 的所有序列概率中最大的概率，而局部最佳路径是得到此最大概率的隐藏状态序列。对于每一个可能的 i 和 t 值来说，这一概率及局部路径均存在。在 $t=T$ 时每一个状态都有一个局部概率和一个局部最佳路径，这样就可以通过选择此时刻最大局部概率的状态及其相应的局部最佳路径，来确定全局最佳路径。

(2)计算 $t=1$ 时刻的局部概率 δ。局部概率 δ 是最可能到达当前位置的路径的概率。当 $t=1$ 时，不存在到达某状态的最可能路径，使用 $t=1$ 时所处状态的初始概率及相应的观察状态 k_1 的观察概率，计算局部概率 δ，即

$$\delta_1(i) = \pi(i)b_{ik_1}$$

与前向算法类似，这个结果是通过初始概率和相应的观察概率相乘得出。

(3)计算 $t>1$ 时刻的局部概率 δ。下面解释利用 $t-1$ 时刻的局部概率 δ 递归地计算 t 时刻的局部概率 δ。考虑图 2-12 所示网格：

t 时刻到达状态 X 的最可能的路径为通过 $t-1$ 时刻的状态 A、B 或 C 中的某一个，也就是下面 $\{\cdots,A,X\}$、$\{\cdots,B,X\}$、$\{\cdots,C,X\}$。路径末端是 AX、BX 或 CX。拥有最大概率的路径是 t 时刻到达状态 X 的最可能的路径。根据马尔可夫假设，给定一个状态序列，一个状态发生的概率只依赖于前 n 个状态。在一阶马尔可夫假设下，状态 X 在一个状态序列后发生的概率只取决于之前的一个状态，即

$$\Pr(\text{到达状态 } A) \cdot \Pr(X|A)$$

与此相同，路径末端是 AX 的最可能的路径将是到达 A 的最可能路径再紧跟 X。相似地，这条路径的概率将是：

$$\Pr(\text{到达状态 } A \text{ 最可能的路径}) \cdot \Pr(X|A) \cdot \Pr(\text{观察状态}|X)$$

因此，若设在 t 时刻，观察状态是 k_t，则到达隐藏状态 i 的最佳局部路径的概率是：

$$\delta_t(i) = \max[\delta_{t-1}(j)a_{ji}b_{ik_t}]$$

假设前一个状态的局部概率已知，同时利用状态转移概率和相应的观察概率之积，选择最大的概率，得到状态 i 的局部概率 δ。

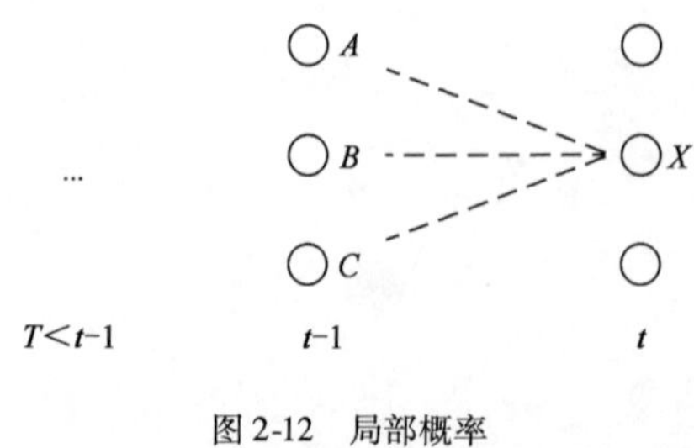

图 2-12 局部概率

(4)反向指针 ϕ，考虑图 2-7 所示的网格：在每一个中间及终止状态的局部概率经过计算均为已知后，在给定一个观察序列的情况下，寻找网格中最可能的隐藏状态序列。计算 t 时刻的局部概率 δ，仅需要知道 $t-1$ 时刻的局部概率。在这一局部概率计算后，就已明确前面状态生成了 t 时刻的局部概率 $\delta(i,t)$，也就

是在 $t-1$ 时刻系统必须处于某个状态,该状态导致了系统在 t 时刻到达状态 i 是最优的。这种记录是通过对每一个状态赋予一个反向指针 ϕ 完成的,这个指针指向最优的引发当前状态的前一时刻的某个状态。形式上具有如下公式:

$$\phi_t(i) = \text{argmax}_j[\delta_{t-1}(j)a_{ji}]$$

其中,Argmax 运算符是用来计算使括号中表达式的值最大的索引 j 的。该表达式是通过前一个时间步骤的局部概率和转移概率计算得到的,并不包括观察概率。

使用 Viterbi 算法对观察序列进行解码有两个重要的优点:

①通过使用递归减少计算复杂度。

②对于观察序列进行了最好的解释。事实上,寻找最可能的隐藏状态序列不止这一种方法,其他替代方法也可以,譬如,可以这样确定如下的隐藏状态序列:

$$\boldsymbol{X}_i = (X_{i1}, X_{i2}, \cdots, X_{iT})$$

其中,

$$i_1 = \text{argmax}_j[\boldsymbol{\pi}(j)b_{jk_1}]$$

$$i_t = \text{argmax}_j(a_{i_{t-1}}k_t b_{jk_t})$$

这里采用了"自左向右"的决策方式进行一种近似的判断,其对于每个隐藏状态的判断,是建立在前一个步骤的判断的基础之上。如果在整个观察序列的中部发生"噪声干扰"时,这种做法的结果将与正确的答案严重偏离。相反,Viterbi 算法在确定最可能的终止状态前将考虑整个观察序列,然后通过 ϕ 指针"回溯",以确定某个隐藏状态是否是最可能的隐藏状态序列中的一员。这是非常有用的,因为这样就可以孤立序列中的"噪声",而这些"噪声"在实时数据中是很常见的。Viterbi 算法提供了一种有效的计算方法来分析隐马尔可夫模型的观察序列,并捕获最可能的隐藏状态序列。它利用递归减少计算量,并使用整个序列的上下文来做判断,从而对包含"噪声"的序列也能进行良好的分析。在使用时,Viterbi 算法对于网格中的每一个单元(Cell)都计算一个局部概率,同时包括一个反向指针,用来指示最可能的到达该单元的路径。当完成整个计算过程后,首先在终止时刻找到最可能的状态,然后通过反向指针回溯到 $t=1$ 时刻,这样回溯路径上的状态序列就是最可能的隐藏状态序列。

2.2.6 Forward-Backward 算法

在许多实际问题中,HMM 的矩阵参数不能直接得到,而需要进行估计,这就是隐马尔可夫模型中的学习问题。根据观察序列生成 HMM 的矩阵参数一般使用 Forward-Backward 算法。Forward-Backward 算法以一个观察序列为基础进行参数估计。Forward-Backward 算法首先对于 HMM 参数进行初始估计。这可能是完全错误的,通过对于给定的数据评估这些参数的正确性并减少通过逐步减少所引起的错误,进而重新修订这些 HMM 参数,这可以看作是以梯度下降寻找一种错误测度的最小值。之所以称其为 Forward-Backward 算法，主要是因为对于网格中的每一个状态，它既计算到达此状态的“Forward”概率，给定当前模型的近似估计；又计算生成此模型最终状态的“Backward”概率，给定当前模型的近似估计。这些都可以利用递归进行计算。可以利用近似的 HMM 模型参数，来对这些中间概率进行调整，而这些调整又形成了 Forward-Backward 算法迭代的基础。要理解 Forward-Backward 算法，首先需要了解 Backward 和 EM 两个算法。Backward 算法是必须的，因为 Forward-Backward 算法就是利用了前向算法与后向算法中的变量因子。Forward-Backward 算法可以看作是最大熵模型(EM)的一个特例。

1）Backward 算法

首先重新定义局部概率 $a_t(i)$，称其为前向变量。

$$a_t(i) = P(O_1O_2\cdots O_t, q_t = S_i \mid \lambda)$$

图 2-13 是 $t+1$ 时刻与 t 时刻的后向变量之间的关系：

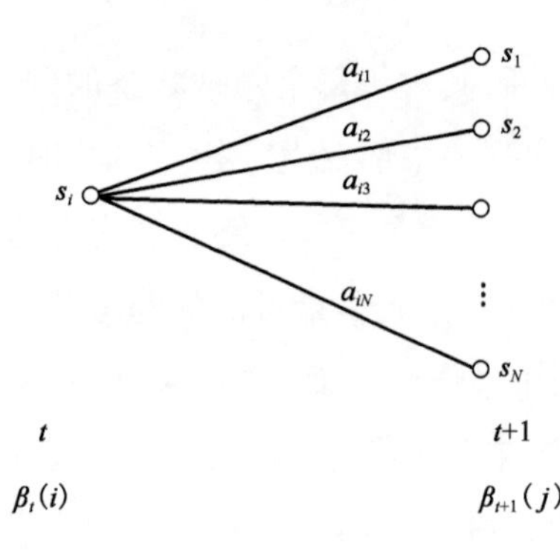

图 2-13　$t+1$ 时刻与 t 时刻后向变量关系

相似地，也可以定义一个后向变量 $\beta_t(i)$，同样可以理解为一个局部概率：

$$\beta_t(i) = P(O_{t+1}O_{t+2}\cdots O_T \mid q_t = S_i, \lambda)$$

后向变量(局部概率)表示的是已知隐马尔可夫模型 λ 及 t 时刻位于隐藏状态 S_i，求从 $t+1$ 时刻到终止时刻的局部观察序列的概率。与前向算法相似，可以从后向前递归地计算后向变量。初始化，令 $t=T$ 时刻所有状态的后向变量为 1：

$$\beta_T(i) = 1, \quad 1 \leqslant i \leqslant N$$

这样就可以计算每个时间点上所有的隐藏状态所对应的后向变量，如果需要利用后向算法计算观察序列的概率，只需将 $t=1$ 时刻的后向变量(局部概率)相加即可。

2）Forward-Backward 算法。

隐马尔可夫模型参数学习问题。对于给定的观察序列 O，没有任何一种方法可以精确地找到一组最优的隐马尔可夫模型参数($\boldsymbol{A}$、$\boldsymbol{B}$、$\boldsymbol{\pi}$)使 $P(O \mid \lambda)$ 最大。Forward-Backward 算法，又称 Baum-Welch 算法，是隐马尔可夫模型学习问题的一种近似解决方法。首先定义两个变量。

(1)给定观察序列 O 及隐马尔可夫模型 λ，定义 t 时刻位于隐藏状态 S_i 的概率变量为：

$$\gamma_t(i) = P(q_t = S_i \mid O, \lambda)$$

将上式用前向变量 $a_t(i)$ 及后向变量 $\beta_t(i)$ 表示为：

$$\gamma_t(i) = \frac{\alpha_t(i)\beta_t(i)}{P(O \mid \lambda)} = \frac{\alpha_t(i)\beta_t(i)}{\sum_{i=1}^{N}\alpha_t(i)\beta_t(i)}$$

其中分母的作用是确保：

$$\sum_{i=1}^{N}\gamma_t(i) = 1$$

(2)给定观察序列 O 及隐马尔可夫模型 λ，定义 t 时刻位于隐藏状态 S_i 及 $t+1$ 时刻位于隐藏状态 S_j 的概率变量为：

$$\xi_t(i,j) = P(q_t = S_i, q_{t+1} = S_j \mid O, \lambda)$$

该变量在网格中所代表的关系如图 2-14 所示。

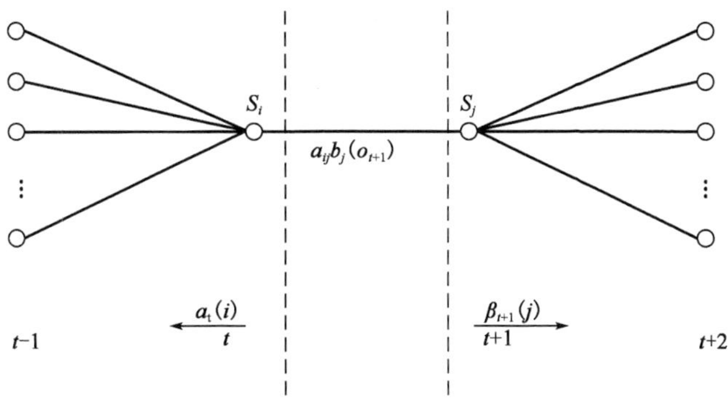

图　2-14

同样，该变量也可以由前向、后向变量表示为：

$$\xi_t(i,j) = \frac{\alpha_t(i)a_{ij}b_j(O_{t+1})\beta_{t+1}(j)}{P(O/\lambda)} = \frac{\alpha_t(i)a_{ij}b_j(O_{t+1})\beta_{t+1}(j)}{\sum_{i=1}^{N}\sum_{j=1}^{N}\alpha_t(i)a_{ij}b_j(O_{t+1})\beta_{t+1}(j)}$$

(3)上述定义的两个变量间也存在着如下关系：

$$\gamma_t(i) = \sum_{j=1}^{N}\xi_t(i,j)$$

如果对于时间轴 t 上的所有 $\gamma_t(i)$ 相加，可以得到一个总和，它可以被解释为从其他隐藏状态访问 S_i 的期望值（网格中的所有时间的期望），或者，如果求和时不包括时间轴上的 $t=T$ 时刻，那么它可以被解释为从隐藏状态 S_i 出发的状态转移期望值。相似地，如果对 $\xi_t(i,j)$ 在时间轴 t 上求和（从 $t=1$ 到 $t=T-1$），那么该和可以被解释为从状态 S_i 到状态 S_j 的状态转移期望值。即：

$$\sum_{t=1}^{T=1}\gamma_t(i):\text{从 } S_i \text{ 出发的状态转移期望值}$$

$$\sum_{t=1}^{T=1}\xi_t(i,j):\text{从状态 } S_i \text{ 到状态 } S_j \text{ 的状态转移期望值}$$

由此定义了两个变量及相应的期望值，下面利用这两个变量及其期望值来重新估计隐马尔可夫模型(HMM)的参数 $\boldsymbol{\pi}$,$\boldsymbol{A}$ 及 $\boldsymbol{B}$。

$$\overline{\boldsymbol{\pi}}_i:\text{在时间为 } \gamma_t(i) \text{ 的频率期望}$$

$$\overline{a}_{ij} = \frac{\sum_{t=1}^{T=1}\xi_t(i,j)}{\sum_{t=1}^{T=1}\gamma_t(i)}$$

$$\overline{b}_j(k) = \frac{\text{从状态 } j \text{ 和观察符合 } V_k \text{ 之间期望的次数}}{\text{状态 } j \text{ 期望的次数}}$$

$$= \frac{\sum_{\substack{t=1 \\ O_t=V_k}}^{T}\gamma_t(j)}{\sum_{t=1}^{T}\gamma_t(j)}$$

如果定义当前的 HMM 模型为 $\lambda = (\boldsymbol{A},\boldsymbol{B},\boldsymbol{\pi})$，就可以利用该模型计算上面三个式子的右端；再定义重新估计的 HMM 模型为 $\lambda = \overline{\boldsymbol{A}},\overline{\boldsymbol{B}},\overline{\boldsymbol{\pi}}$，那么上面三个式子的左端就是重估的 HMM 模型参数。Baum 及他的同事在 20 世纪 70 年代证明了 $P(O|\overline{\lambda}) > P(O|\lambda)$，因此如果迭代地计算上面三个式子，由此不断地重新估计 HMM 的参数，那么在多次迭代后，可以得到 HMM 模型的一个最大似然估计。不过需要注意的是，Forward-Backward 算法所得的这个结果(最大似然估计)是一个局部最优解。

当系统的状态不能够直接观察，但可以非直接地或者以概率形式观察模式的另外一种集合，就可以定义一类隐马尔可夫模型。这些模型已被证明在当前许多研究领域，尤其是语音识别领域具有非常大的价值。在实际的过程中这些模型提出了三个问题都可以得到立即有效的解决，这三个问题分别是：

①评估：对于一个给定的隐马尔可夫模型其生成一个给定的观察序列的概率是多少，前向算法可以有效地解决该问题。

②解码：什么样的隐藏(底层)状态序列最有可能生成一个给定的观察序列，Viterbi 算法可以有效地解决该问题。

③学习：对于一个给定的观察序列样本，什么样的模型最可能生成该序列，也就是说，该模型的参数是什么，这个问题可以通过使用 Forward-Backward 算法解决。

HMM 在分析实际系统中已被证明有很大的价值，它们通常的缺点是过于简化的假设，这与马尔可夫假设相关——即一个状态只依赖于前一个状态，并且这种依赖关系是独立于时间之外的(与时间无关)。

2.3 应用举例

2.3.1 背景介绍

纵览中外历史,一个强大国家的兴起必然带来巨大的文化冲击力。思维习惯、语言文字、信仰、服饰、建筑甚至生活习惯都会受到外部文化的冲击甚至荡涤。当今世界,各国之间综合国力的竞争日趋激烈,文化越来越成为民族凝聚力和创造力的重要源泉和综合国力竞争的重要因素。历史上,中国文化的影响力巨大,在日本、朝鲜、马来西亚等中国周边国家形成了具有强大磁性的中华文化圈。郑和下西洋、鉴真东渡、茶马古道、丝绸之路,留下了千古传颂的东方文明。作为唯一绵延不断达五千余年的中华文明,中国哲学、思想、审美方式、价值观等对近代世界的形成产生了巨大影响。近现代以来,中华文化的国际影响力明显增强,“东学西渐”和“西学东渐”无法相比。但近年来中国国力迅速提升,重新崛起为世界瞩目,政治、经济、军事等领域的国际影响力与日俱增。中国作为文明古国,其文化注重平衡与和谐。作为世界第二大经济体,中国文化如何与其他民族的文化共生共存,不仅是中国的课题,也是世界的课题。

近年来,我国在123个国家和地区建立了465所孔子学院和713个中小学孔子课堂,在世界各地举办了丰富多彩的中国语言文化体验活动。通过汉语教学公开课、中华文化讲座、论坛、中国歌曲比赛、书法比赛、诗歌朗诵、放映中国电影、体验中华美食和中国武术等方式展示和传播中国文化。全球学习汉语的人数达到1亿,已有美、英、法、日、韩等43个国家将汉语教学纳入本国国民教育体系。我国已与149个国家和地区签订政府间文化合作协定和近800个年度文化交流执行计划,与上千个国际文化组织有着不同形式的文化往来,在法国、韩国、埃及等多个国家建设有中国文化中心,集中力量举办“中法文化年”、美国“文化节”、“中华文化非洲行”等一系列大型对外文化活动,推动了中外文化交流。然而,目前没有一种科学的理论模型和计算方法,能够说明中国文化影响力到底有多大的问题。

与此同时,大数据时代的到来使基于细粒度的海量时空轨迹获取人类文化成为可能。随着社交网络的广泛普及,每一个用户都成为大数据中的一个环节。社交网络让我们越来越多地从数据中观察到人类社会的复杂行为模式。社交网络为大数据提供了信息汇集、分析的第一手资料。开展中国文化国际影响力量化研究,海外社交网络数据采集是不容忽视的重要数据来源。全世界最大在线社交网络脸谱(Facebook)拥有11亿注册用户,其中近一半用户每天登陆;18～34岁的脸谱使用者中,有一半在每天醒来后第一件事就是查看自己的账号。推特(Twitter)注册账户数6.45亿,每日新注册人数13万。这些流动的实时信息能够动态反映中国文化国际范围内的实时影响力。采集、处理和分析海外社交网络数据,进而分析中国文化影响力,毫无疑问是一个具有重要意义的新课题。海外社交网络有其独特的传播规律,对数据的采集、结构化处理、分析并进行建模,以及利用严谨和一致的方法加以处理,同时,结合世界主流媒体的动态跟踪和比较,进行中国文化影响力量化分析非常重要。

大数据是伴随着网络技术和应用的迅速发展而出现的。现在网络空间已成为陆、海、空、天以外的第五疆域。作为除了陆、海、空、天之外的第五维空间,网络空间数据具有重要意义。基于网络大数据,开展可靠、及时、系统的中国文化影响力的量化分析,对于制订、监测和评价中国文化传播策略、感知传播动态至关重要,在一定程度上提高了国家和社会对中国文化影响力理解和把握能力。

众所周知,文化的背后是经济和科学,核心是科学技术。当代科学技术的发展综合体现在信息及其相关科学的颠覆性创新方面。信息科学带来的产品、服务和思维改变着人们的固有思考模式。电报、电话、移动电话、可视电话和计算机网络、网页、博客、微博、微信等超出想象力的产品和服务,激烈冲击着人们的行为方式和对世界的观察和体验。信息文明和互联网思维带来的哲学思考和对世界的改变,超出了人们最初的设想和想象。关注信息文明,度量网际空间信息,对国家和社会意义重大。

本实例对中国文化在网际空间的世界影响力进行分析和全息测量。通过从网际空间大量公开媒体数据中提取中国文化相关信息,包括数据采集、清洗、初步分析、深度分析和结论判定,并给出一定程度的预测。探索网际空间中国文化国际影响力全息测量与分析技术、方法和理论模型,而HMM就是可以利用的方法之一。

2.3.2 HMM模型的建立

假设存在三种对中国文化的态度:喜欢(L)、憎恨(H)和一般(N),这三种状态可以看作是HMM的隐藏状态。为简单起见,把涉及中国文化的词汇在一篇文章中占有的比例P粗略地分为4类:

$W1$:$P<0.1$;

$W2$:$0.1<P<0.2$;

$W3$:$0.2<P<0.3$;

$W4$:$P>0.3$。

这四种状态可以看作是观察状态。

不可观察的隐藏状态规律：对某一种文化的喜爱与否，其实是随着一定的时间而变化的，也就是可以从喜欢到憎恶，可以从憎恶到喜欢。因此，喜欢（L）、憎恨（H）和一般（N）这三者之间存在变化。该变化规律如表2-1所示。

变 迁 矩 阵 表2-1

变迁矩阵		第 $N+1$ 年		
		喜欢(L)	憎恨(H)	一般(N)
第 N 年	喜欢(L)	0.5	0.1	0.4
	憎恨(H)	0.5	0.4	0.1
	一般(N)	0.4	0.2	0.4

对中国文化喜爱与否的态度与中国文化的词汇数量之间的变迁如表2-2所示。

外在表现和内因的变迁规律 表2-2

变迁矩阵		外在表现			
		$W1:P<0.1$	$W2:0.1<P<0.2$	$W3:0.2<P<0.3$	$W4:P>0.3$
内因	喜欢(L)	0.1	0.2	0.3	0.4
	憎恨(H)	0.1	0.3	0.4	0.3
	一般(N)	0.5	0.2	0.2	0.1

初始状态的概率表示为：

喜欢（L）、憎恨（H）、一般（N）＝[0.6 0.1 0.3]

至此，建立HMM的所有信息都已经收集完毕。

（1）两类状态集合：情感状态集合＝{喜欢（L），憎恨（H），一般（N）}，用词的可观察状态为$\{W1:P<0.1, W2:0.1<P<0.2, W3:0.2<P<0.3, W4:P>0.3\}$

（2）三种关系矩阵，即情感状态转换关系、情感状态与用词的可观察状态的关系、初始状态的概率。用数学定义表示为：

①初始状态矩阵

$$\Pi = [0.6 \quad 0.1 \quad 0.3]$$

②状态转移矩阵

$$\boldsymbol{A} = (a_{ij}) = \begin{bmatrix} 0.5 & 0.1 & 0.4 \\ 0.5 & 0.4 & 0.1 \\ 0.4 & 0.2 & 0.4 \end{bmatrix}$$

③混合矩阵

$$\boldsymbol{B} = (b_{ij}) = \begin{bmatrix} 0.1 & 0.2 & 0.3 & 0.4 \\ 0.1 & 0.3 & 0.4 & 0.3 \\ 0.1 & 0.2 & 0.2 & 0.1 \end{bmatrix}$$

2.3.3 问题建模:估计某媒体的特定变化规律

例如,可以估计 $W_1 - W_2 - W_3$ 出现的概率。如果出现这种变化,说明中国文化影响力在逐步增大。可以通过 HMM 计算当前的 HMM 参数下这种情况出现的概率。整体网络结构如图 2-15所示。

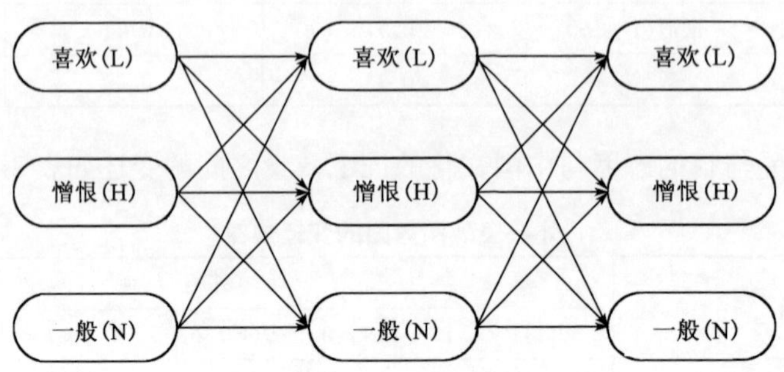

图 2-15　整体网络结构

根据全概率公式:

$$P(B) = \sum_{i=1}^{n} P(A_i)P(B \mid A_i)$$

$$\begin{aligned}P(W_1 - W_2 - W_3) = {} & P[W_1 - W_2 - W_3 \mid \text{喜欢(L)} - \text{喜欢(L)} - \text{喜欢(L)}] + \\ & P[W_1 - W_2 - W_3 \mid \text{喜欢(L)} - \text{喜欢(L)} - \text{一般(N)}] + \\ & P[W_1 - W_2 - W_3 \mid W_3 \mid \text{喜欢(L)} - \text{喜欢(L)} - \text{憎恨(H)}] + \cdots + \\ & P[W_1 - W_2 - W_3 \mid \text{憎恨(H)} - \text{憎恨(H)} - \text{憎恨(H)}]\end{aligned}$$

这种计算方法非常低效。当然可以用递归法简化计算,降低复杂度。把涉及中国文化的词汇在一篇文章中占有的比例 P 的连续变化形成状态序列。T 时段状态 Y_{k_t} 为:

$$(Y_{k_1}, Y_{k_2}, \cdots, Y_{k_T})$$

在求解序列中某一中间状态的概率时,用所有可能到达该状态的路径之和表示。比如,在 $t=2$ 时刻,状态为"喜欢(L)"的概率用图 2-16 所示的路径计算。

最后的观察状态"喜欢(L)"的概率表示为所经过的所有可能路径的概率,如图 2-17 所示。

用 $\alpha_t(j)$ 表示在时刻 t 状态 j 的部分概率。计算方法如下:

$$\alpha_t(j) = P(\text{构成比例 } P \mid \text{状态 } j) \times P(\text{在 } t \text{ 时刻所有到 } j \text{ 的途径})$$

具体公式为:

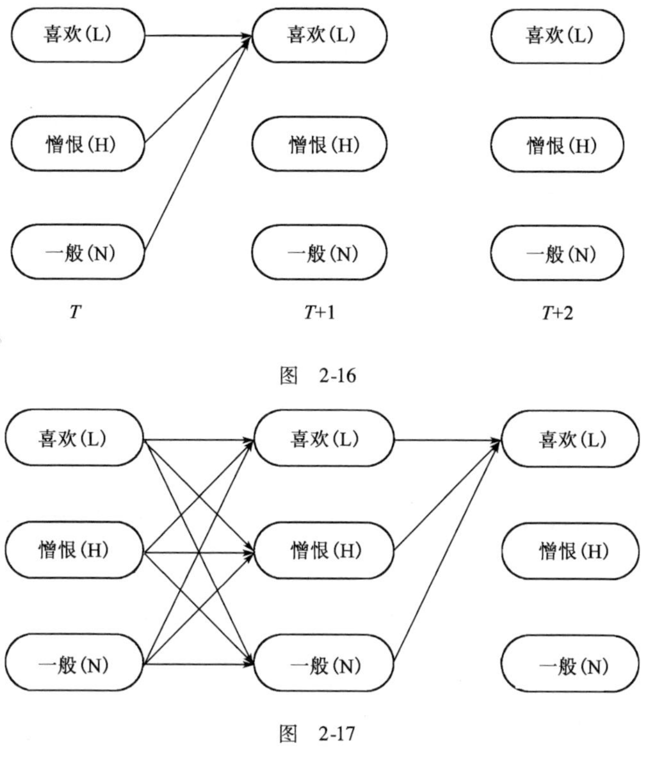

图　2-16

图　2-17

$$\alpha_t(j) = b_{jk_t} \cdot \sum_{i=1}^{n} \alpha_{t-1}(i) a_{ij}$$

第一项由状态混合矩阵(表 2-2)得到,后一项需要前一项的结果来确定,这表现了 HMM 每个环节的状态是基于前一环节状态的特点,每一环节都依赖前一环节。最初状态使用初始状态为Π。如第 1 阶段为 W_2 的概率,则:

$$a_1(\mathrm{L}) = 0.6 \times 0.2 = 0.12$$

$$a_1(\mathrm{H}) = 0.1 \times 0.3 = 0.03$$

$$a_1(\mathrm{N}) = 0.3 \times 0.2 = 0.06$$

公式为:

$$\alpha_1(j) = \pi(j) \cdot b_{jk_1}$$

情感分类的结论是递归定义的,即前一阶段决定后一阶段。如果知道了 $\alpha_t(j)$,则 $\alpha_{t+1}(j)$ 也可知。例如,$t=2$ 时,统计数据比例为 W_1,则 H 的概率为:

$$a_2(\mathrm{H}) = B_{21} \times P(\text{所有到达 H 的概率})$$

其中:

$$\begin{aligned} P(\mathrm{H}) &= a_1(\mathrm{L}) \times A_{12} + a_1(\mathrm{H}) \times A_{22} + a_1(\mathrm{N}) \times A_{32} \\ &= 0.12 \times 0.1 + 0.03 \times 0.4 + 0.06 \times 0.2 = 0.36 \end{aligned}$$

一般公式为:

$$\alpha_{t+1}(j) = b_{jk_{t+1}}\sum_{i=1}^{n}\alpha_t(i)a_{ij}$$

这样,通过 α_1、α_t 和 α_{t+1} 进行迭代即可。

2.3.4 外在表现规律概率:估计某媒体的特定变化规律

本节要解决的是“$W_1 - W_2 - W_3$”出现的概率:

第一个时间段对 W_1 而言: L:(0.6 ×0.1) =0.06

H:(0.1 ×0.1) =0.01

N:(0.3 ×0.5) =0.15

第二个时间段对 W_2 而言:

L:(0.06 ×0.5 +0.01 ×0.5 +0.15 ×0.4) ×0.2 =0.019

H:(0.06 ×0.1 +0.01 ×0.4 +0.15 ×0.2) ×0.3 =0.076 ×0.3 =0.022 8

N:(0.06 ×0.4 +0.01 ×0.1 +0.15 ×0.4) ×0.2 =0.017

第三个时间段对 W_3 而言:

L:(0.019 ×0.5 +0.022 8 ×0.5 +0.017 ×0.4) ×0.3 =0.013 26

H:(0.019 ×0.1 +0.022 8 ×0.4 +0.017 ×0.2) ×0.4 =0.021 504

N:(0.019 ×0.4 +0.022 8 ×0.1 +0.017 ×0.4) ×0.2 =0.001 602

所以,“$W_1 - W_2 - W_3$”出现的概率为:0.013 26 +0.021 504 +0.001 602 =0.036 367 2

2.3.5 内在状态规律概率:估计某媒体的特定变化规律

由观测状态推测最大可能性的隐状态,即词汇在一篇文章中占有的比例 P 大致反映该媒体关注中国文化态度的变化情况。

在某连续三个时间段出现“$W_1 - W_2 - W_3$”的观察状态。基于此推测最近这段时间对中国文化最可能的态度变化。$\max\{P(W_1 - W_2 - W_3 \mid L - L - L), P(W_1 - W_2 - W_3 \mid L - L - H), P(W_1 - W_2 - W_3 \mid L - L - N), \cdots, P(W_1 - W_2 - W_3 \mid N - N - N)\}$,概率最大的就是求得的概率。

可以用上文提到的递归方法降低计算复杂度。对应于词汇在一篇文章中占有的比例 P 状态,背后的态度变化只有一个最佳路径,如图 2-11 所示。

每一条部分最优路径都对应一个关联概率。与前面不同,该算法所得概率是最有可能到达该状态的一条路径的概率。

定义 $\delta(i,t)$ 是所有序列中在 t 时刻以状态 i 终止的最大概率。当然它所对应的那条路径就是部分最优路径。$\delta(i,t)$ 对于每个 i,t 都是存在的。这样就可以依序计算,在序列的最后一个状态找到整个序列的最优路径。最初状态($t=1$)的最优路径是依赖于初始状态矩阵Π。

$$\delta(\mathrm{L},1)=0.6\times0.1=0.06$$

$$\delta(\mathrm{H},1)=0.1\times0.1=0.01$$

$$\delta(\mathrm{N},1)=0.3\times0.5=0.15$$

对于时刻,到达 X 状态的路径可能有 A、B、C 三条。由图 2-12 可以看出,到达 X 的最优路径是三条中的一条。

(状态序列),…,A,X

(状态序列),…,B,X

(状态序列),…,C,X

比较:

P(到达 A 的最佳路径)×P(A 到达 X 的概率)

P(到达 B 的最佳路径)×P(B 到达 X 的概率)

P(到达 C 的最佳路径)×P(C 到达 X 的概率)

再乘以 $P(X)$ 对应的观测状态可得状态概率。在 t 时刻对应某种观察状态的概率记为 $\delta_t(i)$。开始时刻由于没有先导,只能直接利用两状态转换矩阵计算:

$$\delta_1(i) = \pi(i)b_{ik_1}$$

第 t 时刻:

$\delta_t(i)=\max\{\delta_{t-1}(j)\times P(j$ 状态→i 状态$)\times i$ 状态下对应观察状态概率$\}$,公式为:

$$\delta_t(i) = \max_j[\delta_{t-1}(j)a_{ji}b_{ik_t}]$$

这样可以开始递归计算“$W1-W2-W3$”最可能的态度变化。

$T=1,W_1$:

$$\mathrm{L}:(0.6\times0.1)=0.06$$

$$\mathrm{H}:(0.1\times0.1)=0.01$$

$$\mathrm{N}:(0.3\times0.5)=0.15$$

$T=2,W_2$:

$$\mathrm{L}:\max\{(0.06\times0.5),(0.01\times0.5),(0.15\times0.4)\}\times0.2=0.012$$

$$\mathrm{H}:\max\{(0.06\times0.1),(0.01\times0.4),(0.15\times0.2)\}\times0.3=0.009$$

$$\mathrm{N}:\max\{(0.06\times0.4),(0.01\times0.1),(0.15\times0.4)\}\times0.2=0.012$$

$T=3,W_3$:

$$\mathrm{L}:\max\{(0.012\times0.5),(0.009\times0.5),(0.012\times0.4)\}\times0.3=0.0018$$

$$\mathrm{H}:\max\{(0.012\times0.1),(0.009\times0.4),(0.012\times0.2)\}\times0.4=0.0014$$

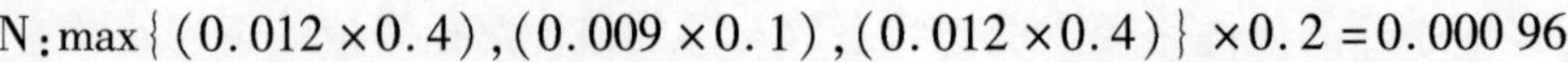

$$N: \max\{(0.012\times0.4),(0.009\times0.1),(0.012\times0.4)\}\times0.2=0.00096$$

T_1 时段最为可能的是 L，T_2 时段最为可能的是 L 或 N，T_3 时段最为可能的是 L。在某连续三个时间段出现“$W_1-W_2-W_3$”的观察状态最可能的变化趋势为 L－L－L 或 L－N－L。

2.4 本章小结

本章主要论述了 HMM 的基本概念、模型结构、可以解决的问题等。最好应用实例阐述 HMM 的具体使用方法，将理论与实际问题相结合。

本章参考文献

[1] http://www.comp.leeds.ac.uk/roger/HiddenMarkovModels/html_dev/main.html.

[2] Lawrence R. Rabiner. A tutorial on hidden markov models and selected applications in speech recognition[C]. Proceedings of the IEEE, 77 (2), 257-286, 1989.

[3] Richard Durbin, Sean R. Eddy, Anders Krogh, et al. Biological sequence analysis: Probabilistic models of proteins and nucleic acids[M]. Cambridge University Press, 1999.

[4] http://zh.wikipedia.org/wiki/%E9%9A%90%E9%A9%AC%E5%B0%94%E5%8F%AF%E5%A4%AB%E6%A8%A1%E5%9E%8B.

[5] http://blog.csdn.net/xianlingmao/article/details/5596180.

[6] http://xiaofeng1982.blog.163.com/blog/static/315724582009824103618623.

[7] http://www.newsmth.net/nForum/#! article/AI/77535.

[8] http://blog.csdn.net/likelet/article/details/7056068.

第3章 人工神经网络基本原理

3.1 意识与神经元

对人类意识本质的探索得到了古今中外哲学家和科学家的高度关注。牛津大学教授、英国哲学家 Colin McGinn 认为:人的头脑没有能力解决意识问题(Human minds are incapable of solving the problem of consciousness)。《Live Science》的专职作家 Tanya Lewis 在文章《Will We Ever Understand Consciousness? Scientists & Philosophers Debate》中写道:当你正在阅读这句话时,大脑里上百万个的神经元正在疯狂地彼此交流,从而导致此刻自觉意识的产生。17 世纪法国数学家哲学家兼勒内・笛卡儿(René Descartes)提出了身心二元论(mind-body dualism)概念,指出发生相互作用的身体和精神之间是分离的(World of the body is fundamentally separate from the world of the mind, or soul, although the two may interact)。19 世纪英国生物学家托马斯・赫胥黎(Thomas Huxley)帮助发展了副现象论(Theory of epiphenomenalism),提出大脑中的物理事件产生精神现象(Physical events in the brain give rise to mental phenomena)。2013 年在美国纽约举行的年度庆祝以及科学探索的世界科学节(World Science Festival)上,科学家对科学和心智的理解展开了激烈的辩论。尽管对物质和意识的关系、意识产生的机理存在争论,对物质产生意识(Brain gives rise to conscious phenomena,No brain, never mind!)这一论断基本没有争议。

人的大脑并不像计算机的中央控制单元 CPU,利用单个或数量较少的处理单元来进行工作。大脑的外层是充满沟壑起伏的皮层(Cortex)。大脑有两层:粉红色的外层和白色的内层。外层只有几毫米厚,其中紧密地压缩着几十亿个被称作神经元(Neuron)的微小细胞。白色层在皮层灰质的下面,占据了皮层的大部分空间,是由神经细胞相互之间的无数连接组成。起皱的表面可以把一个很大的表面区域塞到一个较小的空间里,与光滑的皮层相比,能容纳更多的神经细胞。人的大脑大约含有 100 亿个这样的微小处理单元,甚至一只蚂蚁的大脑大约也有 25 万个处理单元。其他动物的处理单元数目:蜗牛 1 万个、蜜蜂 10 万个、蜂雀 1 000 万个、老鼠 1 亿个、大象约 100 亿。神经细胞结构如图 3-1 所示。

神经细胞和人身上任何其他类型细胞十分不同,每个神经细胞都长着一根像电线一样的称为轴突(Axon)的东西,它的长度有时伸展到几厘米,用来将信号传递给其他神经细胞。它是由一个细胞体(Soma)、一些树突(Dendrite)和一根可以很长的轴突组成。神经细胞体是一颗星状球形物,里面有一个核(Nucleus)。树突由细胞体向各个方向长出,本身可有分支,是用来接收信号的。轴突也有许多的分支。轴突通过分支的末梢(Terminal)和其他神经细胞的树突相接触,形成所谓的突触(Synapse)。一个神经细胞通过轴突和突触把产生的信号送到其他的神经细胞。每个神经细胞通过它的树突和大约1万个其他的神经细胞相连。头脑中所有神经细胞之间总计约有100万亿的连接。如果将一个人的大脑中所有神经细胞的轴突和树突依次连接起来,并拉成一根直线,可从地球连到月亮,再从月亮返回地球。如果把地球上所有人脑的轴突和树突连接起来,则可以伸展到离开我们最近的星系。

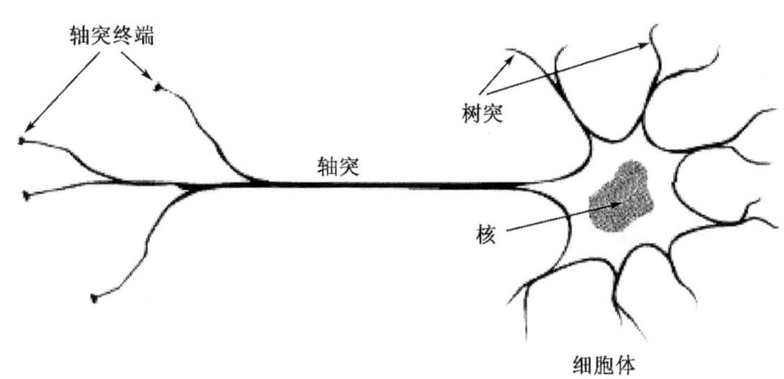

图3-1　神经细胞结构

3.2　人工神经元

为了模拟大脑的基本特性,在现代神经科学研究的基础上,人们提出人工神经网络的模型。人工神经网络是在对人脑组织结构和运行机智的认识理解基础之上模拟其结构和智能行为的一种工程系统。人工神经网络(Aneural Neural Network, ANN)是由大量简单的基本元件神经元相互连接,通过模拟人的大脑神经处理信息的方式,进行信息并行处理和非线性转换的复杂网络系统。

人工神经网络(Artificial Neural Network,ANN)诞生于20世纪40年代。1943年,心理学家W. S. McCulloch和数理逻辑学家W. Pitts建立了神经网络和数学模型,称为M-P模型。他们通过M-P模型提出了神经元的形式化数学描述和网络结构方法,证明了单个神经元能执行逻辑功能,从而开创了人工神经网络研究的时代。McCulloch和Pitts证明,从理论上说,只要有足够的简单神经元,在这些神经元相互连接且同步运行的情况下,网络能够计算任何已知的函数,这就是M-P模型。1949年,心理学家提出了突触联系强度可变的设想。1949年,生理学家Hebb出版了《The Organization of Behavior》(行为组织学)一书,他在书中第一次鲜明地阐述了神经元连接权值的 Hebb 调整规则。Hebb 提出脑中神经元的连接方式在感官学习不同任务时是连续变化的,引入了著名的学习假说,即两个神经元之间的重复激活将使其连接权值得到加强。20 世纪 60 年代,人工神经网络得到了进一步发展,提出了包括感知器和自适应线性元件等更完善的神经网络模型。人工神经网络是从信息处理角度对人脑神经元网络进行抽象,建立某种简单模型,按不同的连接方式组成不同的网络。在工程与学术界也常直接简称为神经网络或类神经网络。神经网络是一种运算模型,由大量的节点(或称神经元)之间相互连接构成。1952 年,Ashby 在《Design for a Brain:The Origin of Adaptive Behavior》(脑自适应行为的起源)一书中提出自适应行为是从后天学习中得来的与生俱来的思想。1954 年,Minsky 撰写了一篇题为《Theory of Neural-Analog Reinforcement Systems andlts Application to the Brain-Model Problem》的文章。1954 年,早期通信理论的先驱和全息照相的发明者 Gabor 提出了非线性自适应滤波彰思想,通过把随机过程样本及希望机器产生的目标函数一起提交给机器来进行学习。1957 年,Rosenblatt 提出了感知器(Perception)的概念。Rosenblatt 在有关感知器的研究中提出了解决模式识别问题的监督学习新方法,名为"感知器收敛定理"的理论得了巨大的成功。Widrow 和 Hoff 引入了最小均方误差(LMS)准则,并由此构成了茨了 Adaline(Adaptive Linear Element)的基础,这个准则现在也被称为 Widrow-Hoff 准则。最早的具有多个自适应元件的可训练的分层神经元网络之一是 Widrow 及其学生提出的 Madalin(Multi-Adaline)。1961 年,Minsky 又发表了论文《Stepsoward Artificial Intelligence》,文中包括了现代神经网络的大部分内容。1976 年,Minsk 出版的《Computation:Finite and Infinite Machines》一书中扩展了 McCulloch 和 Pitts 在 1943 年的研究成果,并将其置于自动机理论和计算理论的背景中。

在整个 20 世纪 60 年代,人们认为只要将感知器互连在一起,就可以由此模拟人脑的思维。M. Minsky 等仔细分析了以感知器为代表的神经网络系统的功能及局限后,于 1969 年出版了《Perceptron》一书,指出感知器不能解决高阶谓词问题。该书从数学上证明了单层感知器存在局限性,感知器处理能力有限,甚至无法解决像异或这样简单的非线性问题。作者认为单层感器所具有的局限性在多层感知器中无法被完全克服。他们的论点极大地影响了神经网络的研究,加之当时串行计算机和人工智能所取得的成就,掩盖了发展新型计算机和人工智能新途径的必要性和迫切性,使人工神经网络的研究处于低潮。神经网络的研究自此进入了萧条期。在 20 世纪 70 年代后逐步走向衰落。

20 世纪 60 年代神经网络遭受的质疑均于 20 世纪 80 年代被攻克,此后神经网络再次进入了兴盛时期。1982 年,美国加州工学院物理学家 J. J. Hopfield 提出了 Hopfield 神经网格模型,引入了"计算能量"概念,并给出了网络稳定性判断。随着 Hopfield 反馈网络和自组织网络的提出,神经网络又迎来了发展的春天。此时主要有两个模型:Hopfield 网络和用于训练多层感知器的误差反向传播算法。Hopfield 用能量函数思想提出了一种新的计算方法,引入了含有对称突触连接的反馈网络。将反馈网络与统计物理领域的 Ising 模型相类推,为大量的物理学理论和许多物理学家进入神经网络领域铺平了道路。1983 年,Kirkpatrick、Gelatt 和 Vecchi 提出了模拟退火算法,用于求解组合优化问题。Barto、Sutton 和 Anderson 发表了关于强化学习的理论,将强化学习应用于实际,并验证了其可行性。1984 年,J. J. Hopfield 提出了连续时间 Hopfield 神经网络模型,为神经计算机的研究做了开拓性的工作,开创了神经网络用于联想记忆和优化计算的新途径,有力地推动了神经网络的研究。1984 年,Hopfield 使用电子线路实现了他提出的神经网络,指出神经元可以用运算放大器实现。他用电子线路构成的网络成功解决了旅行商(TSP)问题,成为神经网络发展历史上的里程碑。Braitenberg 出版《Vehicles: Experiments in Synthetic Psychology》,提出了目标导向的自组织行为原则。1986 年,Rumelhart、Hinton 和 Williams 等人提出反向传播算法。同年,Rumelhart 和 McClelland 出版了《Parallel Distributed Processing: Explorations in the Microstructuresof Cognition》,指出在通用的多层感知器中进行训练的算法。1988 年,Linsker 在感知器网络的基础上提出了一种新的自组织理论,它用于保持输入行为模式的最大信息,并受突触连接和活动范围的限制,形成了最大互信息理论,将信息理论运用到神经网络中。Broomhead 和 Lowe 使用径向基函数(Radial Basis Function,RBF)设计多层前馈网络。其思想方法可以追溯到 Bashkirov、Braveman 和 Muchnik 提出的势函数方法。1990 年,Poggio 和 Girosi 用正则化理论进一步丰富了 RBF 网络理论。20 世纪 90 年代早期,Vapnik 和他的合作者提出了具有强大模式识别能力的网络,称为支持向量机(Support Vector Machine,SVM)。这种新方法是基于有限样本学习理论的结果,包含了 Vapnik-Chervonenkis(VC)维数。VC 维数是神经网络学习能力的一种度量。关于神经网络的研究自此蓬勃发展。1987 年,在圣地亚哥召开了大规模的神经网络国际学术会议,国际神经络学会也随之诞生。从 1988 年开始,国际神经网络学会和 IEEE 每年联合召开一次国家学术年会。人工神经网络模型主要考虑网络连接的拓扑结构、神经元的特征、学习规则等。

“突触”完成输入,神经元的输出对应于轴突。一个神经细胞的输出是个一次性的激发过程。一个神经元有许多输入端突触,每个突触的大小可以是不同的,也就是它们由接受输入脉冲到刺激本神经元的细胞膜的强度是不一样的。在人为的描述中用连接强度权重值表示。

3.3 M-P 模型及激活函数

图 3-2 所示为典型的人工神经元模型,这个模型是 1943 年心理学家 McCulloch 和科学家 W. Pitts 在分析总结神经元基本特性的基础上首先提出的 M-P 模型,它是大多数神经网络模

型的基础。

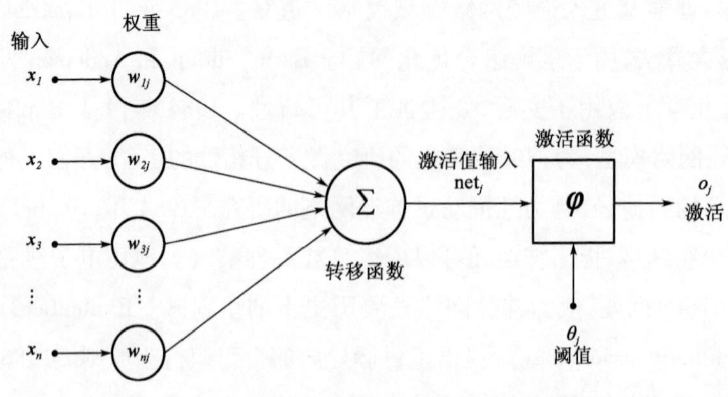

图 3-2　神经元结构

$x_1 \sim x_n$ 是输入信号；

w_{ij}表示从神经元j到神经元i的连接权值，代表神经元i与神经元j之间的连接强度（模拟生物神经元之间突触连接强度），称之为连接权；

θ 表示一个阈值（threshold）或称为偏置（bias）。

节点的激活函数（Activation Function）是输入与输出之间的函数关系。激活函数用来实现非线性变换，实现从一个线性空间到另一个非线性空间的映射。因为权值的线性叠加已经做了一次线性变换，因此目的空间一般是非线性映射。对激活函数的最主要要求就是非线性，因为简单的线性变换仅仅对单层网络有意义，对多层网络，无论结构如何复杂，也没有任何意义。对空间做一些非线性变换，再用超平面根据距离来划分点。输入与输出的关系为：

$$\text{net}_i = \sum_{j=1}^{n} w_{ij} x_j - \theta$$
$$y_i = f(\text{net}_i)$$

y_i 表示神经元 i 的输出，函数 f 称为激活函数（Activation Function）或转移函数（Transfer Function），net 称为激活（net activation）值。若将阈值看成是神经元 i 的一个输入 x_0 的权重 w_{i0}，则上面的式子可以简化为：

$$\text{net}_i = \sum_{j=0}^{n} w_{ij} x_j$$
$$y_i = f(\text{net}_i)$$

若 $\boldsymbol{X}$ 表示输入向量，用 $\boldsymbol{W}$ 表示权重向量，$\boldsymbol{X} = [x_0, x_1, x_2, \ldots, x_n]$。

$$\boldsymbol{W} = \begin{bmatrix} w_{i0} \\ w_{i1} \\ w_{i2} \\ \vdots \\ w_{in} \end{bmatrix}$$

神经元的输出可以表示为向量相乘的形式：

$$\mathrm{net}_i = \boldsymbol{XW}$$

$$y_i = f(\mathrm{net}_i) = f(\boldsymbol{XW})$$

这种“阈值加权和”的神经元模型称为 M-P 模型（McCulloch-Pitts Model），也称为神经网络的一个处理单元（PE, Processing Element）。

激活函数须为单调上升函数，而且必须是有界函数，因为细胞传递的信号不可能无限增加，必有一最大值。激活函数有下列几种形式：

1）线性函数

$$u = kv \tag{3-1}$$

2）Sigmoid 函数

此函数的图形是“S”形的，又称 S 型函数，在构造人工神经网络中是最常用的激活函数。它是严格的递增函数，在线性和非线性行为之间显现出较好的平衡，可实现从输入到输出的任意的非线性映射。

$$f(x) = \frac{1}{1 + \mathrm{e}^{-\alpha x}}[0 < f(x) < 1] \tag{3-2}$$

3）双曲正切函数

$$u = \frac{1 - \mathrm{e}^{-kv}}{1 + \mathrm{e}^{-kv}} \tag{3-3}$$

式中，k 是一个常量。

4）高斯函数

$$u = \mathrm{e}^{-\frac{1}{2}\left(\frac{v-c}{\sigma}\right)^2} \tag{3-4}$$

式中，c 确定函数的中心；σ 确定函数的宽度。

5）柯西函数

$$u = \frac{1}{1 + \left|\frac{v-c}{a}\right|^4} \tag{3-5}$$

式中，c 确定函数的中心；a 确定函数的宽度。

6）符号函数

$$u = \mathrm{sgn}(v)\begin{cases} 1(v \geqslant 0) \\ 0(v < 0) \end{cases} \tag{3-6}$$

7）阶跃函数

线性函数常用于线性神经元网络，对数函数、双曲正切函数常用于多层或反馈连接非线性

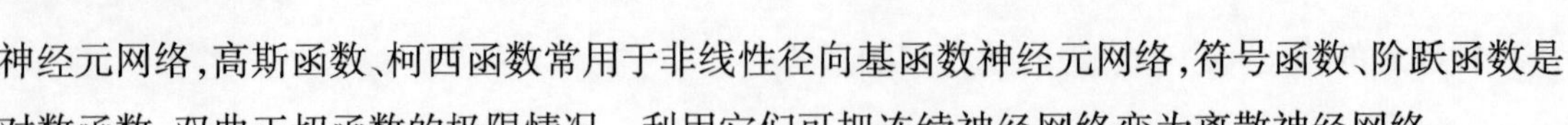

神经元网络,高斯函数、柯西函数常用于非线性径向基函数神经元网络,符号函数、阶跃函数是对数函数、双曲正切函数的极限情况。利用它们可把连续神经网络变为离散神经网络。

3.4 人工神经网络基本特征

神经网络是一个具有如下性质的有向图。

(1)并行分布处理:人工神经网络具有高度的并行结构和并行处理能力,这特别适用于实时控制和动态控制。各组成部分同时参与运算,单个神经元的运算速度不高,但总体的处理速度极快。

(2)非线性映射:人工神经网络具有固有的非线性特性,这源于其近似任意非线性映射(变换)能力。只有当神经元对所有输入信号的综合处理结果超过某一门限值后才输出一个信号。因此人工神经网络是一种具有高度非线性的超大规模连续时间动力学系统。

(3)信息处理和信息存储合的集成:在神经网络中,知识与信息都等势分布储存于网络内的各神经元中,它们分散地表示和存储于整个网络内的各神经元及其连线上,表现为神经元之间分布式的物理联系。作为神经元间连接键的突触,既是信号转换站,又是信息存储器。每个神经元及其连线只表示一部分信息,而不是一个完整具体的概念。信息处理的结果反映在突触连接强度的变化上,神经网络只要求部分条件,甚至有节点断裂也不影响信息的完整性,具有鲁棒性和容错性。

(4)联想存储功能:人的大脑是具有联想功能的。比如有人跟你提起内蒙古,你就会联想到蓝天、白云和大草原。用人工神经网络的反馈网络就可以实现这种联想。神经网络能接受和处理模拟、混沌、模糊的和随机的信息。在处理自然语言理解、图像模式识别、景物理解、不完整信息的处理、智能机器人控制等方面具有优势。

(5)自组织自学习能力:人工神经网络可以根据外界环境输入信息,改变突触连接强度,重新安排神经元的相互关系,从而达到自适应环境变化的目的。

(6)软件硬件的实现:人工神经网络不仅能够通过软件,而且可借助软件实现并行处理。近年来,一些超大规模集成电路的硬件实现已经问世,而且可从市场上购到,这使得神经网络成为具有快速和大规模处理能力的网络。许多软件都有提供了人工神经网络的工具箱(或软件包),如 Matlab、Scilab、R、SAS 等。

神经网络在理论上可以表示很复杂的函数空间分布,但是真实的神经网络是否能摆动到正确的位置还取决于网络初始值设置、样本容量和分布。

3.5 人工神经网络偏置的作用

本质上，偏置实现的是激活值的左右移动。如图3-3所示的最简单的情况，一个输入、一个输出没有偏置的例子。对各种不同的权值 w_o，对应的输出如图3-3所示。改变权值带来的变化是输出的陡峭程度的变化，如图3-4所示。

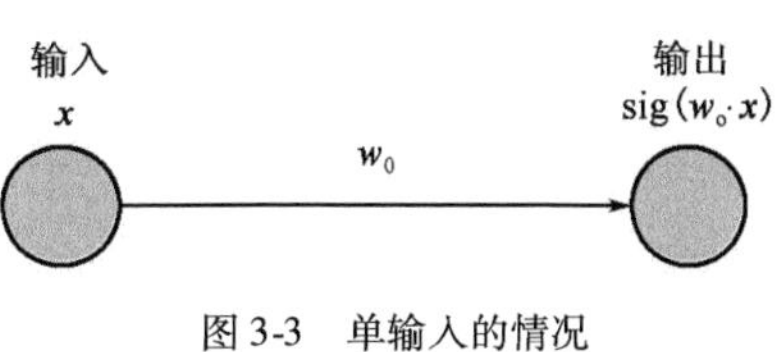

图3-3　单输入的情况

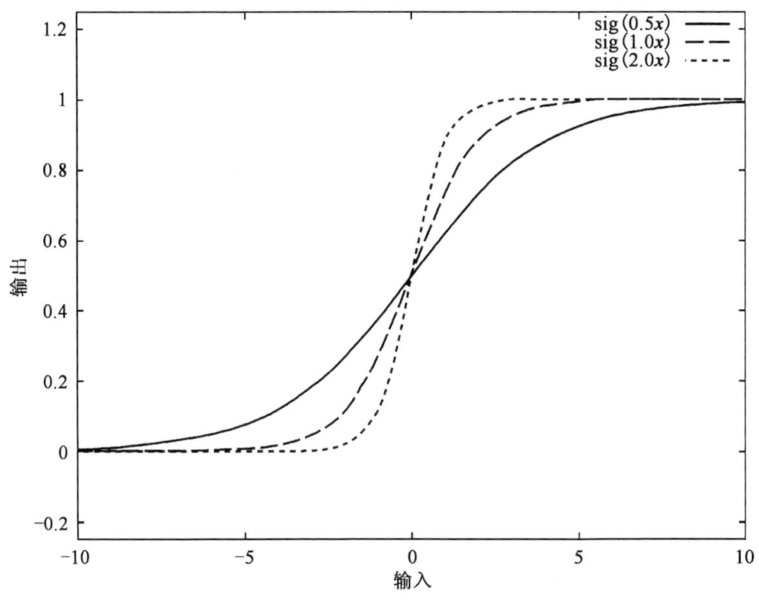

图3-4　权重改变的影响

但如果希望实现：$x = 2, y = 0$，简单地改变 sigmoid 陡峭程度并不能实现这个效果，而是需要将整体图形右移。这就是偏置完成对效果。如果为图3-3增加一个偏置，如图3-5所示，整个网络的输出为 sig($w_0x + 1.0w_1$)。图3-6所示是改变 w_1 的输出变化情况。

当 $w_1 = -5$ 时，整体曲线向右侧移动，实现了 $x = 2, y = 0$ 的改变。偏置的主要功能是给每一个节点提供一个可训练恒定值。可以用一个节点与各个节点相互连接或使用 N 个偏置节点各自具有一个节点相连接的单个偏压节点。二者效果是一样的。

在人工神经网络中，权重和激活函数值两类数据是通过训练不断修改得到的值。如果这两类数据其中之一需要调整，训练就更加简单。为此，通过设置偏置实现这个效果。将偏置设置于某一层,将偏置神经元连接到下一层中的所有神经元,但不与本层节点连接,且偏置的值一般均设置为1。由于偏置神经元总为1,这样偏置神经元对应的权值就成为训练取得的值之一。

输入
x
输出
sig(w_0x+1.0w_1)
w_0
w_1
偏置
1.0

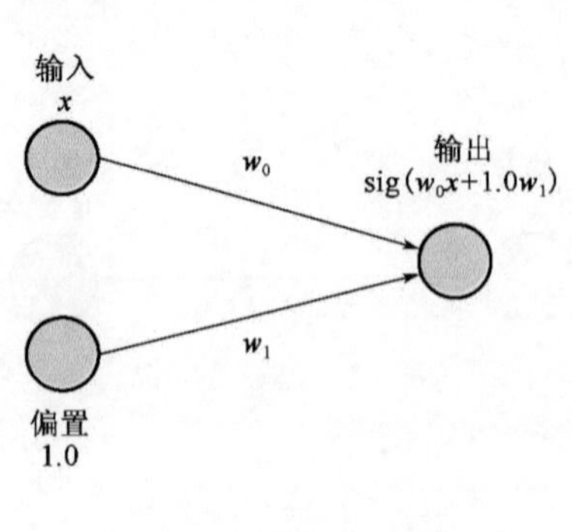

图3-5　增加了偏置的单输入网络

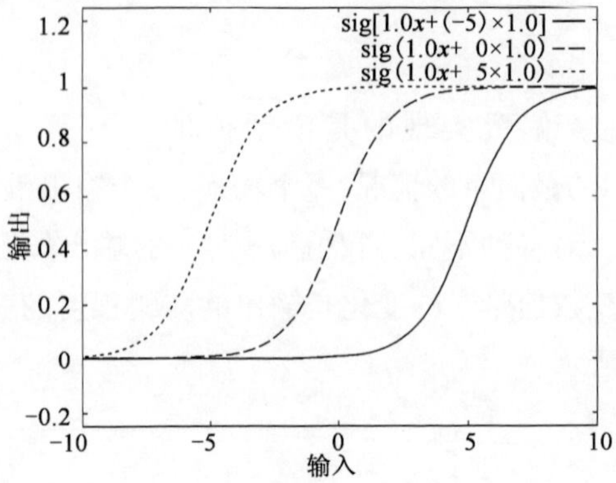

sig[1.0x+(−5)×1.0]
sig(1.0x+ 0×1.0)
sig(1.0x+ 5×1.0)
输出
输入
1.2
1
0.8
0.6
0.4
0.2
0
−0.2
−10
−5
0
5
10

图3-6　改变偏置权值 w_1 变化

在使用ANN时,对正在学习的系统内部基本不知,如果没有偏置,很难通过数据学习得到。在没有偏向的一个神经网络层,本质上是输入向量与矩阵的乘积,即是一个线性变化。如果输入全为零,则输出也全为零。这种实际中非常受限。例如一个线性函数表示为 $y = ax + b$,其中 b 就可以理解为偏置,b 可以使得直线上下移动来适应数据。如果没有 b,则所有的直线均需要通过点(0,0),这非常不利于适应数据的分离。例如,对一个实现二维数据到一维数据的变换实现AND或OR操作,ANN做的事情本质上是把二维平面上的点用一条直线分成正负两类值。如果没有偏置,该直线只能通过(0,0),当实现AND操作时,对(−1,−1),(1,1),(−1,1),(1,−1)这四个点,就无法把(1,−1)和(−1,1)在只能通过(0,0)的情况下归为负的一类。如果存在偏置,这个问题就非常简单。

3.6　人工神经网络结构

3.6.1　前馈型网络

前馈网络也称为前向网络。这种网络只在训练过程会有反馈信号,而在分类过程中数据只能向前传送,直到到达输出层,层间没有向后的反馈信号,因此被称为前馈网络,如图3-7和图3-8所示。感知机(Perceptron)与BP神经网络就属于前馈网络。各神经元接受前一层的输入,并输出给下一层,没有反馈。节点分为两类,即输入单元和计算单元,每一计算单元可有任意个输入,但只有一个输出(它可耦合到任意多个其他节点作为其输入)。通常前馈网络可分为不同的层,第 i 层的输入只与第 $i+1$ 层输出相连,输入和输出节点与外界相连,而其他中间层则称为隐层。图 3-7 所示为一个三层的前馈神经网络,其中第一层是输入层,第二层称为隐层,第三层称为输出层。

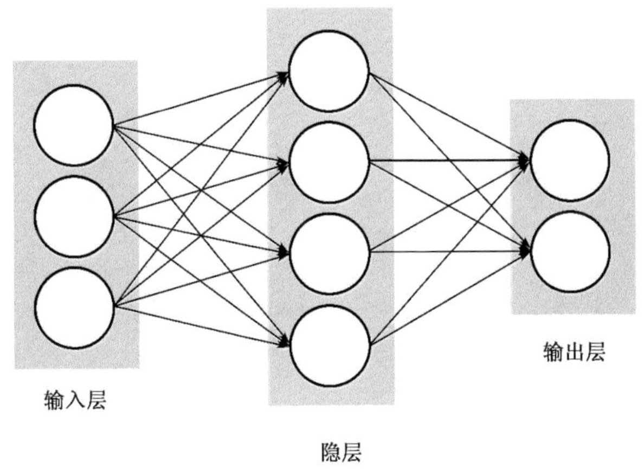

图 3-7　单隐藏层

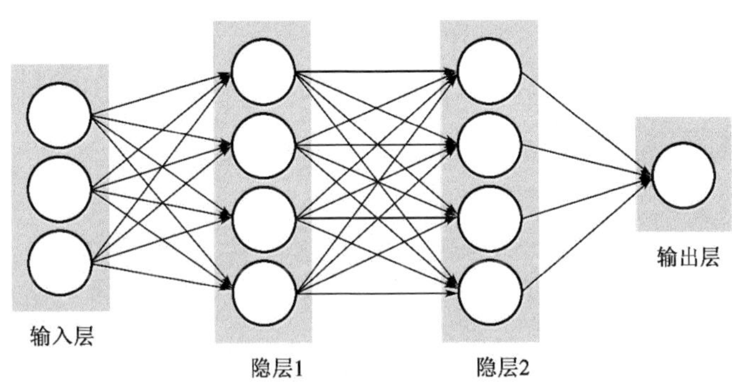

图 3-8　多隐藏层

3.6.2　反馈型网络

反馈型神经网络是一种从输出到输入具有反馈连接的神经网络,其结构比前馈网络要复杂得多,如图 3-9 所示。典型的反馈型神经网络有 Elman 网络和 Hopfield 网络。所有节点都是计算单元,同时也可接受输入,并向外界输出。NN 的工作过程主要分为两个阶段:第一个阶段是学习期,此时各计算单元状态不变,各连线上的权值可通过学习来修改;第二阶段是工作期,此时各连接权固定,计算元状态变化,以达到某种稳定状态。

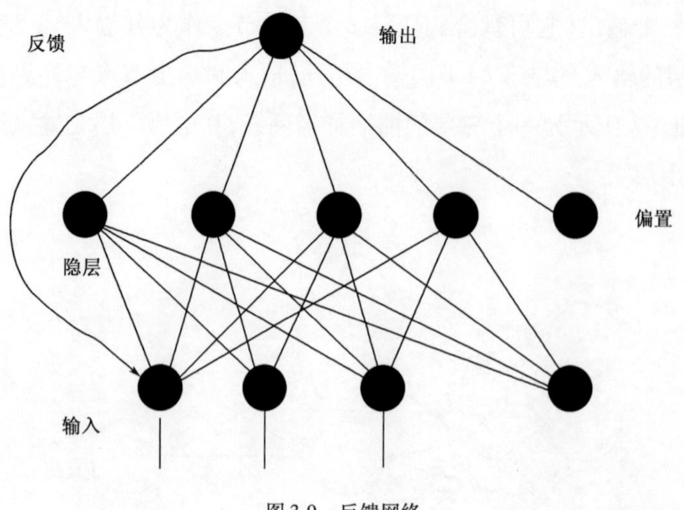

图 3-9　反馈网络

从作用效果看，前馈网络主要是函数映射，可用于模式识别和函数逼近。反馈网络依据对能量函数的极小点的利用来分类有两种：第一类是对能量函数的所有极小点都起作用，这一类主要用作各种联想存储器；第二类只利用全局极小点，它主要用于求解最优化问题。

3.6.3　自组织网络

自组织神经网络是一种无导师学习网络。它通过自动寻找样本中的内在规律和本质属性，自组织、自适应地改变网络参数与结构，如图 3-10 所示。

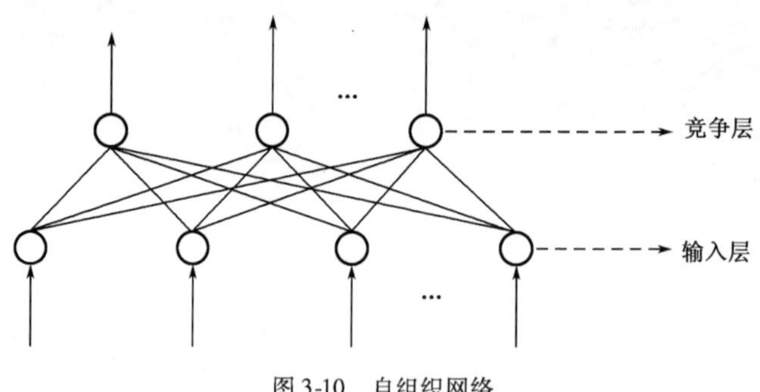

图 3-10　自组织网络

3.7　神经元学习算法和神经元网络结构

神经网络运作过程分为学习和工作两种状态。网络的学习主要是指使用学习算法来调整神经元间的连接权,使网络输出更符合实际。学习算法分为有导师学习(Supervised Learning)与无导师学习(Unsupervised Learning)两类。神经元间的连接权不变,神经网络作为分类器、预测器等使用。有导师学习算法将一组训练集(Training Set)送入网络,根据网络的实际输出与期望输出间的差别来调整连接权。有导师学习算法的主要步骤包括:

(1)从样本集合中取一个样本(A_i,B_i)。

(2)计算网络的实际输出 O。

(3)求 $D=B_i-O$。

(4)根据 D 调整权矩阵 $\boldsymbol{W}$。

(5)对每个样本重复上述过程,直到对整个样本集来说,误差不超过规定范围。

BP 算法就是一种出色的有导师学习算法。无导师学习抽取样本集合中蕴含统计特性,并以神经元之间的连接权的形式存于网络中。Hebb 学习律是一种经典的无导师学习算法。

3.7.1 Hebb 算法

早在 20 世纪 40 年代就由美国心理学家 McCulloch 和数理逻辑学家 Pitts 提出了 M-P 模型。1949 年,美国心理学家 Hebb 根据心理学中条件反射的机理,提出了神经元之间连接变化的规则,即 Hebb 规则。50 年代 Rosenblatt 提出的感知器模型、60 年代 Widrow 提出的自适应线性神经网络以及 80 年代 Hopfield,、Rumelharth 等人富有开创性的研究工作,有力地推动了人工神经网络研究的迅速发展。Hebb 算法是无导师学习算法,Hebb 算法核心思想是:当两个神经元同时处于激发状态时两者间的连接权会被加强,否则被减弱。Hebb 学习律可表示为:

$$w_{ij}(t+1)=w_{ij}(t)+ay_j(t)y_i(t) \tag{3-7}$$

式中:w_{ij}——神经元 j 到神经元 i 的连接权;

y_i、y_j——两个神经元的输出;

a——学习速度的常数。

若 y_i 与 y_j 同时被激活,即 y_i 与 y_j 同时为正,那么 w_{ij}将增大。若 y_i 被激活,而 y_j 处于抑制状态,即 y_i 为正 y_j 为负,那么 w_{ij}将变小。

3.7.2 Delta 学习规则

Delta 学习规则是一种简单的有导师学习算法,该算法根据神经元的实际输出与期望输出差别来调整连接权,其数学表示如下:

$$w_{ij}(t+1)=w_{ij}(t)+a(d_i-y_j)x_j(t) \tag{3-8}$$

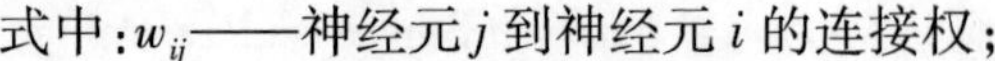
式中：w_{ij}——神经元 j 到神经元 i 的连接权；

d_i——神经元 i 的期望输出；

y_i——神经元 i 的实际输出；

x_j——神经元 j 状态，若神经元 j 处于激活态，则 x_j 为 1，若处于抑制状态，则 x_j 为 0 或 -1（根据激活函数而定）；

a——学习速度的常数。

假设 x_i 为 1，若 d_i 比 y_i 大，那么 w_{ij} 将增大，若 d_i 比 y_i 小，那么 w_{ij} 将变小。

Delta 规则是若神经元实际输出比期望输出大，则减小所有输入为正的连接的权重，增大所有输入为负的连接的权重。反之，若神经元实际输出比期望输出小，则增大所有输入为正的连接的权重，减小所有输入为负的连接的权重。这个增大或减小的幅度就根据上式来计算。

3.7.3 BP 算法

BP（Back Propagation）网络是 1986 年由 Rumelhart 和 McCelland 为首的科学家提出，是一种按误差逆传播算法训练的多层前馈网络，是目前应用最广泛的神经网络模型之一。BP 网络能学习和储存大量的输入—输出模式映射关系，而无须事前揭示描述这种映射关系的数学方程。它的学习规则是使用最速下降法，通过反向传播，来不断调整网络的权值和阈值，使网络的误差平方和最小。BP 神经网络模型拓扑结构包括输入层（Input）、隐层（Hidden Layer）和输出层（Output Layer）。

BP 算法由数据流的前向计算（正向传播）和误差信号的反向传播两个过程构成。正向传播时，传播方向为输入层→隐层→输出层，每层神经元的状态只影响下一层神经元。若在输出层得不到期望的输出，则转向误差信号的反向传播流程。通过这两个过程的交替进行，在权向量空间执行误差函数梯度下降策略，动态迭代搜索一组权向量，使网络误差函数达到最小值，从而完成信息提取和记忆过程。误差的反向传播，即首先由输出层开始逐层计算各层神经元的输出误差，然后根据误差梯度下降法来调节各层的权值和阈值，使修改后的网络的最终输出能接近期望值。

设 BP 网络的输入层有 n 个节点，隐层有 q 个节点，输出层有 m 个节点，输入层与隐层之间的权值为 v_{ki}，隐层与输出层之间的权值为 w_{jk}，如图 3-11 所示。隐层的传递函数为 $f_1(\cdot)$，输出层的传递函数为 $f_2(\cdot)$。将阈值写入求和项中时，则隐层节点的输出为：

$$z_k = f_1\left(\sum_{i=0}^{n} v_{ki} x_i\right) \quad (k = 1,2,\cdots\cdots q)$$

输出层节点的输出为：

$$y_j = f_2\left(\sum_{k=0}^{q} w_{jk} z_k\right) \quad (j = 1,2,\cdots\cdots m)$$

BP 网络实现了 n 维空间向量对 m 维空间的映射。

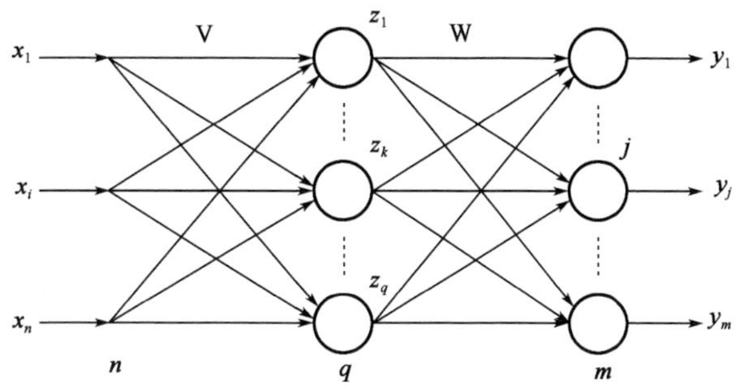

图 3-11 BP 网络

3.7.4 梯度下降法

因为误差的反向传播使用到了梯度下降法，所以首先看一下梯度下降法。梯度下降法(Gradient Descent)是一个最优化算法，通常也称为最速下降法，常用来优化参数。梯度下降法是利用负梯度方向来决定每次迭代的新的搜索方向，使得每次迭代能使待优化的目标函数逐步减小。梯度下降法是2-范数下的最速下降法。最速下降法的一种简单形式是 $x(k+1)=x(k)-a\times g(k)$，其中 a 称为学习速率，可以是较小的常数。$g(k)$是 $x(k)$的梯度。若梯度向量为 $\mathbf{0}$，则说明到了一个极值点，此时梯度的幅值也为 $\mathbf{0}$，而采用梯度下降算法进行最优化求解时，算法迭代的终止条件是梯度向量的幅值接近 $\mathbf{0}$ 即可，可以设置一个非常小的常数阈值。

最速下降法是求解无约束优化问题最简单和最传统的方法之一，许多有效算法都是以它为基础进行改进和修正而得到的。最速下降法是以负梯度方向为搜索方向的，最速下降法越接近目标值，步长越小，前进越慢。

3.7.5 BP 算法反向传播过程

误差的反向传播首先由输出层开始逐层计算各层神经元的输出误差，然后根据误差梯度下降法来调节各层的权值和阈值，使修改后的网络的最终输出能接近期望值。对于每一个样本 p 的二次型误差准则函数为 E_p：输入 P 个学习样本，用 $x^1,x^2,\cdots x^p,\cdots x^P$ 来表示。第 p 个样本输入到网络后得到输出 $y_j^p(j=1,2,\cdots m)$。采用平方型误差函数，于是得到第 p 个样本的误差 E_p：

$$E_p=\frac{1}{2}\sum_{j=1}^{m}(t_j^p-y_j^p)^2 \tag{3-9}$$

式中：t_j^p——期望输出。

对于 P 个样本，全局误差为：

$$E = \frac{1}{2}\sum_{p=1}^{P}\sum_{j=1}^{m}(t_j^p - y_j^p) = \sum_{p=1}^{P}E_p \tag{3-10}$$

1）输出层权值的变化

采用累计误差 BP 算法调整 w_{jk}，使全局误差 E 变小，即：

$$\Delta w_{jk} = -\eta\frac{\partial E}{\partial w_{jk}} = -\eta\frac{\partial}{\partial w_{jk}}(\sum_{p=1}^{P}E_p) = \sum_{p=1}^{P}(-\eta\frac{\partial E_p}{\partial w_{jk}}) \tag{3-11}$$

式中：η——学习率。

定义误差信号为：

$$\delta_{xj} = -\frac{\partial E_p}{\partial S_j} = -\frac{\partial E_p}{\partial y_j}\cdot -\frac{\partial y_j}{\partial S_j}$$

其中第一项：

$$\frac{\partial E_p}{\partial y_j} = \frac{\partial}{\partial y_j}[\frac{1}{2}\sum_{j=1}^{m}(t_j^p - y_j^p)^2] = -\sum_{j=1}^{m}(t_j^p - y_j^p)$$

第二项：

$$\frac{\partial y_j}{\partial S_j} = f'_2(S_j)$$

是输出层传递函数的偏微分。

于是得：

$$\delta_{yj} = \sum_{j=1}^{m}(t_j^p - y_j^p)f'_2(S_j)$$

由链定理得：

$$\frac{\partial E_p}{\partial w_{jk}} = \frac{\partial E_p}{\partial S_j}\cdot\frac{\partial S_j}{\partial w_{jk}} = -\delta_{yj}z_k = -\sum_{j=1}^{m}(t_j^p - y_j^p)f'_2(S_j)\cdot z_k$$

于是输出层各神经元的权值调整公式为：

$$\Delta w_{jk} = \sum_{p=1}^{P}\sum_{j=1}^{m}\eta(t_j^p - y_j^p)f'_2(S_j)z_k$$

2）隐层权值的变化

$$\Delta v_{ki} = -\eta\frac{\partial E}{\partial v_{ki}} = -\eta\frac{\partial}{\partial v_{ki}}(\sum_{p=1}^{P}E_p) = \sum_{p=1}^{P}(-\eta\frac{\partial E_p}{\partial v_{ki}}) \tag{3-12}$$

定义误差信号为：

$$\delta_{zk} = -\frac{\partial E_p}{\partial S_k} = -\frac{\partial E_p}{\partial z_k}\cdot\frac{\partial z_k}{\partial S_k}$$

其中第一项：

$$\frac{\partial E_p}{\partial z_k} = \frac{\partial}{\partial z_k}[\frac{1}{2}\sum_{j=1}^{m}(t_j^p - y_j^p)^2] = -\sum_{j=1}^{m}(t_j^p - y_j^p)\frac{\partial y_j}{\partial z_k}$$

依据链定理有：

$$\frac{\partial y_j}{\partial z_k}=\frac{\partial y_j}{\partial S_j}\cdot\frac{\partial S_j}{\partial z_k}=f_2'(S_j)w_{jk}$$

第二项：

$$\frac{\partial z_k}{\partial S_k}=f_1'(S_k)$$

是隐层传递函数的偏微分。

于是得：

$$\delta_{zk}=\sum_{j=1}^{m}(t_j^p-y_j^p)f_2'(S_j)w_{jk}f_1'(S_k)$$

由链定理得：

$$\frac{\partial E_p}{\partial v_{ki}}=\frac{\partial E_p}{\partial S_k}\cdot\frac{\partial S_k}{\partial v_{kj}}=-\delta_{zk}x_i=-\sum_{j=1}^{m}(t_j^p-y_j^p)f_2'(S_j)w_{jk}f_1'(S_k)\cdot x_i$$

从而得到隐层各神经元的权值调整公式为：

$$\Delta v_{ki}=\sum_{p=1}^{P}\sum_{j=1}^{m}\eta(t_j^p-y_j^p)f_2'(S_j)w_{jk}f_1'(S_k)x_i$$

3.8 本章小结

本章论述了人工神经网络的基本概念，包括意识与神经元、人工神经元模型、M-P 模型、激活函数、人工神经网络偏置、学习算法等。

本章参考文献

[1] http://bbs. tiexue. net/post_3517493_1. html.

[2] http://www. cnblogs. com/heaad/archive/2011/03/07/1976443. html.

[3] http://stackoverflow. com/questions/2480650/role-of-bias-in-neural-networks.

[4] https://zh. wikipedia. org/wiki/%E4%BA%BA%E5%B7%A5%E7%A5%9E%E7%BB%8F%E7%BD%91%E7%BB%9C.

[5] http://www. livescience. com/37056 - scientists - and - philosophers - debate - consciousness. html.

第4章 相关数学基础与语言模型

4.1 相关数学基础

4.1.1 标准差

1）简介

标准差（Standard Deviation）是在概率统计中最常使用作为统计分布程度（Statistical Dispersion）的测量。标准差定义是总体各单位标准值与其平均数离差平方的算术平均数的平方根。它反映组内个体间的离散程度，具备两种性质：值非负，与测量资料同单位。

标准差的标准计算公式如下：假设有一组实数 $x_1 \sim x_N$，平均值为 μ，那么式（4-1）给出了这些实数的标准差，也称标准偏差或实验标准差。

$$\sigma = \sqrt{\frac{1}{N}\sum_{i=1}^{N}(x_i - \mu)^2} \tag{4-1}$$

简单来说，标准差是一组数据平均值分散程度的一种度量。一个较大的标准差，代表大部分数值和其平均值之间差异较大；一个较小的标准差，代表这些数值较接近平均值。例如，两组数的集合{0，5，9，14}和{5，6，8，9}，其平均值都是 7，但第二个集合具有较小的标准差。

标准差可以当作不确定性的一种测量。例如在物理科学中，做重复性测量时，测量数值集合的标准差代表这些测量的精确度。当要决定测量值是否符合预测值时，测量值的标准差占有决定性重要角色：如果测量平均值与预测值相差太远（同时与标准差数值做比较），则认为测量值与预测值互相矛盾。这很容易理解，因为如果测量值都落在一定数值范围之外，可以合理推论预测值是否正确。

值得一提的是，在标准差的计算公式中，数值 N 代表的是数据的自由度。统计学上，这个自由度指的是观察的随机变量取值的向量空间的维度。在不加前提的情况下，n 个变量的自由度是 n，那么如果所用来计算的数值是想要反应的客观数据总体的话，对这些数据计算出的实验标准差直接体现了总体的不确定性，因此式（4-1）是没有问题的。而如果我们使用的数值仅仅是一个庞大总体的一个样本，那么在计算过程中可以理解为这个样本是一个均值被总体均值确定了的样本。当样本的 n 个变量中的 $n-1$ 个被确定时，最后剩下的一个就没有了随机取值的自由，此时这些随机变量取值的向量空间就变成了 $n-1$ 维。对于标准差这种测量不确定性的量而言，应当使用当前的自由度来进行计算。那么对于使用样本来计算总体标准差的情况，式（4-1）就应当变为：

$$\sigma = \sqrt{\frac{1}{N-1}\sum_{i=1}^{N}(x_i-\mu)^2} \tag{4-2}$$

2)几何学解释

从几何学的角度出发,标准差可以理解为一个从 n 维空间的一个点到一条直线的距离的函数。举一个简单的例子,一组数据中有 3 个值,X_1、X_2、X_3,它们可以在三维空间中确定一个点 $P=(X_1,X_2,X_3)$。想象一条通过原点的直线。如果这组数据中的 3 个值都相等,则点 P 就是直线 L 上的一个点,P 到 L 的距离为 0,所以标准差也为 0。若这 3 个值不都相等,过点 P 作垂线 PR 垂直于 L,PR 交 L 于点 R,则 R 的坐标为这 3 个值的平均数。

运用一些代数知识,不难发现点 P 与点 R 之间的距离(也就是点 P 到直线 L 的距离)。在 n 维空间中,这个规律同样适用,把 3 换成 n 就可以了。

3)变异系数

标准差能很客观准确地反映一组数据的离散程度,但是对于不同的检目或同一项目不同的样本,标准差就缺乏可比性了,因此对于方法学评价来说又引入了变异系数 CV。

一组数据的平均值及标准差常常同时作为参考的依据。在直觉上,如果数值的中心以平均值来考虑,则标准差为统计分布之一"自然"的测量。定义公式为:

$$\mathrm{CV} = \frac{\sigma}{\bar{x}} = \frac{\sqrt{\frac{1}{N-1}\sum_{i=1}^{N}(x_i-\bar{x})^2}}{\bar{x}} \tag{4-3}$$

式中:$N-1$——自由度。

4)标准误

标准误表示的是抽样的误差。因为从一个总体中可以抽取出无数多种样本,每一个样本的数据都是对总体的数据的估计。标准误代表的就是当前的样本对总体数据的估计,是样本均数与总体均数的相对误差。标准误是由样本的标准差除以样本容量的开平方来计算的。从这里可以看到,标准误更多受到样本容量的影响。样本容量越大,标准误越小,那么抽样误差就越小,就表明所抽取的样本能够较好地代表总体。公式如下:

$$\sigma_x = \frac{\sigma}{\sqrt{n}} \tag{4-4}$$

4.1.2 协方差矩阵

1)协方差

在概率论和统计学中,协方差用于衡量两个变量的总体误差。而方差是协方差的一种特殊情况,即当两个变量是相同的情况。期望值为 $E(X)=\mu$ 与 $E(Y)=\nu$ 的两个实数随机变量

X 与 Y 之间的协方差定义为：

$$\mathrm{cov}(X,Y) = E[(X-\mu)(Y-\nu)] \tag{4-5}$$

式中，E 是期望值，它也可以表示为：

$$\mathrm{cov}(X,Y) = E(X \cdot Y) - \mu\nu \tag{4-6}$$

直观上来看，协方差表示的是两个变量总体的误差，这与只表示一个变量误差的方差不同。如果两个变量的变化趋势一致，也就是说如果其中一个大于自身的期望值，另外一个也大于自身的期望值，那么两个变量之间的协方差就是正值；如果两个变量的变化趋势相反，即其中一个大于自身的期望值，另外一个却小于自身的期望值，那么两个变量之间的协方差就是负值。如果 X 与 Y 是统计独立的，那么二者之间的协方差就是 0，但是反过来并不成立。

2）协方差矩阵

分别有 m 与 n 个标量元素的列向量随机变量 X 与 Y，二者对应的期望值分别为 μ 与 ν，这两个变量之间的协方差定义为 $m \times n$ 矩阵。

$$\mathrm{cov}(X,Y) = E[(X-\mu)(Y-\nu)^2] \tag{4-7}$$

两个向量变量的协方差 $\mathrm{cov}(X,Y)$ 与 $\mathrm{cov}(Y,X)$ 互为转置矩阵。协方差有时也称为两个随机变量之间“线性独立性”的度量，但是这个含义与线性代数中严格的线性独立性不同。

4.1.3 常见分布律及数据拟合

1）正态（高斯）分布

正态分布（Normal Distribution）是一种最重要最广泛的分布形式，和其他类型的分布（如泊松分布、二项分布等）有着密切关系。其概率密度函数为：

$$f(x;\mu,\sigma^2) = \frac{1}{\sigma\sqrt{2\pi}} e^{-\frac{1}{2}\left(\frac{x-\mu}{\sigma}\right)^2} \tag{4-8}$$

式中，μ 为均值；σ 为标准差。当 $\mu=0$，$\sigma=1$ 时为标准正态分布（Standard Normal Distribution）。概率密度函数为：

$$\phi(x) = \frac{1}{\sqrt{2\pi}} e^{-\frac{1}{2}x^2} \tag{4-9}$$

正态分布的累积分布不常用，常用标准正态分布的累积分布。

2）对数正态分布

如果一个随机变量的对数服从正态分布，就称该随机变量服从对数正态分布。即若 X 是服从正态分布的随机变量，则 $Y=\exp(X)$ 服从对数正态分布；若 Y 服从对数正态分布，则 $X=\log(Y)$ 服从正态分布。概率密度函数为：

$$f_X(x;\mu,\sigma)=\frac{1}{x\sigma\sqrt{2\pi}}e^{-\frac{(\ln x-\mu)^2}{2\sigma^2}}\quad(x>0)\tag{4-10}$$

累积分布函数为：

$$F_X(x;\mu,\sigma)=\frac{1}{2}\mathrm{erfc}\left(-\frac{\ln x-\mu}{\sigma\sqrt{2}}\right)=\Phi\left(\frac{\ln x-\mu}{\sigma}\right)\quad(x>0)\tag{4-11}$$

3)泊松分布

泊松分布是离散型概率分布,用于描述在固定的时间或空间内,给定数量的事件发生的概率。事件以已知平均速率发生,且独立于时间。概率密度函数为：

$$f(k;\lambda)=\Pr(X=k)=\frac{\lambda^k e^{-\lambda}}{k!}\quad(k=0,1,2\cdots)\tag{4-12}$$

4)指数分布

指数分布用于描述泊松过程的时间间隔,泊松过程中的事件以恒定速率连续且独立发生,是几何分布的连续类别。需要注意的是指数分布与指数分布族(Exponential Families of Distributions)的区别,后者是一大类分布,包括指数分布、正态分布、二项分布、伽马分布、泊松分布等。指数分布的概率密度函数为：

$$f(k;\lambda)=\begin{cases}\lambda e^{-\lambda x} & (x\geqslant 0)\\ 0 & (x<0)\end{cases}\tag{4-13}$$

累计分布函数为：

$$F(k;\lambda)=\begin{cases}1-e^{-\lambda x} & (x\geqslant 0)\\ 0 & (x<0)\end{cases}\tag{4-14}$$

式中,λ 称为 rate parameter,表示泊松过程的到达率。

指数分布的概率密度函数也会写成另外一种形式：

$$f(x;\beta)=\begin{cases}\frac{1}{\beta}e^{-x/\beta} & (x\geqslant 0)\\ 0 & (x<0)\end{cases}\tag{4-15}$$

式中 β 是 λ 的倒数,称为 Scale Parameter。

指数分布的一个重要特征是无记忆性(Memoryless),即在等待时间已经超过 s 秒的前提下,继续等待超过 t 秒的概率和一开始的时候等待时间超过 t 秒的概率相等。并且,指数分布和几何分布是唯一具有无记忆性的概率分布。

5)幂律分布

幂律分布通式可写成 $y=cx-r$,其中 x,y 是正的随机变量,c,r 均为大于零的常数。这种分布的共性是绝大多数事件的规模很小,而只有少数事件的规模相当大。对上式两边取对数,可知 $\ln y$ 与 $\ln x$ 满足线性关系 $\ln y=\ln c-r\ln x$,即在双对数坐标下,幂律分布表现为一条斜率为幂指数的负数的直线,这一线性关系是判断给定的实例中随机变量是否满足幂律的依据。判断两个随机变量是否满足线性关系,可以求解两者之间的相关系数;利用一元线性回归模型和最小二乘法,可得 $\ln y$ 对 $\ln x$ 的经验回归直线方程,从而得到 y 与 x 之间的幂律关系式。实际上泊松分布即属于幂律分布的一种,而研究中还有两种常见的幂律分布,它们与泊松分布的形态不同,属于"长尾"分布。

Zipf 定律:

$$f(r) \propto r^{-b} \tag{4-16}$$

英文单词中序为 r 的单词出现次数(频率)$f(r)$反比于 r 的幂。

Pareto 分布:

$$P(X \geqslant x) \propto x^{-k} \tag{4-17}$$

19 世纪的意大利经济学家 Pareto 研究了个人收入的统计分布,发现少数人的收入要远多于大多数人的收入,提出了著名的 80/20 法则,即 20% 的人口占据了 80% 的社会财富。个人收入 X 不小于某个特定值 x 的概率与 x 的常数次幂亦存在简单的反比关系。幂律分布的连续形式一般写成:

$$P(x)\mathrm{d}x = \Pr(x \leqslant X < x + \mathrm{d}x) = \mathrm{C}x^{-\alpha}\mathrm{d}x \tag{4-18}$$

式中,X 是观测值;C 是归一化常数。显然当 $x \geqslant x + \mathrm{d}x$ 时,该式无意义,因此定义 $x_{\min}$来表示服从幂律的最小值。

当 $\alpha > 1$ 时,有:

$$P(x) = \frac{\alpha - 1}{x_{\min}}\left(\frac{x}{x_{\min}}\right)^{-\alpha} \tag{4-19}$$

幂律分布的离散形式为:

$$P(x) = \Pr(X = x) = Cx^{-\alpha} \tag{4-20}$$

计算归一化常数得到:

$$P(x) = \frac{x^{-\alpha}}{\zeta(\alpha, x_{\min})} \tag{4-21}$$

式中,$\zeta(\alpha, x_{\min}) = \sum_{n=0}^{\infty}(n + x_{\min})^{-\alpha}$是 Hurwitz zeta 函数。

若定义累积分布为:

$$P(x) = \Pr(X \geqslant x) \tag{4-22}$$

则幂律分布的累积分布连续形式为:

$$P(x) = \int_x^{\infty} p(x')\mathrm{d}x' = \left(\frac{x}{x_{\min}}\right)^{-a+1} \tag{4-23}$$

离散形式为：

$$P(x) = \frac{\zeta(a,x)}{\zeta(a,x_{\min})} \tag{4-24}$$

幂律分布广泛存在，其一个重要特征是标度不变性(Scale Invariance)，即：

$$f(cx) = a(cx)^k = c^k f(x) \propto f(x) \tag{4-25}$$

也就是说，具有相同标度指数的幂律分布实际上可以看作是另一个幂律的 Scaled Version，也正是这样的特征导致了 $f(x)$ 和 x 对数之间的线性关系，即在双对数坐标下呈现一条直线。但需要指出的是，不能仅仅凭借这样的直线就判定分布服从幂律，因为存在其他分布在双对数坐标下也可能呈现直线形式。

幂律还具有普适性。如上所述，特有的标度指数可以区分不同的幂律，因此具有相同标度指数的幂律可视为一个普适类，于是就有了当年 Vazquez 等人将人类动力学分为幂指数分为 1 和 1.5 的两个离散的普适类。此外，这种标度不变性本身就意味着一种自相似特征，并且越来越多的发现证实幂律与分形在复杂系统中确实有着密切联系。

4.1.4 极大似然估计

一般地说，事件 A 与参数 $\theta \in \Theta$ 有关，θ 取值不同，则 $P(A)$ 也不同。若 A 发生了，则认为此时的 θ 值就是 θ 的估计值，这就是极大似然思想。

1)离散分布场合

设总体 X 是离散型随机变量，其概率函数为 $p(x;\theta)$，其中 θ 是未知参数。设 $X_1, X_2, X_3, \cdots X_n$ 为取自总体 X 的样本。$X_1, X_2, X_3, \cdots X_n$ 的联合概率函数为 $\prod_{i=1}^{n} p(X_i;\theta)$。这里，$\theta$ 是常量，$X_1, X_2, X_3, \cdots X_n$ 是变量。

若已知样本取的值是 $x_1, x_2, x_3, \cdots x_n$，则事件 $\{X_1 = x_1, X_2 = x_2, \cdots X_n = x_n\}$ 发生的概率为 $\prod_{i=1}^{n} p(x_i;\theta)$。这一概率随 θ 的值而变化。从直观上来看，既然样本值 $x_1, x_2, x_3, \cdots x_n$ 出现了，它们出现的概率相对来说应比较大，应使 $\prod_{i=2}^{n} p(x_i;\theta)$ 取比较大的值。换句话说，θ 应使样本值 $x_1, x_2, x_3, \cdots x_n$ 的出现具有最大的概率。将上式看作 θ 的函数，并用 $L(\theta)$ 表示，则有：

$$L(\theta) = L(x_1, x_2, x_3, \cdots x_n;\theta) = \prod_{i=2}^{n} p(x_i;\theta) \tag{4-26}$$

称 $L(\theta)$ 为似然函数。极大似然估计法就是在参数 0 的可能取值范围 Θ 内，选取使 $L(\theta)$ 达到最大的参数值 $\hat{\theta}$，作为参数 θ 的估计值。即取 θ，使：

$$L(\theta) = L(x_1, x_2, \cdots x_n;\theta) = \max_{\theta \in \Theta} L(x_1, x_2, x_3, \cdots x_n;\theta) \tag{4-27}$$

因此，求总体参数 θ 的极大似然估计值的问题就是求似然函数 $L(\theta)$ 的最大值问题。这可通过解下面的方程来解决：

$$\frac{\mathrm{d}L(\theta)}{\mathrm{d}\theta}=0 \tag{4-28}$$

因为 $\ln L$ 是 L 的增函数，所以 $\ln L$ 与 L 在 θ 的同一值处取得最大值，称 $l(\theta)=\ln L(\theta)$ 为对数似然函数。因此，常将式(4-28)写成：

$$\frac{d\ln L(\theta)}{d\theta}=0 \tag{4-29}$$

式(4-29)称为似然方程。解方程式(4-28)或式(4-29)得到的 $\hat{\theta}$ 就是参数 θ 的极大似然估计值。

如果式(4-29)有唯一解，又能验证它是一个极大值点，则它必是所求的极大似然估计值。有时，直接用式(4-29)行不通，这时必须回到原始定义式(4-27)进行求解。

2）连续分布场合

设总体 X 是连续离散型随机变量，其概率密度函数为 $f(x;\theta)$，若取得样本观察值为 x_1，$x_2,x_3,\cdots x_n$，则因为随机点 $(X_1,X_2,X_3,\cdots X_n)$ 取值为 $(x_1,x_2,x_3,\cdots x_n)$ 时联合密度函数值为，$\prod_{i=1}^{n}$，$f(x_i;\theta)$，所以，按极大似然法，应选择 θ 的值使此概率达到最大。取似然函数为：

$$L(\theta)=\prod_{i=1}^{n}f(x_i;\theta) \tag{4-30}$$

再按前述方法求参数 θ 的极大似然估计值。

3）求极大似然估计的一般步骤

(1) 由总体分布导出样本的联合概率函数(或联合密度)。

(2) 把样本联合概率函数(或联合密度)中自变量看成已知常数，而把参数 θ 看作自变量，得到似然函数 $L(\theta)$。

(3) 求似然函数 $L(\theta)$ 的最大值点[常转化为求对数似然函数 $l(\theta)$ 的最大值点]。

(4) 在最大值点的表达式中，用样本值代入就得到参数的极大似然估计值。

4.1.5 线性回归，logistic 回归和一般线性模型

1）线性回归

假设存在一系列二维平面点对、用一条直线对这些点进行拟合(该线称为最佳拟合直线)，这个拟合过程就称为回归。在统计学中，线性回归(Linear Regression)是利用称为线性回归方程的最小平方函数对一个或多个自变量和因变量之间关系进行建模的一种回归分析。这种函数是一个或多个称为回归系数的模型参数的线性组合。只有一个自变量的情况称为简单回归，大于一个自变量情况的叫作多元回归。一般来说，线性回归都可以通过最小二乘法求出

其方程，可以计算出对于 $y = bx + a$ 的直线，其经验拟合方程如下：

$$\begin{cases} b = \dfrac{\sum_{i=2}^{n} x_i y_i - n\bar{x}\,\bar{y}}{\sum_{i=2}^{n} x_i^2 - n\bar{x}^2} \\ a = \bar{y} - b\bar{x} \end{cases} \tag{4-31}$$

其相关系数（拟合效果好坏）可以用如下公式来计算：

$$r = \frac{\sum (x - \bar{x})(y - \bar{y})}{\sqrt{\sum (x - \bar{x})^2}\sqrt{\sum (y - \bar{y})^2}} \tag{4-32}$$

2）多元线性回归

设因变量为 y，k 个自变量分别为 $x_1, x_2, x_3, \cdots x_k$，描述因变量 y 如何依赖于自变量 $x_1, x_2, x_3, \cdots x_k$ 和误差项 ε 的方程称为多元回归模型。多元回归方程一般形式可表示为：

$$E(y) = \beta_0 + \beta_1 x_1 + \beta_2 x_2 + \cdots + \beta_k x_k + \varepsilon \tag{4-33}$$

在利用样本来估计回归方程中的未知参数时，回归方程中的估计值 $\beta_0, \beta_1, \cdots \beta_k$ 仍然是根据最小二乘法来获得，可得到求解未知参数的方程组为：

$$\left.\frac{\partial Q}{\partial \beta_i}\right|_{\beta_i = \beta_0} = 0 \quad (i = 1, 2, \cdots, k) \tag{4-34}$$

式中，Q 为回归方程的残差平方和：

$$Q = \sum (y_i - \hat{y}_i)^2 \tag{4-35}$$

3）Logistic 回归

Logistic 函数或 Logistic 曲线是一种常见的 S 形函数，它是皮埃尔 · 弗朗索瓦 · 韦吕勒在 1844 或 1845 年在研究它与人口增长的关系时命名的。广义 Logistic 曲线可以模仿一些情况如人口增长（P）的 S 形曲线。起初阶段大致是指数增长；然后随着开始变得饱和，增加变慢；最后，达到成熟时增加停止。Logistic 回归能够接受所有的输入然后预测出类别。Logistic 回归本质上是线性回归，只是在特征到结果的映射中加入了一层函数映射，即先把特征线性求和，然后使用函数 $g(z)$ 将最为假设函数来预测。$g(z)$ 可以将连续值映射到 0 和 1 上。Logistic 回归的假设函数如下，线性回归假设函数只是 θ_x^{τ}。一般 Sigmoid 函数表示。在人工神经网络中，单个神经元的输入与输出之间的函数关系叫作激励函数。Sigmoid 函数就是一个良好的阈值函数。Sigmoid 函数是连续、可导、有界、关于原点对称的增函。其定义为：

$$\sigma(x) \frac{1}{1 + e^{-x}} \tag{4-36}$$

其图形如图 4-1 所示。

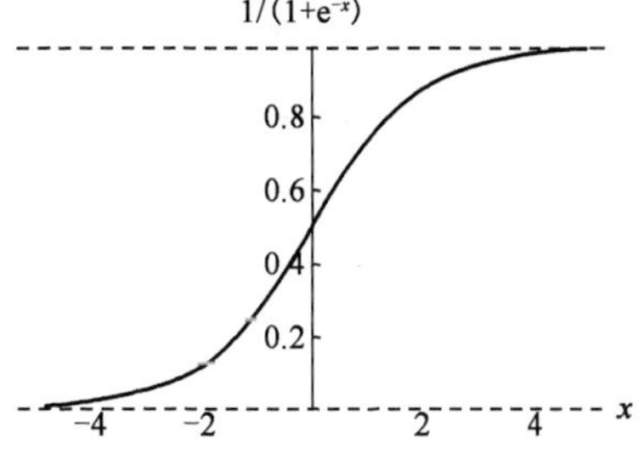

图 4-1 Sigmoid 函数

任何大于0.5的数据被分入1类,小于0.5的数据被归入0类。当X是向量时,相当于是多个特征上乘以一个回归系数,然后把所有的结果值相加,将这个总和结果代入Sigmoid函数。对任意样本$X=(x_1,\cdots,x_n)^{\mathrm{T}}$

$$h_\theta(X)=\sigma(\theta_0+\theta_1x_1+\theta_2x_2+...+\theta_nx_n)$$

其中,$\theta=(\theta_0,\theta_1,...,\theta_n)^{\mathrm{T}}$为待定参数。

$$h_\theta(x)=g(\theta^{\tau}x)=\frac{1}{1+\mathrm{e}^{-\theta^{\tau}x'}} \tag{4-37}$$

$$g(z)=\frac{1}{1+\mathrm{e}^{-2}} \tag{4-38}$$

Logistic回归用来分类0/1问题,也就是预测结果属于0或者1的二值分类问题。

$$\begin{cases}1,h_\theta(x)\geqslant 0.5\\0,h_\theta(x)<0.5\end{cases}$$

通过确定损失函数来确定参数:

$$J(\theta)=\frac{1}{m}\sum_{i=1}^{m}\mathrm{cost}(x_i,y_i) \tag{4-39}$$

一般取对数似然函数作为损失函数:

$$\mathrm{cost}(x_i,x_i)=\begin{cases}\log[h(x_i)] & (y_i=1)\\\log[1-h(x_i)] & (y_i=0)\end{cases} \tag{4-40}$$

可以将上述分段函数写成一个整体:

$$cost(x_i,x_i)=-y_i\times\log[h(x_i)]-(1-y_i)\times\log[1-h(x_i)] \tag{4-41}$$

4)Softmax回归

因为上述Logistic回归的随机变量的取值只能是0或者1,因而适合于二分类。Softmax回归则针对的多分类问题,目标结果是多个离散值。在Softmax回归中,类标签y可以取k个不同的值($k>2$),即$y\in\{1,2,\cdots,k\}$。可以认为Softmax是Sigmoid的扩展,其定义如下:

$$\sigma(Z)_j=\frac{e^{z_j}}{\sum_{k=1}^{K}\mathrm{e}^{z_k}} \tag{4-42}$$

设存在多个类别已知的m维观测向量,样本个数记为C,类别数量记为n。构造一个线性分类器,它包括了一个n行m列的矩阵$\boldsymbol{A}$,将矩阵左乘观测向量$\boldsymbol{X}$,就得到某个向量$\boldsymbol{b}$,这个向量各个数中最大的一个设为b_i,则观测向量就是第i类的。Softmax可以支持k种可能的分类。设存在训练集:

$$\{(x^{(1)},y^{(1)}),...,(x^{(m)},y^{(m)})\}$$

有对应的分类:

$$y^{(i)}\in\{1,2,...,k\}$$

$$h_\theta(x^{(1)})=\begin{Bmatrix} p(y^{(i)}=1|x^{(1)};\theta) \\ p(y^{(i)}=2|x^{(1)};\theta) \\ \vdots \\ p(y^{(i)}=k|x^{(i)};\theta) \end{Bmatrix}=\frac{1}{\sum_{j=1}^{k}e^{\theta_j^T x^{(i)}}}\begin{Bmatrix} e^{\theta_1^T x^{(i)}} \\ e^{\theta_2^T x^{(i)}} \\ \vdots \\ e^{\theta_k^T x^{(i)}} \end{Bmatrix} \tag{4-43}$$

其中，θ_1、θ_2、$\theta_3 ... \theta_k$ 属于模型的参数，等式右边的系数是对概率分布进行归一化，使得总概率之和为1。当 Softmax 回归中 $k=2$ 时，Softmax 就退化为 logistic 回归。当 $k=2$ 时，Softmax 回归的假设模型为：

$$h_\theta(x)=\frac{1}{e^{\theta_1^T x}+e^{\theta_2^T x^{(i)}}}\begin{bmatrix} e^{\theta_1^T x} \\ e^{\theta_2^T x} \end{bmatrix} \tag{4-44}$$

比如 $k=3$ 时，可以看作是要将一封未知邮件分为垃圾邮件、个人邮件还是工作邮件这3类。设：

$P(y=i;\phi)=\phi_i$，那么，$\sum_{i=1}^{k}\phi_i=1$。

而且有：

$$P(y=k;\phi)=1-\sum_{i=1}^{k}\phi_i \tag{4-45}$$

为了将多项式模型表述成指数分布族，先引入 $T(y)$，它是一个 $k-1$ 维的向量，那么：

$$T(1)=\begin{pmatrix}1\\0\\0\\\vdots\\0\end{pmatrix} T(2)=\begin{pmatrix}0\\1\\0\\\vdots\\0\end{pmatrix} T(3)=\begin{pmatrix}0\\0\\1\\\vdots\\0\end{pmatrix}\cdots T(k-1)=\begin{pmatrix}1\\0\\0\\\vdots\\1\end{pmatrix} T(k)=\begin{pmatrix}0\\0\\0\\\vdots\\0\end{pmatrix}$$

应用于一般线性模型，y 必然是属于 k 个类中的一种。用 $\mu(y=i)=1$ 表示 $y=i$ 为真，同样当 $y=i$ 为假时，有 $\mu(y=i)=0$，那么进一步得到联合分布的概率密度函数为：

$$\begin{aligned} P(y;\phi) &= \phi_1^{\mu(y=1)},\phi_2^{\mu(y=2)}\cdots\phi_k^{\mu(y=k)} \\ &= \phi_1^{\mu(y=1)},\phi_2^{\mu(y=2)}\cdots{\phi_k}^{1-\sum_{i=1}^{k-1}\mu(y=i)} \\ &= \phi_1^{T(y)1},\phi_2^{T(y)2}\cdots{\phi_k}^{1-\sum_{i=1}^{k-1}T(y)_i} \\ &= \exp[T(y)_1\cdot\ln\phi_1+T(y)_2\cdot\ln\phi_2+\cdots+(1-\sum_{i=1}^{k-1}T(y)_i)\cdot\ln\phi_k] \\ &= \exp[T(y)_2\cdot\ln\frac{\phi_1}{\phi_k}+T(y)_2\cdot\ln\frac{\phi_2}{\phi_k}+\cdots+T(y)_{k-1}\cdot\ln\frac{\phi_{k-1}}{\phi_k}+\ln\phi_k] \\ &= b(y)\exp[\eta^T T(y)-a(\eta)] \end{aligned} \tag{4-46}$$

对比一下，可以得到：

$$\eta = \begin{pmatrix} \ln \frac{\phi_1}{\phi_k} \\ \ln \frac{\phi_2}{\phi_k} \\ \vdots \\ \ln \frac{\phi_{k-2}}{\phi_k} \end{pmatrix} \quad b(y) = 1 \quad a(\eta) = -\ln\phi_k$$

由于:

$$\eta_i = \ln \frac{\phi_i}{\phi_k} \Rightarrow \phi_i = \phi_k \cdot \mathrm{e}^{\eta_i}$$

那么,最终得到:

$$\phi_k \cdot (\mathrm{e}^{\eta_1} + \mathrm{e}^{\eta_2} + \cdots + \mathrm{e}^{\eta_k}) = 1 \Rightarrow \phi_k = \frac{1}{\sum_{j=1}^{k} \mathrm{e}^{\eta_j}} \Rightarrow \phi_i = \frac{\mathrm{e}^{\eta_i}}{\sum_{j=1}^{k} \mathrm{e}^{\eta_j}}$$

可以得到期望值为:

$$h_\theta(x) = E[T(y) \mid x;\theta] = \begin{pmatrix} \phi_1 \\ \phi_2 \\ \vdots \\ \phi_{k-1} \end{pmatrix} = \begin{bmatrix} \frac{\exp(\theta_1^T x)}{\sum_{j=1}^{k} \exp(\theta_j^T x)} \\ \frac{\exp(\theta_2^T x)}{\sum\limits_{j=1}^{k} \exp(\theta_j^T x)} \\ \vdots \\ \frac{\exp(\theta_k^T x)}{\sum\limits_{j=1}^{k} \exp(\theta_j^T x)} \end{bmatrix} \tag{4-47}$$

接下来得到对数似然函数函数为:

$$\begin{aligned} L(\theta) &= \sum_{i=1}^{m} \left[\ln \prod_{i=1}^{k} \left(\frac{\exp(\theta_l^T x^{(i)})}{\sum\limits_{j=1}^{k} \exp(\theta_j^T x^{(i)})} \right)^{\mu(y^{(i)}=l)} \right] \\ &= \sum_{i=1}^{m} \left\{ \sum_{i=1}^{k} \left[\mu(y^{(i)} = l) \cdot \ln\left(\frac{\exp(\theta_l^T x^{(i)})}{\sum_{j=1}^{k} \exp(\theta_j^T x^{(i)})} \right) \right] \right\} \end{aligned} \tag{4-48}$$

其中 θ 是一个 $k \cdot (n+1)$ 的矩阵,代表这 k 类的所有训练参数,每个类别的参数都是一个 $n+1$ 维的向量。所以在 Softmax 回归中将 x 分类为类别 l 的概率为:

$$p[y^{(i)} = l \mid x^{(i)};\theta] = \frac{\exp[\theta_l^T x^{(i)}]}{\sum\limits_{j=1}^{k} \exp[\theta_j^T x^{(i)}]}$$

跟 Logistic 回归一样,Softmax 也可以用梯度下降法或者牛顿迭代法求解,对对数似然函数求偏导数,得到:

$$\frac{\partial L(\theta)}{\partial \theta_l} = \sum_{i=1}^{m}\left\{\frac{\sum_{j=1}^{k}\exp[\theta_j^T x^{(i)}]}{\exp[\theta_j^T x^{(i)}]}\cdot\right.$$

$$\left.\frac{\mu[y^{(i)} = l]\cdot\exp[\theta_l^T x^{(i)}]\cdot x(i)\cdot\sum_{j=1}^{k}\exp[\theta_j^T x^{(i)}] - \exp[\theta_l^T x^{(i)}]\cdot\exp[\theta_l^T x^{(i)}]\cdot x^{(i)}}{\{\sum_{j=1}^{k}\exp[\theta_j^T x^{(i)}]\}^2}\right\}$$

$$= \sum_{i=1}^{m}\left\{\left[\mu(y^{(i)} = l) - \frac{\exp[\theta_l^T x^{(i)}]}{\sum_{j=1}^{k}\exp[\theta_j^T x^{(i)}]}\right]x^{(i)}\right\}$$

$$= \sum_{i=1}^{m}\{[\mu(y^{(i)} = l) - P[y^{(i)} = l \mid x^{(i)};\theta]]\cdot x^{(i)}\}$$

然后可以通过梯度上升法来更新参数：

$$\theta_l = \theta_l + \alpha\frac{\partial L(\theta)}{\partial \theta_l}$$

注意这里 θ_l 是第 l 个类的所有参数，它是一个向量。在 Softmax 回归中直接用上述对数似然函数是不能更新参数的，因为它存在冗余的参数，通常用的牛顿方法中的 Hessian 矩阵也不可逆，是一个非凸函数，那么可以通过添加一个权重衰减项来修改代价函数，使得代价函数是凸函数，并且得到的 Hessian 矩阵可逆。

4.1.6　梯度下降法

梯度下降法就是利用负梯度方向来决定每次迭代的新的搜索方向，使得每次迭代能使待优化的目标函数逐步减小。梯度下降法是 2 范数下的最速下降法。最速下降法的一种简单形式是 $x(k+1) = x(k) - a \times g(k)$，其中 a 称为学习速率，可以是较小的常数。$g(k)$ 是 $x(k)$ 的梯度。

1）邻域

邻域是拓扑空间中的基本概念。直觉上说，一个点的邻域是包含这个点的集合，并且该性质是外延的。

如果 X 是拓扑空间，而 p 是 X 中的一个点，p 的邻域是集合 V，它包含了包含 p 的开集 U，即 $p \in U \subseteq V$。V 自身不必须是开集，如果 V 是开集，则它被称为开邻域。某些作者要求邻域是开集，所以注意约定是很重要的。

一个点的所有邻域的集合叫作在这点上的邻域系统。

如果 S 是 X 的子集，S 的邻域是集合 V，它包含了包含 S 的开集 U。可得出集合 V 是 S 的邻域，当且仅当它是在 S 中的所有点的邻域。

在度量空间 $M = (X, d)$ 中，集合 V 是点 p 的邻域（图 4-2），如果存在以 p 为中心和半径为 r 的开球，其满足：

$$B_r(p)=B(p;r)=\{x\in X\mid d(x,p)<r\}$$

它被包含在 V 中。V 叫做集合 S 的一致邻域，如果存在正数 r 使得对于 S 的所有元素 p 满足如下关系式：

$$B_r(p)=\{x\in X\mid d(x,p)<r\}$$

它被包含在 V 中。对于 $r>0$，集合 S 的 r-邻域 S_r 是 X 中与 S 的距离小于 r 的所有点的集合(或等价的说，S_r 是以 S 中一个点为中心半径为 r 的所有开球的并集)。

可直接得出 r-邻域是一致邻域，并且一个集合是一致邻域当且仅当它包含对某个 r 值的 r-邻域，如图 4-3 所示。

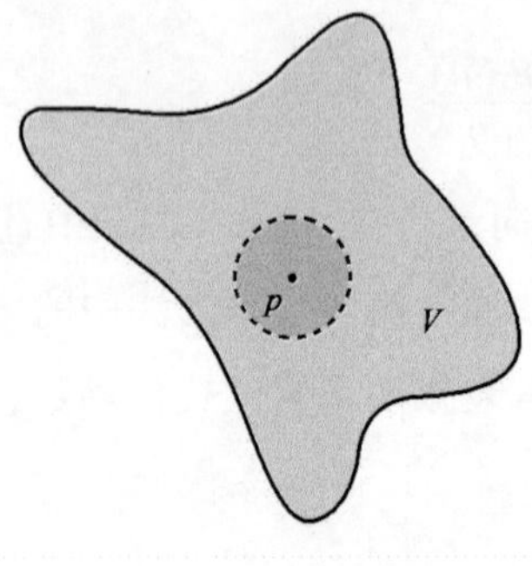

图 4-2　邻域概念示意图

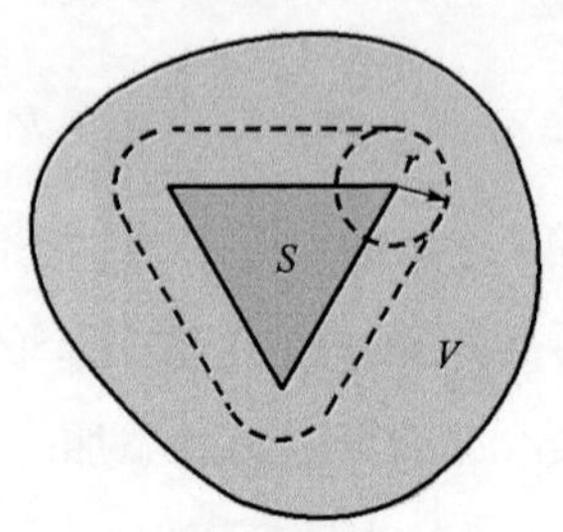

图 4-3　平面上的集合 S 和 S 的一致邻域 V

2)梯度

假如一个空间中的每一点的属性都可以以一个标量来代表的话，那么这个场就是一个标量场。假如一个空间中的每一点的属性都可以以一个向量来代表的话，那么这个场就是一个向量场。标量场中某一点上的梯度指向标量场增长最快的方向，梯度的长度是这个最大的变化率。

梯度一词有时用于斜度，也就是一个曲面沿着给定方向的倾斜程度。一个标量函数 φ 的梯度记为$\nabla\varphi$ 或 gradφ，其中∇(nabla)表示矢量微分算子。在三维情况，该表达式在直角坐标中扩展为

$$\nabla\varphi=\left(\frac{\partial\varphi}{\partial x},\frac{\partial\varphi}{\partial y},\frac{\partial\varphi}{\partial z}\right)$$

3)梯度下降法

基于这样的观察：如果实值函数 $F(x)$ 在点 a 处可微且有定义，那么函数 $F(x)$ 在 a 点沿着梯度相反的方向下降最快。

因而，如果 $b=a-\gamma\nabla F(a)$，对于 $\gamma>0$ 为一个够小数值时成立，那么 $F(a)\geqslant F(b)$。

考虑到这一点，可以从函数 F 的局部极小值的初始估计值 X_0 出发，并考虑如下序列 X_0，$X_1,X_2,\cdots,X_n$，使得

$$X_{n+1} = X_n - \gamma_n \nabla F(X_n), n \geqslant 0 \tag{4-49}$$

因此,可以得到

$$F(X_0) \geqslant F(X_1) \geqslant F(X_2) \geqslant \cdots$$

如果顺利的话,序列(X_n)收敛到期望的极值。注意每次迭代步长 γ 可以改变。

4.2　信息论概念

信息论(Information Theory)是概率论与数理统计的一个分枝,用于信息处理、信息熵、通信系统、数据传输、率失真理论、密码学、信噪比、数据压缩和相关课题。在信息论里面对数 log 默认都是指以 2 为底数。

相关基本概念阐述如下:

(1)自信息量:

$$I(x_i) = -\log p(x_i) \tag{4-50}$$

(2)联合自信息量:

$$I(x_i, y_i) = -\log p(x_i, y_i) \tag{4-51}$$

(3)条件自信息量:

$$I(x_i \mid y_i) = -\log p(x_i \mid y_i) \tag{4-52}$$

(4)信息熵:

$$H(X) = -\sum p(x_i)\log p(x_i) \tag{4-53}$$

(5)条件熵:

$$H(X \mid Y) = -\sum_i \sum_j p(x_i, y_i)\log p(x_i \mid y_i) = \sum_i \sum_j p(x_i, y_i) I(x_i \mid y_i) \tag{4-54}$$

(6)联合熵:

$$H(X,Y) = -\sum_i \sum_j p(x_i, y_i)\log p(x_i, y_i) = \sum_i \sum_j p(x_i, y_i) I(x_i, y_i) \tag{4-55}$$

根据链式规则,有:

$$H(X,Y) = H(X) + H(Y \mid X) = H(Y) + H(X \mid Y) \tag{4-56}$$

可以得出:

$$H(X) = H(X \mid Y) = H(Y) - H(Y \mid X) \tag{4-57}$$

(7)信息增益:系统原先的熵是 $H(X)$,在条件 Y 已知的情况下系统的熵(条件熵)为 $H(X \mid Y)$,信息增益就是这两个熵的差值。

$$IG = H(X) - H(X \mid Y) \tag{4-58}$$

熵表示系统的不确定度,所以信息增益越大,表示条件 Y 对于确定系统的贡献越大。

(8)互信息:y_j 对 x_i 的互信息定义为后验概率与先验概率比值的对数。

$$I(x_i;y_i) = \log \frac{p(x_i \mid y_i)}{p(x_i)} = I(x_i) - I(x_i \mid y_i) \tag{4-59}$$

互信息越大,表明 y_j 对于确定 x_i 的取值的贡献度越大。

系统的平均互信息为:

$$\begin{aligned} H(X;Y) &= \sum_i \sum_j p(x_i,y_i) \log p(x_i,y_i) = \sum_i \sum_j p(x_i \cdot y_i) \log \frac{(x_i \mid y_i)}{p(x_i)} \\ &= H(X) - H(X \mid Y) = H(Y) - H(Y \mid X) \end{aligned} \tag{4-60}$$

可见平均互信息就是信息增益。

(9)交叉熵:一种万能的 Monte-Carlo 技术,常用于稀有事件的仿真建模、多峰函数的最优化问题。交叉熵技术已用于解决经典的旅行商问题、背包问题、最短路问题、最大割问题等。在实际中变量 X 服从的概率分布 h 往往是不知道的,因此会用 g 来近似地代替 h,这本质上是一种函数估计。有一种度量 g 和 h 相近程度的方法叫 Kullback-Leibler 距离,又叫交叉熵:

$$D(g,h) = E_g \log \frac{g(X)}{h(X)} = \frac{1}{N} \sum_{i=1}^{N} g(x_i) \log \frac{x_i}{x_i} \tag{4-61}$$

通常选取 g 和 h 具有相同的概率分布类型(比如已知 h 是指数分布,那么就选 g 也是指数分布)进行参数估计,只是 pdf 参数不一样。

(10)相对熵,又称为 KL 散度(Kullback-Leibler Divergence,简称 KLD)。信息散度(Information Divergence)和信息增益(Information Gain)是两个概率分布 P 和 Q 差别的非对称性的度量。KL 散度是用来度量使用基于 Q 的编码来编码来自 P 的样本平均所需的额外的比特个数。典型情况下,P 表示数据的真实分布,Q 表示数据的理论分布、模型分布或 P 的近似分布。

$$D_{KL}(P \parallel Q) = \sum_i p(i) \ln \frac{P(i)}{Q(i)} \tag{4-62}$$

KL 散度仅当概率 P 和 Q 各自总和均为 1,且对于任何 i 皆满足 $Q(i) > 0$ 及 $P(i) > 0$ 时,才有定义。式中出现 0ln0 的情况,其值按 0 处理。

对于连续随机变量,其概率分布 P 和 Q 可按积分方式定义为:

$$D_{KL}(P \parallel Q) = \int_{-\infty}^{\infty} p(x) \ln \frac{p(x)}{q(x)} dx \tag{4-63}$$

式中,p 和 q 分别表示分布 P 和 Q 的密度。

尽管从直觉上看,KL 散度是个度量或距离函数,但是它实际上并不是一个真正的度量或距离。因为 KL 散度不具有对称性:从分布 P 到 Q 的距离(或度量)通常并不等于从 Q 到 P 的距离(或度量)。

4.3 条件概率、全概率和贝叶斯公式

如果满足 $B_i \cap B_j = \phi(i \neq j)$ 且 $\bigcup_{i=1}^{\infty} B_i = \Omega$,称事件族 $B_1,B_2,\cdots$ 为样本空间 Ω 的一个划分(也称 $B_1,B_2,\cdots$ 为一个完备的事件组)。如还有 $P(B_i)>0(i=1,2,\cdots)$,则称 $B_1,B_2,\cdots$ 为样本空间 Ω 的一个正划分。

1)条件概率

设 A 和 B 为两个事件,$P(A)>0$,在"A 已发生"的条件下,B 发生的条件概率(Conditional Probability):

$$P(B|A)=\frac{P(AB)}{P(A)} \tag{4-64}$$

为在事件 A 发生的条件下,事件 B 发生的条件概率。一般情况下:

$$P(B|A) \neq P(B)$$

它满足以下三个条件:非负性;规范性;可列可加性。

对任意两个事件 A、B,若 $P(B)>0$,则有:

$$P(AB)=P(B|A)\cdot P(A) \tag{4-65}$$

上式为概率的乘法公式。

2)全概率公式

设事件 $B_1,B_2...$ 为样本空间 Ω 的一个正划分,则对任何一个事件 A,有

$$P(A)=\sum_{i=1}^{\infty}P(B_i)P(A|B_i) \tag{4-66}$$

3)贝叶斯公式

人们根据不确定性信息作出推理和决策需要对各种结论的概率作出估计,这类推理称为概率推理。贝叶斯推理的问题是条件概率推理问题,是在观察到事件 A 已发生的条件下,寻找导致 A 发生的每个原因的概率。贝叶斯公式用于求原因概率,确定某结果(事件 A)发生的最可能原因。假定有 n 个两两互斥的"原因"$B_1,B_2,\cdots B_n$ 可引起同一种"现象"A 的发生。若该现象已经发生,利用贝叶斯公式可以算出由某一个原因所引起的可能性有多大。

设 $B_1,B_2,\cdots$ 为样本空间 Ω 的一个正划分,事件 A 满足 $P(A)>0$, 则:

$$P(B_i|A)=\frac{P(B_i)P(A|B_i)}{P(A)} \tag{4-67}$$

若把全概率公式中的 A 视作“果”，而把 Ω 的每一划分 B_i 视作“因”，则全概率公式反映“由因求果”的概率问题。式(4-66)中的 $P(B_i)$ 是根据以往的信息和经验得到的，所以被称为先验概率。贝叶斯公式又称为“执果溯因”的概率问题，即在结果 A 已经发生的情况下，寻找 A 发生的原因。式(4-67)中的 $P(B_i|A)$ 是得到“信息” A 后求出的，称为后验概率。先验概率与后验概率有不可分割的联系，后验概率的计算是以先验概率为基础的。由贝叶斯公式知，求 $P(B_i|A)$ 要用到 $P(A)$，而 $P(A)$ 是由先验概率计算得到的。

4.4 统计语言模型

4.4.1 语言模型

语言模型是根据语言客观事实而进行的语言抽象数学建模，是描述自然语言规律的数学模型。语言模型一般包括文法型语言模型和统计语言模型。文法即篇章书写规则，以文字、词语、短句、句子的编排组成的完整语句和文章的规则。形式语言理论和转换语法就是一种生成性语言模型。在计算机科学中，文法是编译原理的基础，是描述一门程序设计语言和实现其编译器的方法。文法的描述多用 BNF(巴克斯范式)，正则表达式也是文法的一种形式。乔姆斯基(Noam Chomsky)于 1956 年建立形式语言的描述。这种理论对计算机科学有着深刻的影响，特别是对程序设计语言的设计、编译方法和计算复杂性等方面更有重大的作用。根据对产生式所施加的限制的不同，把文法分成 4 种类型，即 0 型、1 型、2 型和 3 型。多数程序设计语言的单词的语法都能用正规文法或 3 型文法来描述。一个文法 G 是下述元素构成的一个四元组 $(N,\ \Sigma, P, S)$：

(1)非终结符号集合 N；

(2)终结符号集合 Σ，$N \cap \Sigma = \Phi$；

(3)起始符号 S，S 属于 N；

(4)产生式规则 P：其形式为 $\alpha \to \beta$，α 称为产生式的左部，β 称为产生式的右部，“$\to$”表示“定义为”，并且 α、$\beta \in (\mathrm{VT} \cup \mathrm{VN})^*$，$\alpha \neq \varepsilon$，即 α、β 是由终结符和非终结符组成的符号串。开始符 S 必须至少在某一产生式的左部出现一次。另外可以对形式 $\alpha \to \beta$，$\alpha \to \gamma$ 的产生式缩写为 $\alpha \to \beta | \gamma$。

语言是一种上下文相关的信息表达和传递的方式，基于统计的计算语言模型是以概率分布的形式描述特定语句 S 属于某种语言的可能性,即 $P(S)$。统计语言模型(Statistical Language Model)是用来计算一个句子的概率的模型,即 $P(w_1, W_2, \cdots, W_k)$。通过这个概率确定词序列的可能性大小,或者给定若干个词预测下一个最可能出现的词语等。给定句子词语序列判断是一个句子的概率是统计语言模型需要解决的核心问题。词是一个句子的基本构成单位,设一个语句 S 由那个词 $w_1, w_2, ..., w_n$ 组成,则:

$$P(S) = P(w_1, w_2, \cdots, w_k) = p(w_1)P(w_2 | w_1)\cdots P(w_k | w_1, w_2, \cdots, w_{k-1}) \tag{4-68}$$

由于上式难以计算,因此需要寻找近似的方法寻求解。常见方法包括 n - gram、决策树、最大熵模型、最大熵马尔科夫模型、条件随机场方法、神经网络方法等。

4.4.2　词向量

采用计算机实现自然语言理解和生成,其中之一的方法是将文本数字化、向量化描述。数字化可以实现大小的表示,向量化则具有方向的含义。词向量(Distributed Representation)是用来将语言中的词语进行数学描述的一种实现方式。词向量就是用来将语言中的词进行数学化的一种方式,把一个词表示成一个向量。常用的方法包括 One-hot Representation、Distributed Representation 两种方法。

(1)One-hot Representation 本质上是状态编码,有限状态机常见的状态编码包括二进制编码、Gray 码、one-hot 编码。One-hot 用每一个 bit 来代表一个状态,One-hot 指所有二进制串中只有一位是 1,其他位均为 0。与之对应的是 one-cold。one-cold 指的是各位均 1,只有一位为 0。One-hot 的个数与系统中的状态数目一致,是只有一个比特为 1,其他全为 0 的一种码制。通常,在通信网络协议栈中,使用八位或者十六位状态的独热码,且系统占用其中一个状态码,余下的可以供用户使用。有 6 个状态的独热码状态编码为 000001,000010,000100,001000,010000,100000。有十六个状态的独热码状态编码应该是 0000000000000001,0000000000000010, 0000000000000100, 0000000000001000, 0000000000010000, 0000000000100000 ,…,1000000000000000。为了便于书写,将二进制简化为十六进制表示(从右往左每四位二进制位用一位十六进制数表示),那么,以上十六状态的独热码可以表示成 0x0001, 0x0002, 0x0004, 0x0008, 0x0010, 0x0020, ……, 0x8000。

分类是机器学习中常见的工作,但分类值守离散而不是连续的。将特征用数字表示在程序处理中非常方便。分类信息转化为数字后表示,该编码值并没有大小的含义,即并非表示有序性。One-Hot 就是针对这种情景的。对于有 m 个可能值的特征经过 One-Hot 编码为 m 个二元特征。这些特征互斥,每次只有一个激活,表示为 1。因此,数据会变成稀疏的。这样使得分类器更加简单地处理属性信息。一个类别特征有 m 种可能,那么这个特征就对应了 m 位的 01 字符串。

自然语言处理而言,假设词表大小为 V,第 k 个词表示为一个大小为 V 的向量,其中第 k 维为 1,其他维为 0。该表示方式的缺点是无法有效刻画词的语义信息,即不管两个词义相关性如何,它们的 one-hot 的向量表示都是正交的。这也存在数据稀疏问题。

(2) Distributed Representation 基于这样的假设:一个词包含的意义应该由该词周围的词决定。向量表示一个词,每一向量为空间中的一个点,在这个空间上的词向量之间的距离度量也可以表示对应的两个词之间的"距离"。所谓两个词之间的"距离",就是这两个词之间的语法,语义之间的相似性。google 的 TomasMikolov 团队采用词向量相关技术,通过向量空间,把一种语言转变成另一种语言,实验中对英语和西班牙语间的翻译准确率高达 90%。针对英语和西班牙语两种语言,通过语料训练分别得到它们对应的词向量空间 E 和 S。从英语中取出 5 个词:one、two、three、four、five,设其在 E 中对应的词向量分别为 v_1、v_2、v_3、v_4、v_5。为方便作图,利用主成分分析降维得到相应的二维向量 u_1、u_2、u_3、u_4、u_5,在二维平面上将这 5 个点在平面上画出。类似地,在西班牙语中取出与 one、two、three、four、five 对应的 uno、dos、tres、cuatro、cinco,设其在 S 中对应的词向量分别为 s_1、s_2、s_3、s_4、s_5,用主成分分析降维后的二维向量分别为 t_1、t_2,t_3、t_4、t_5,将它们在二维平面上画,并做适当的旋转。观察图 4-4,容易发现:5 个词在两个向量空间中的相对位置差不多,这说明两种不同语言对应向量空间的结构之间具有相似性,从而进一步说明了在词向量空间中利用距离刻画词之间相似性的合理性。

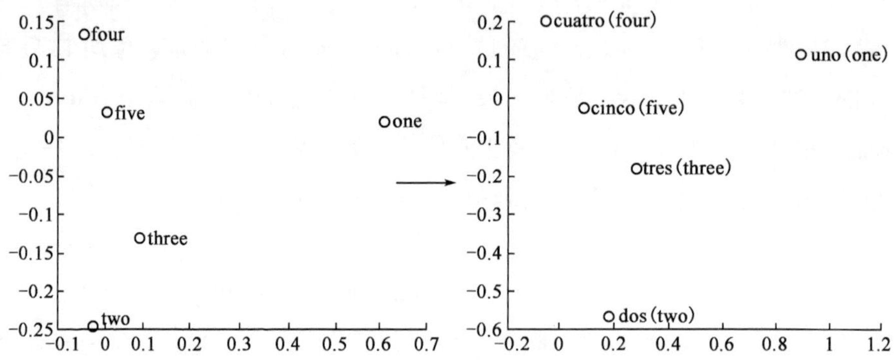

图 4-4 词语在向量空间中的相对位置

4.4.3 n-gram 语言模型

n-gram 模型也称为 $n-1$ 阶马尔科夫模型,该模型基于这样一种假设,第 n 个词的出现只与前面 $n-1$ 个词相关,而与其他词都无关,整个句子的概率是各个词出现概率的乘积。这些概率可以通过直接从语料中统计 n 个词同时出现的次数得到。例如,

一元模型(unigram):$P(w_1w_2w_3w_4) = P(w_1)P(w_2)P(w_3)P(w_4)$,

二元模型(bigram):$P(w_1w_2w_3w_4) = P(w_1)P(w_2|w_1)P(w_3|w_2)P(w_4|w_3)$,

三元模型(trigram):$P(w_1w_2w_3w_4) = P(w_1)P(w_2|w_1)P(w_3|w_1w_2)P(w_4|w_2w_3)$。

n-gram 模型的参数就是条件概率:

$$P(w_i|w_{i-n+1},\cdots,w_{i-1})$$

如果一个词的出现仅依赖于它前面出现的一个词,即 bigram,

$$\begin{aligned}P(T) = P(w_1w_2w_3\cdots w_n) &= P(w_1)P(w_2|w_1)P(w_3|w_1w_2)\cdots P(w_n|w_1w_2\cdots w_{n-1})\\ &\approx P(w_1)P(w_2|w_1)P(w_3|w_2)\cdots P(w_n|w_{n-1})\end{aligned}$$

即:

$$P(s) = \prod_{i=1}^{n}P(w_i|w_{i-1})$$

如果一个词的出现仅依赖于它前面出现的两个词,那么我们就称之为 Trigram。为求得 $P(w_n|w_1w_2\cdots w_{n-1})$,一种被广泛采用的方法是最大相似度估计(Maximum Likelihood Estimation, MLE),即 $P(w_n|w_1w_2\cdots w_{n-1}) = [C(w_1\ w_2\cdots w_n)]/[C(w_1\ w_2\cdots w_{n-1})]$。

统计序列 $C(w_1\ w_2\cdots w_n)$出现的次数和 $C(w_1\ w_2\cdots w_{n-1})$出现的次数后即可求得。如果在语料库中可能没有出现一些词的组合,根据最大似然估计得到的概率将会是0,在算句子的概率时一旦其中的某项为0,那么整个句子的概率就会为0,最后可能很多词序列概率是0,这就是所谓的数据稀疏问题。这时要进行数据平滑(Data Smoothing),数据平滑可使所有的 N-gram 概率之和为1、所有的 N-gram 概率都不为0。数据平滑是对频率为0的 n 元对进行估计,典型的平滑算法有加法平滑、Good-Turing 平滑、Katz 平滑、插值平滑等。n-gram 语言模型早期用于语音识别、机器翻译、输入法等。

n-gram 语言模型关注的是词连续出现的特征,而没有词性以及语义特征。可以融入多种知识源的其他的语言模型包括最大熵模型、最大熵马尔科夫模型、条件随机域模型等指数语言模型,常用于解决序列标注问题。n-gram 语言模型无法建模更远的关系。当 n 取值较大时计算量会大大增加,故一般只取2,3。词之间的相似度使用 n-gram 语言模型难以表达。对于没有出现的词语,会出现 n 元组概率为0这样的数据稀疏问题。

4.4.4 Skip-gram 神经网络语言模型

Skip-gram 语言模型是对 n-gram 语言模型的一种改进,在文章《A Closer Look at Skip-gram Modelling》做了很好的解释。本质上是对 n-gram 语言模型数据稀疏性问题的一种改进。对 k-skip-n-gram而言,就是词语之间的跨度最大可以达到 k。例如,对下面这句话:

“要让青草覆盖的地方都成为我的牧马之地。”

得到词语序列:青草 覆盖 地方 成为 牧马

bi-grams 模型:{青草 覆盖,覆盖 地方,地方 成为,成为 牧马}

2-skip－bi-grams:{ 青草 覆盖,青草 地方, 青草成为, 覆盖 地方, 覆盖 成为, 覆盖牧马, 地方 成为, 地方 牧马}

tri-grams:{ 青草 覆盖 地方, 覆盖 地方 成为, 地方 成为 牧马}

2-skip-tri-grams:{ 青草 覆盖 地方,青草 覆盖 成为, 青草 覆盖 牧马, 覆盖 地方 成为,覆盖 地方牧马}

skip-gram 模型的输入是一个词 w_i,而输出是上下文词语$\{w_{O,1},...,w_{O,C}\}$,其个数由窗口 C 确定。例如,对句子"I drove my car to the store",可以把"car"作为一个训练输入,得到的输出可以为{"I","drove","my","to","the","store"}。其体系结构如图 4-5 所示。

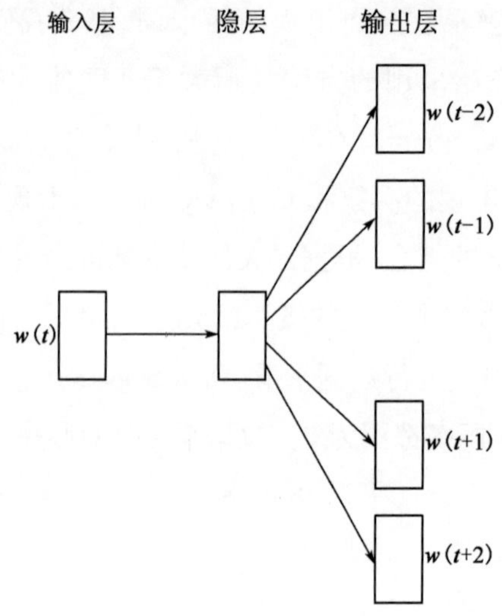

图 4-5 Skip-gram 模型体系结构

连续 Skip-gram 是可以实现语义捕获的词向量表示方法之一。连续 skip-gram 模型通过中间词来预测周围词的概率。Skip-gram 在训练语料较少的环境下使用。

4.4.5 CBOW 语言模型

用周围词预测中间词的连续词袋模型(Continuous Bag of Words,CBOW)使用多个词对某一个词形成情景。例如对上节中的例子,可以"cat"和"tree"构成"climbed"的情景。通过 C 次输入,在隐层求均值得到相应值。将相邻的词向量直接相加得到隐层,并用隐层预测中间词的概率。因为是直接相加,所以周围词的位置并不影响预测的结果。CROW 语言模型结构如

图 4-6 所示。

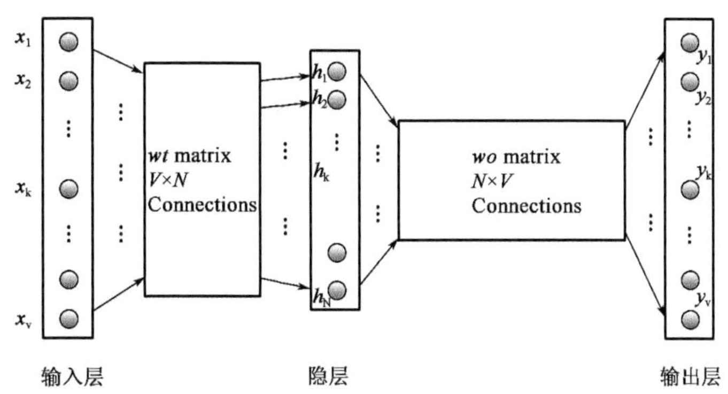

图 4-6　CROW 模型结构

CBOW 模型通过优化如下的对数似然函数的目标函数来求解为：

$$L = \sum_{w \in C} \log p[w \mid \text{Context}(w)] \tag{4-69}$$

CBOW 的输入为包含 Context(w)中 $2c$ 个词的词向量 $v(w)$，这 $2c$ 个词向量在隐层累加得到输出层的输出。输出层采用了 Hierarchical Softmax 的技术，组织成一棵根据训练样本集的所有词的词频构建的哈夫曼树，实际的词为哈夫曼树的叶子节点。哈夫曼树的每个中间节点都类似于一个逻辑回归的判别式。CBOW 采用了层次 Softmax 算法，该算法结合了哈夫曼编码，每个词 w 都可以从树的根节点 root 沿着唯一一条路径被访问到，其路径也就形成了其编码 code。假设 $n(w, j)$为这条路径上的第 j 个节点，且 $L(w)$为这条路径的长度，j 从 1 开始编码，即 $n(w, 1) = \text{root}$，$n(w, L(w)) = w$。对于第 j 个节点，层次 Softmax 定义的 Label 为 1 - code[j]。

取一个适当大小的窗口当作语境，输入层读入窗口内的词，将它们的向量（K 维，初始随机）加和在一起，形成隐层 K 个节点。输出层是一个巨大的二叉树，叶节点代表语料里所有的词（语料含有 V 个独立的词，则二叉树有 $|V|$ 个叶节点）。而这整颗二叉树构建的算法就是哈夫曼树。这样，对于叶节点的每一个词，就会有一个全局唯一的编码，形如“010011”，不妨记左子树为 1，右子树为 0。隐层的每一个节点都会跟二叉树的内节点有连边，于是对于二叉树的每一个内节点都会有 K 条连边，每条边上也会有权值。

4.4.6　神经网络语言模型

徐伟、Bengio 等在《Can Artificial Neural Networks Learn Language Models?》《A Neural Probabilistic Language Model》提出了神经网络语言模型。随着深度学习得到关注，人工神经网络再

次得到重视，也成了自然语言处理领域最热门的话题之一。特别是在神经网络语言模型得到词向量在如情感分析，推荐系统等领域得到广泛重视。从本质上说，神经网络语言模型也是 n-gram 模型。神经网络语言模型用特征向量来表征每个词各个方面的特征。当把词转换为向量后，一个词就对应为特征空间中的一个点。同时，每个词的特征维度远远少于词表的总数。

Bengio 使用前馈神经网络表示，如图 4-7 所示。将词表示为向量的形式，作为神经网络的输入，训练的过程中会对词向量进行优化和更新，存在跨层的连接，输出不仅仅依赖于隐含层，还依赖于词向量本身，输出的是给定输入词片段时下一个词的概率。最下方的 w_{t-n+1}，…，w_{t-2}，w_{t-1} 就是前 $n-1$ 个词，根据这已知的 $n-1$ 个词预测下一个词 w_t。$C(w)$ 表示词 w 所对应的词向量，整个模型的词向量为矩阵 C（$|V| \times m$ 的矩阵），其中 $|V|$ 是语料中的总词数，m 是词向量维度。w 到 $C(w)$ 的转化就是从矩阵中取出一行。网络的输入层是 $C(w_{t-n+1})$，…，$C(w_{t-2})$，$C(w_{t-1})$ 这 $n-1$ 个向量首尾相接拼形成一个 $(n-1)m$ 的数组，记为 x。网络的第二层为人工神经网络的隐藏层，使用 $d+Hx$ 计算得到，其中 d 是偏置项。使用 tanh 作为激活函数。网络的输出层 $|V|$ 个节点，每个节点 y_i 表示下一个词为 i 的未归一化 log 概率。最后使用 Softmax 激活函数将输出值 y 归一化成概率。归一化前的计算方法：

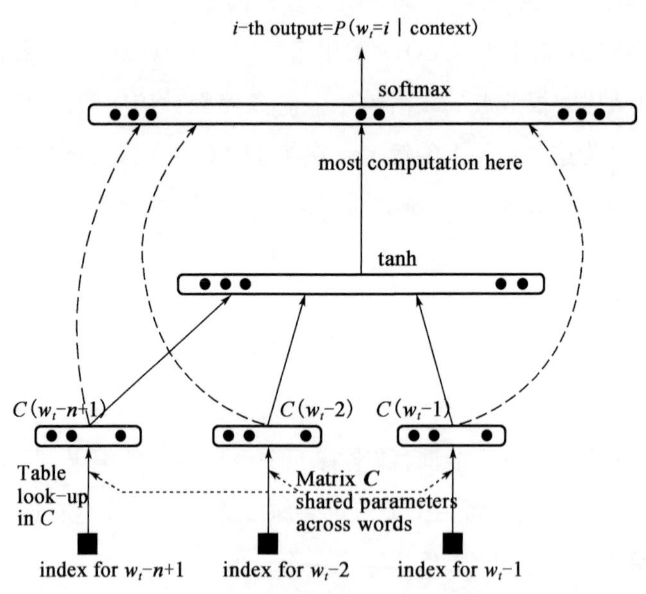

图 4-7 Bengio 提出的神经网络结构

$$y = b + Wx + U\tanh(d + Hx) \tag{4-70}$$

模型的输出是一个概率向量 P，表示在当前情景下是该词的概率，即 $P(w_t|w_1^{t-1})$。

如果不考虑输入跳过隐层直接到输出的连接的虚线，这就是一个三层前向神经网络。输入层是单词的向量表示，隐层使用 tanh 激活函数，输出层用 Softmax 做概率归一化。此结构图上未经过优化的用于训练神经网络模型。输入层和传统的神经网络模型有所不同，输入的每一个节点单元不再是一个标量值，而是一个向量，向量的每一个值为变量，训练过程中要对其进行更新，这个向量就是我们所关心的 word 所对应的 vector，假设该向量维度为 D。该层节点个数为整个语料库中的不同 word 的个数，设为 V。输出层节点个数为整个语料库中的不同 word 的个数，即 V。统计语言模型的基本思路就是一系列词语概率连乘表达一个句子是一个符合语言特征的句子的概率，即：

$$P(S)=P(w_1,w_2,...w_T)=\prod_{i=1}^{T}P(w_i|\text{Context}_i) \tag{4-71}$$

Context 表示的是该词的上下文，也就是这个词的前面和后面各若干个词。由于 Softmax 函数的计算量非常大，导致模型的训练速度比较慢。Minih 等提出构建层次的二叉树，并将预测下一个词的概率转化为在二叉树中路径的概率，从而将 Softmax 的计算用多个 Sigmoid 函数取代，加快了训练速度。因此 Hierarchical Softmax 实现的概率 $P(w_i|\text{Context}_i)$ 求解是一个关键问题。

4.4.7　Hierarchical Softmax

Word2vec 中的 Hierarchical Softmax 的体系结构如图 4-8 所示。上面那一层为输入层，中间那个层可以成为隐层，第三层是哈夫曼树表达的输出层。将语料中的所有词汇按出现的次数进行统计，出现的次数越多则权值越大。根据这个权值建立哈夫曼树。具体的建立方法为：

(1)根据给定的词库 V 个词对应的权值 $\{w_1,w_2,\cdots,w_n\}$，构造 V 棵二叉树的集合 F，$F=\{T_1,T_2,\cdots,T_n\}$，其中每棵二叉树中均只含一个带权值为 w_i 的根节点，其左、右子树为空树；权值是该词在语料中出现的次数。

(2)在 F 中选取其根节点的权值为最小的两棵二叉树，分别作为左、右子树构造一棵新的二叉树，并设置这棵新的二叉树根节点的权值为其左、右子树根节点的权值之和。

(3)从 F 中删去这两棵树，同时加入刚生成的新树。

(4)重复 (2) 和 (3) 两步，直至 F 中只含一棵树为止。

最终得到的哈夫曼树，是以语料中出现的词作为叶子节点，以各个词在语料中出现的次数作为权值构成的哈夫曼树。

对这样构成的哈夫曼节点进行编号，而不是对边编号。除跟节点外，一个节点是其双亲的左孩子则该节点编号为 1，是其双亲的右孩子则该节点编号为 0。每个非叶节点对应有一个向量,但是这个向量不代表任何词,代表某一类别的词的集合。每个叶子节点代表一个词,所有叶子节点就代表了语料库里面的所有词,而且是每个叶子节点不重复。设一个句子由词 w_1,w_2,w_3,…,w_T 组成,概率 $P(s)$ 表达就是该句子的概率。

$$P(s)=P(w_1,w_2,...,w_T)=\prod_{i=1}^{T}P(w_i \mid \text{Context}_i) \tag{4-72}$$

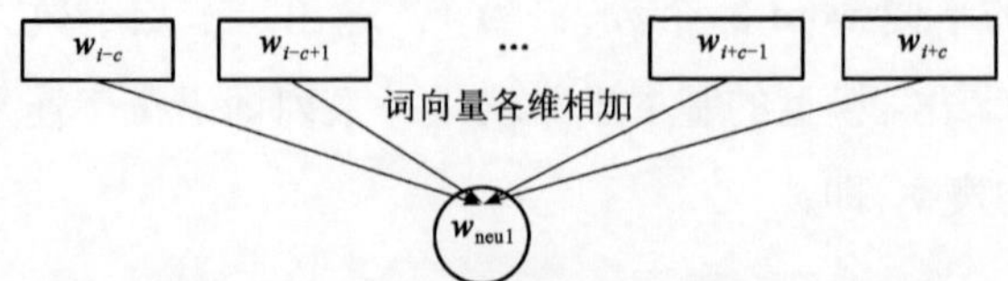

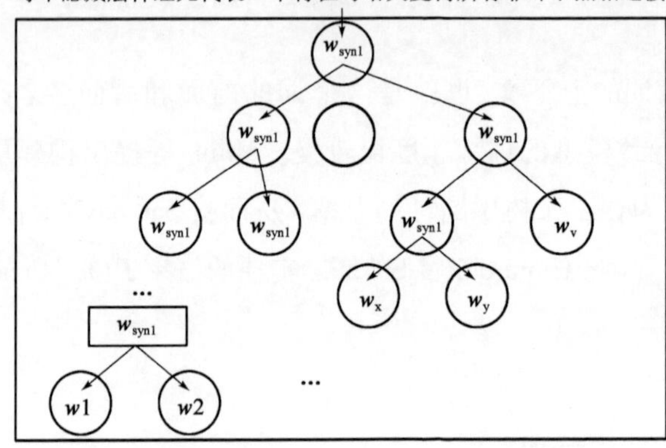

图 4-8 Hierarchical Softmax 体系结构

这里关键是求 $P(w_i \mid \text{Context}_i)$。如把一个句子的若干个词的概率计算出来,$P(w_i \mid \text{Context}_i)$ 连乘得到联合概率大于某个阈值,就可以认为是合理的句子。Context 表示的是该词的上下文,在 Word2vec 中是这个词的前面和后面各若干个词词向量相加得到的 C。前后的词向量个数一般取从 1 到 5 之间的一个随机数个词。

设将 W_i 前面和后面各若干个词词向量相加得到的词向量为 X_w。将 X_w 与哈夫曼树上从根到该词所经过的各个节点做交叉熵计算,设节点 i 的向量为 θ_i,则交叉熵为 $X_w^T * \theta_i$,然后将该值带入 Softmax 函数求概率。在 Word2vec 中将左侧节点分为负类,右侧节点分为正类。该节点被认为是正类的概率为

$$\sigma(x_w^T\theta)=\frac{1}{1+e^{-x_w^T\theta}} \tag{4-73}$$

为负类的概率为:

$$1-\sigma(x_w^T\theta)$$

则对图 4-9 所示例子而言,求“朝阳”的概率为:

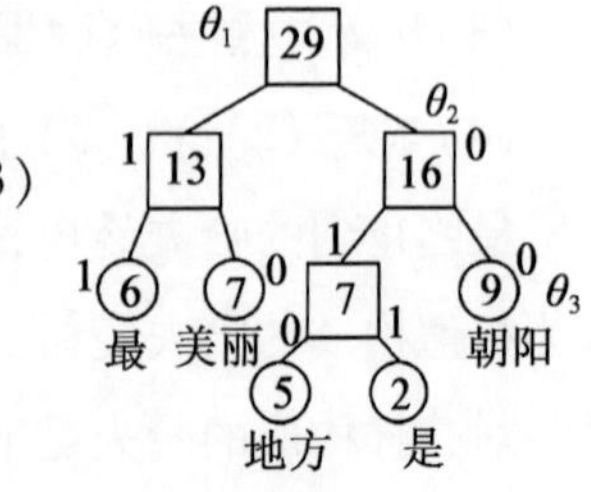

图 4-9 “朝阳”的概率计算

$$P(\text{朝阳}|\text{content}) = \sigma(X_w^T \times \theta_1^{\text{朝阳}}) \times \sigma(X_w^T \times \theta_2^{\text{朝阳}}) \times \sigma(X_w^T \times \theta_3^{\text{朝阳}})$$

Word2vec 利用神经网络的能量函数计算 $P(S)$。人工神经网络中的能量函数本质上就是惩罚函数。隐层每个节点要跟输出层哈夫曼树所有非叶节点连接。所有叶子节点就代表了语料库里面的所有词,每个叶子节点对应一个词。A 是词向量,即可能是哈夫曼树的中间节点也可能是叶子节点。C 是这个词的上下文的词向量的和(向量的和),基本上就可以认为 C 代表 Context;中间的点号表示两个向量的内积。Word2vec 定义的能量函数为:

$$E(A,C) = -(A \cdot C) \tag{4-74}$$

设 V 是语料库中的词的个数,词 A 的在上下文词向量 C 下的概率为:

$$P(A|C) = \frac{e^{-E(A,C)}}{\sum_{v=1}^{v} e^{-E(w_v,C)}} \tag{4-75}$$

为了更快地计算 $P(A|C)$,将词库划分为 L、R 两个词语个数基本相当的集合,并设 A 属于 G,

$$P(A|C) = P(A|L,C)P(L|C)$$

式中:$P(L|C)$——在上下文 C 的条件下出现了 L 类词;

$P(A|L,C)$——在上下文为 C,并且 A 属于 L 的概率。

计算一个词 A 在上下文 C 的概率,可以先对语料库中的词分成两个集合,且 L 和 R 本身也是一个词向量,则上述演化为:

$$P(L|C) = \frac{e^{-E(L,C)}}{e^{-E(L,C)} + e^{-E(R,C)}} = \frac{1}{1 + e^{-[-(R-L)\cdot C]}} = \frac{1}{1 + e^{-E(R-L,C)}}$$

$$P(A|L,C) = \frac{e^{-E(A,C)}}{\sum_{w \in L} e^{-E(W,C)}}$$

其中分母是对语料库里面的每个词计算能量值,然后求和。

设 $X = R - L$,则 F 也是一具有词向量格式的向量了。可以继续把集合 L 分成 LL,LR 两个集合,且设 A 属于 LR,且 LL、LR 也是词向量,则:

$$P(A|L,C) = P(A|\mathrm{LR},L,C)P(\mathrm{LR}|L,C)$$

$$P(\mathrm{LR}|L,C) = \frac{1}{1 + e^{-E(\mathrm{LL}-\mathrm{LR},C)}}$$

$$P(A|\mathrm{LR},L,\ C) = \frac{e^{-E(A,C)}}{\sum_{w \in LR} e^{-E(W,C)}}$$

此时,$P(A|C) = P(A|\mathrm{LR},L,\ C)P(\mathrm{LR}|L,\ C)P(L|C)$

递归上述过程,LR 分为 LRL 和 LRR,是 A 属于 LRL,LRL 又可分为 LRLL、LRLR 两个集合。并假设 LRLL 只有 A,则:

$$P(A|\ C) = P(A|\mathrm{LRLL},\mathrm{LRL},\mathrm{LR},L,C)P(\mathrm{LRLL}|\mathrm{LRL},\mathrm{LR},L,C)$$

$$P(\mathrm{LRL}|\mathrm{LR},L,\ C)P(\mathrm{LR}|L,\ C)P(L|C)$$

因为 LRLL 集合只有一个单词，则 $P(A|\text{LRLL},\text{LRL},\text{LR},L)=1$，则：

$$P(A|C)=P(\text{LRLL}|\text{LRL},\text{LR},L,C)P(\text{LRL}|\text{LR},L,C)P(\text{LR},\text{C})P(L|C)$$

$$P(A|C)=\frac{1}{1+\mathrm{e}^{-E(\text{LRR}-\text{LRL},C)}}\cdot\frac{1}{1+\mathrm{e}^{-E(\text{LL}-\text{LR},C)}}\cdot\frac{1}{1+\mathrm{e}^{-E(\text{R}-\text{L},C)}}$$

令 $X_1=\text{LRR}-\text{LRL},X_2=\text{LL}-\text{LR},X_3=R-L$，那么 $p(A|C)$ 只要算这三个词与上下文 C 的能量函数即可。当用哈夫曼树表示时，L 表示左节点，R 表示右节点。

总结起来，Hierarchical Softmax 的概率计算方法为：

(1)P_w：表示在哈夫曼树中从根节点到词 W 的路径。

(2)L_w：表示 P_w 中节点的个数。

(3)d_i：表示 P_w 中节点编码，当节点为其双亲左孩子则该节点编码为 1，反之为 0。

$1<i\leqslant L_w$，也就是说根节点无编码。

(4)θ_i：是各个节点的向量表示。

因此，Hierarchical Softmax 的概率计算方法为：

$$P(w|\text{Context}(w)) = \prod_{j=2}^{L_w}P(d_i^w|X_w,\theta_{j-1}^w)$$

$$P(d_i^w|X_w,\theta_{j-1}^w) = \begin{cases}\sigma(X_w^T\times\theta_{j-1}^w)(d_i=1)\\1-\sigma(X_w^T\times\theta_{j-1}^w)(d_i=0)\end{cases}$$

$$P(w|\text{Context}(w)) = [\sigma(X_w^T\times\theta_{j-1}^w)]^{(1-d_i)}\times[\sigma(X_w^T\times\theta_{j-1}^w)]^{d_i}$$

4.4.8 CBOW 梯度计算

目标函数求解本质上就是词向量不断校正和形成的过程。人工神经网络的目标函数通常取为对数，即：

$$l=\sum_{w\in C}\log\{P[w|\text{Context}(w)]\} \tag{4-76}$$

将 $P[w|\text{Context}(w)]=\prod_{j=2}^{L_w}P(d_i^w|X_w,\theta_{j-1}^w)$代入式(4-75)，

$$l = \sum_{w\in C}\prod_{j=2}^{L_w}[\sigma(X_w^T\times\theta_{j-1}^w)]^{(1-d_i)}\times[\sigma(X_w^T\times\theta_{j-1}^w)]^{d_i}$$

$$l = \sum_{w\in C}\sum_{j=2}^{L_w}\{(1-d_j^w)\times\log[\sigma(x_w^T\theta_{j-1}^w)] + d_j^w\times\log[1-\sigma(x_w^T\theta_{j-1}^w)]\}$$

这就是 CBOW 模型的目标函数，优化目标函数取得参数即可。该目标函数的参数是 X_w 和 θ_{j-1}^w。因此通过偏导求极值。

$$\frac{\partial l}{\partial\theta_{j-1}^w}=\frac{\partial l}{\partial\theta_{j-1}^w}\{(1-d_j^w)\times\log[\sigma(x_w^T\theta_{j-1}^w)]+d_j^w\times\log[1-\sigma(x_w^T\theta_{j-1}^w)]\}$$

$$\because\quad[\log\sigma(x)]'=1-\sigma(x)\qquad[\log(1-\sigma(x))]'=-\sigma(x)$$

$$\therefore \quad \frac{\partial l}{\partial \theta_{j-1}^{w}} = (1-d_j^w)\times[1-\sigma(x_w^T\theta_{j-1}^w)]\times x_w - d_j^w\times\sigma(x_w^T\theta_{j-1}^w)\times x_w$$

$$= \{(1-d_j^w)\times[1-\sigma(x_w^T\theta_{j-1}^w)] - d_j^w\times\sigma(x_w^T\theta_{j-1}^w)\}\times x_w$$

$$= (1-d_j^w-\sigma(x_w^T\theta_{j-1}^w))\times x_w$$

θ_{j-1}^w的每次的更新为：

$$\theta_{j-1}^w = \theta_{j-1}^w + \eta\times[1-d_j^w-\sigma(x_w^T\theta_{j-1}^w)]\times x_w$$

相应的对 X_w 的梯度为：

$$\frac{\partial l}{\partial \theta_{j-1}^{w}} = [1-d_j^w-\sigma(x_w^T\theta_{j-1}^w)]\times\theta_{j-1}^w$$

则词向量的变化为：

$$v(w) = v(w) + \eta\times\sum_{j=2}^{lw}[1-d_j^w-\sigma(x_w^T\theta_{j-1}^w)]\times\theta_{j-1}^w$$

Skip-gram 梯度计算方法非常类似，即：

$$P[\text{Context}(w)\mid w] = \prod_{u\in\text{Content}(w)} P(u\mid w)$$

$$P(U\mid w) = \prod_{j=2}^{l^u} P[d_j^u\mid V(w),\theta_{j-1}^u]$$

其中，

$$P[d_j^u\mid V(w),\theta_{j-1}^u] = [\sigma(V(w)^T\theta_{j-1}^u)]^{1-d_j^u}\cdot\{1-\sigma[V(w)^T\theta_{j-1}^u]\}^{d_j^u}$$

4.5　本章小结

本章论述了 Word2vec 所涉及的相关数学基础，包括概率论和数理统计中的标准差、协方差、常见分布、数据拟合、极大似然估计和回归及梯度下降等。特别是介绍了统计语言模型等内容。

本章参考文献

[1] http://blog. csdn. net/itplus/article/details/37969979.

[2] http://blog. csdn. net/mytestmy/article/details/26969149.

[3] https://yinwenpeng. wordpress. com/2013/09/26/hierarchical-softmax-in-neural-network-language-model/.

[4] https://yinwenpeng. wordpress. com/2013/12/18/word2vec-gradient-calculation/comment-page-1/#comment-55.

[5] http://blog. csdn. net/u012162613/article/details/44239919.

[6] http://licstar. net/archives/328#s20.

[7] http://blog. csdn. net/zhoubl668/article/details/7774546.

[8] http://www. flickering. cn/nlp/2015/02/% E6% 88% 91% E4% BB% AC% E6% 98% AF% E8% BF% 99% E6% A0% B7% E7% 90% 86% E8% A7% A3% E8% AF% AD% E8% A8% 80% E7% 9A% 84-2% E7% BB% 9F% E8% AE% A1% E8% AF% AD% E8% A8% 80% E6% A8% A1% E5% 9E% 8B/.

[9] http://mp. weixin. qq. com/s? ——biz = MjM5ODIzNDQ3Mw = &mid = 203735609&idx = 1&sn = 68f6e2ad560257869aeea09c59af1c1a&scene = 2&from = timeline&isappinstalled = 0&utm_source = open-open.

[10] http://blog. csdn. net/zhoubl668/article/details/23271225.

[11] http://licstar. net/archives/328.

[12] http://alexminnaar. com/word2vec-tutorial-part-i-the-skip-gram-model. html.

[13] https://iksinc. wordpress. com/tag/skip-gram-model/.

第5章 Word2vec基本原理

5.1 总体介绍

5.1.1 主要功能

Word2vec 是 Google 的一款开源工具，通过 CROW 模型(Continuous Bag of words Model)和 skip-gram 模型(Continuous skip-gram Model)将词表示为 k 维的实数向量。词向量的表示方法有 One-hot Representation 和 Distributed Representation 两种，Word2vec 使用后者。Distributed Representation 能满足向量间的相似度与文本语义间的相似性对应，即对于相似的词，词向量的相似度也较高。而且这种对应关系还不只如此。例如，Word2vec 中，词向量还能满足关于词之间关系的组合运算，如 vec[queen]-vec[king] = vec[woman]-vec[man]。不过这种组合运算只对部分例子适用。

Word2vec 词向量的对应关系在机器翻译中也有应用。如分别用英语和西班牙语两种语料库训练，得到的词向量分别将是相似的，可以使用线性的转换来映射英语和西班牙语的对应单词，猜测两种语言之间的正确翻译。另外，Word2vec 具有高效性，训练速度快，同时，获得的效果也较好。其结构体系如图 5-1 所示。

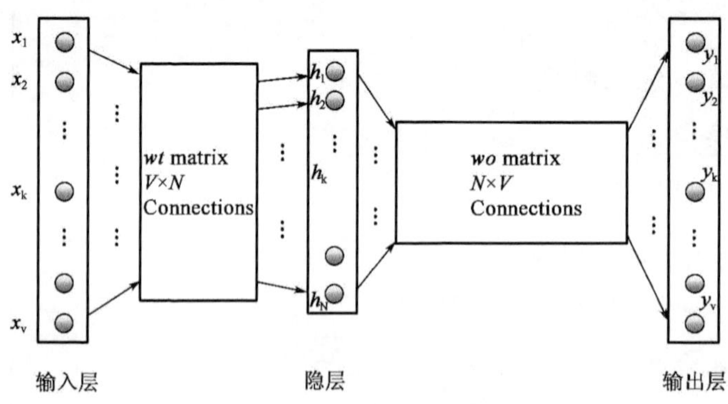

图 5-1　Word2vel 体系结构

输入层的个数与训练的词组个数相同，隐层 h 的个数是词向量的维数，输出层与输入层个数相同。假设有 V 个词语，每个词语的向量是 N 维，则输入层到隐层的参数矩阵是 $V \times N$ 的矩阵 **WI**，每一行代表一个词。从隐层到输出层的参数矩阵是 $N \times V$ 的矩阵 **WO**。WO 矩阵的每一列表示一个词。输入层采用 one – hot 编码，1 – out of-V，即只有一个对应位置为 1，其他为 0，具体设置方法后面会详细讲解。假设训练语料库存在下列几句话。

"The dog saw a cat", "The dog chased the cat", "The cat climbed a tree"

则词语表为下列8个词语{"the dog saw a cat chased climbed tree}。按字母顺序排序为{a cat chased climbed dog saw the tree}。假设每个词语的维度设为3。则**WI**为8×3,**WO**为3×8。在开始训练之前,这些矩阵设置为很小的随机值。假设WI为:

-0.094491	0.443977	0.313917	-0.490796	-0.229903	0.065460
0.072921	0.172246	-0.357751	0.104514	-0.463000	0.079367
-0.226080	-0.154659	-0.038422	0.406115	-0.192794	-0.441992
0.181755	0.088268	0.277574	-0.055334	0.491792	0.263102

WO为:

0.023074	0.479901	0.432148	0.375480	-0.364732	-0.119840	0.266070
-0.351000	-0.368008	0.424778	-0.257104	-0.148817	0.033922	0.353874
-0.144942	0.130904	0.422434	0.364503	0.467865	-0.020302	-0.423890
-0.438777	0.268529	-0.446787				

假设想学习"cat"与"climbed"之间的关系。将"cat"看作情景,"climbed"看作目标,则输入向量为:

$$[0\ 1\ 0\ 0\ 0\ 0\ 0\ 0]^{\mathrm{T}}$$

隐藏层输出向量为:

$$H^{\mathrm{T}} = X^{\mathrm{T}}\mathrm{WI} = [\,-0.490796 \quad -0.229903 \quad 0.065460\,]$$

隐藏神经元的向量H输出模仿第二行的权重。

输出神经元的输出:

$$H^{\mathrm{T}}\mathrm{WO} = [\,0.100934 \quad -0.309331 \quad -0.122361 \quad -0.151399 \quad 0.143463 \quad -0.051262 \quad -0.079686 \quad 0.112928\,]$$

目的是得到输出层词语的概率$\Pr(\mathrm{word}_k \mid \mathrm{word}_{\mathrm{context}})$($k = 1, V$)。用输出层的神经元输出的和反映给定输入上下文单词下的与另外一个字的关系。Word2vec使用Softmax将其转为概率。第k个神经元输出使用下式计算:

$$y_{\mathrm{k}} = \Pr(\mathrm{word}_k \mid \mathrm{word}_{\mathrm{context}}) = \frac{\exp[\mathrm{activation}(k)]}{\sum_{n=1}^{V}\exp[\mathrm{activation}(n)]}$$

其中,activation(n)表示第n个神经元的活动值,即:

[0.100934 -0.309331 -0.122361 -0.151399 0.143463 -0.051262 -0.079686 0.112928]。

这样就可以计算得到8个词语的各个概率值:

0.143073 0.094925 0.114441 0.111166 0.149289 0.122874 0.119431 0.14480 "climbed"的概率为 0.111166；

从目标向量中减去概率向量就是错误值，然后更新 **WO** 和 **WI** 两个权值矩阵。

5.1.2 源文件构成

1)C 语言文件

(1)word2vec. c:核心源文件，将训练文本转换为词向量，输出词向量文件。

(2)word2phrase. c:将训练文本转换为带有多单词组成的短语的文本。

(3)distance. c:查找最近的词。

(4)word1-analogy. c:可进行向量加减法操作。

(5)compute-accuracy. c:计算语言准确性，目前没有用到，所以没有研究。

2)脚本文件

脚本文件中即写入训练等命令，运行各 demo 脚本则可以进行想要的训练。如 demo-word. sh:使用 text8 文本集(若不存在则下载)进行训练，demo-phrases. sh 进行短语训练以及其他配置文件等。

5.1.3 使用方法

Word2vec 在 Linux 环境下运行，下载编译完毕后，在终端输入命令执行。可直接运行脚本文件，如运行 demo-word. sh，训练并执行 distance 给出距离(图 5-2)。或者已有 vectors. bin 文件，自己执行相关程序(图 5-3)。

```
nn@nn-Lenovo-V480:~/word2vec$ ./demo-word.sh
make: 没有什么可以做的为 `all'
Starting training using file text8
Vocab size: 71291
Words in train file: 16718843
Alpha: 0.042776  Progress: 14.45%  Words/thread/sec: 86.39k

Enter word or sentence (EXIT to break): china

Word: china  Position in vocabulary: 486

                                              Word       Cosine distance
------------------------------------------------------------------------
                                            taiwan              0.652249
                                             tibet              0.614308
                                             japan              0.605030
                                          kalmykia              0.572766
                                               prc              0.566293
                                           chinese              0.554940
                                              liao              0.553295
```

图 5-2 运行 demo. word. sh(截图)

```
nn@nn-Lenovo-V480:~/word2vec$ ./word-analogy vectors.bin
Enter three words (EXIT to break): king queen man

Word: king  Position in vocabulary: 187

Word: queen  Position in vocabulary: 903

Word: man  Position in vocabulary: 243

                                               Word              Distance
------------------------------------------------------------------------
                                              woman              0.590051
                                               girl              0.498753
                                             loving              0.469081
                                             lovely              0.445161
                                              senex              0.433571
                                              loner              0.431693
                                               lady              0.430368
                                               love              0.417826
                                             mister              0.414237
                                          beautiful              0.413423
                                               maid              0.411165
                                               baby              0.409235
```

图5-3 自己执行相关程序(截图)

5.2 核心代码解读

Word2vec的核心代码即word2vec.c,输入训练文本并给出各选项的值,对文本进行训练,输出词向量文件。

5.2.1 关键变量

1)代码中的关键全局变量

(1)宏定义变量

```
#define MAX_STRING 100    //单个词的最大长度
#define EXP_TABLE_SIZE 1000    //值越大精度越高,所占内存也越大
#define MAX_EXP 6    //sigmoid函数在[-MAX_EXP, MAX_EXP]之外基本为0
#define MAX_SENTENCE_LENGTH 1000    //句子最大长度
#define MAX_CODE_LENGTH 40    //哈夫曼编码最大长度
```

(2)文件相关变量

```
char train_file[MAX_STRING], output_file[MAX_STRING];
```

//训练文件和输出文件

char save_vocab_file[MAX_STRING], read_vocab_file[MAX_STRING];

//词典的保存和读取文件

(3)核心变量

const int vocab_hash_size = 30000000; // 数组 vocab_hash 的大小,也决定了 vocabulary 最大不超过 30 × 0.7 = 21M 个词

struct vocab_word {

long long cn; //这个单词在词典中出现的次数

int *point; //哈弗曼树中,从 root 节点到该基本词的路径,指针数组,存放的是每个父节点在 vocabulary 中的索引(index)

char *word, *code, codelen; //基本词的字符串,基本词的哈弗曼编码,基本词的哈弗曼编码的长度

};

struct vocab_word *vocab; // 输入文件中每个基本词的结构体数组

int *vocab_hash; // 该数组存文件中基本词的字面的 hash 码和基本词在 vocab_word(vocab)数组中的位置,其中基本词的字面的 hash 码作为该数组的下标,数组元素的值代表具有该哈希值的单词在 vocabulary 中的位置

long long vocab_max_size = 1000, vocab_size = 0, layer1_size = 100;

// vocab_max_size 是初始分配的空间,不够可再增长,但不能超过前面 vacab_hash_size * 0.7; vocab_size 是实际空间

// layer1_size 是词向量维数也是隐层维数,默认设为 100

real alpha = 0.025, starting_alpha, sample = 0;

// alpha:学习速率;starting_alpha 是开始时的学习速率

// sample 是高频词亚采样中使用

real *syn0, *syn1, *syn1neg, *expTable;

//**syn0**:基本词的 input feature vector 矩阵,即输入的词向量构成的矩阵,哈夫曼树中叶子节点的向量组成的矩阵。在代码中是一个一维数组,每一维是一个词向量。但其实应该按照二维数组来理解,访问时实际上可以看成是 **syn0**[i,j],i 为第 i 个单词,j 为第 j 维。Word2vec 中最终要得到的词向量就是 **syn0**。

//**syn1**:实际上是文章中的 $\boldsymbol{W}_X$ 的 $\boldsymbol{W}$ 矩阵,$\boldsymbol{X}$ 即 input feature vector 矩阵 **syn0**。**syn1** 是哈夫曼树中非叶子节点的向量组成的矩阵,也是 hidden -> output 的权重。

// **syn1neg** 同 **syn1**,用于负采样

// expTable: logistic function 的 exp(x)表。

(4)其他变量

int binary = 0, cbow = 0, debug_mode = 2, window = 5, min_count = 5, num_threads = 1, min_reduce = 1;

// 上述变量多与训练选项有关:

// binary:是否以二进制文件形式输出词向量文件,0 - 否,1 - 是

// cbow:0 - 使用 skip-gram 模型,1 - 使用 cbow 模型

// debug_mode:2 - 训练时打印更多信息

// window:上下文窗口大小,默认为 5

// min_count:删除低频词的词频界限,默认 5

// num_threads:线程数,默认为 1

// min_reduce:不是选项控制的变量,而是 vocab 过大时,删除低频词用于控制词频界限的变量

int hs = 1, negative = 0; // 是否层次化 softmax;是否 negetive_sample

long long train_words = 0, word_count_actual = 0, file_size = 0, classes = 0;

// train_words:训练的词数

// word_count_actual:实时记录实际训练的词数

// file_size:训练文件大小

// classes:选项相关,是否聚类,0 - 否,1 - 是

clock_t start; // 记录开始时间

const int table_size = 1e8; // negative_sample 采样表的大小

int *table; // negetive_sample 采样的表

2)其他重要变量

void *TrainModelThread(void *id)函数包含了训练的主要过程,其中有几个重要的局部变量:

neu1:隐含层词向量,模型 CBOW 特有,即将所有输入的词向量相加后得到的向量。

neu1e:隐含层误差量。

sen:sen[i]表示句子中位置 i 的词在 vocab 中的位置。

5.2.2 函数模块说明

1)基本词与词典的操作

void ReadWord(char *word, FILE *fin):从文件中读取一个词。

Int GetWordHash(char *word):获得一个词的哈希值。

Int SearchVocab(char *word):在词典中查找一个词,返回在词典中的位置。

Int ReadWordIndex(FILE *fin):从文件中读取一个词并返回其在词典中的位置。

Int AddWordToVocab(char *word):把一个词加入词典。

Int VocabCompare(const void *a, const void *b):词典中词频比较。

Void SortVocab():词典降序排序。

Void ReduceVocab():词典过大时删除末尾部分低频词。

2)词典的生成和保存

void LearnVocabFromTrainFile():从训练文本中生成词典。

Void SaveVocab():把词典保存至文件。

Void ReadVocab():直接从文件中读取词典。

3)模型初始化

void InitNet():初始化神经网络,即初始化 **syn0** 等变量。

Void InitUnigramTable():使用 negetive-sampling 时调用,初始化采样表 table,便于后面采样。

Void CreateBinaryTree():对词典中的词构造哈夫曼树。

4)训练过程

void *TrainModelThread(void *id):训练线程,训练的核心代码。

Void TrainModel():主体过程,创建多个 TrainModelThread 线程进行训练,并根据选项输出结果。

5)命令行相关

int ArgPos(char *str, int argc, char **argv):识别命令是否在选项中存在,即是否合法。

5.2.3 主要过程

总体的流程如下:

(1)根据脚本文件中的各选项取值初始化,分配词典空间,分配根据词的哈希值记录在词典中位置的索引空间,分配 sigmoid 表的空间并预先计算好值。

(2)根据选项读取词典[ReadVocab()]或从训练的语料中构造词典[LearnVocabFromTrainFile()],根据选项是否把词典保存到文件[SaveVocab()]。若是从语料构造词典,过程如下:

从语料(单词之间用制表符、空格或换行符隔开)中依次读单词[ReadWord(char *word, FILE *fin)],如果这个单词已经在字典中[SearchVocab(word)返回的不是 -1],就将它的词频加 1,否则将该词加到字典的末尾[AddWordToVocab(char * word)]。每一步都要判断词典是否太大(vocab_size > vocab_hash_size * 0.7),太大则删除末尾低频词[ReduceVocab()]。构造完毕后,对词典降序排序[SortVocab()]。

(3)初始化神经网络[InitNet()],其中对 **syn0** 初值是随机数,**syn1** 等则初始化为全 0;并且对于词典构造一棵哈夫曼树[CreateBinaryTree()],给每个词生成一个哈夫曼编码。如果使用 negative-sampling,则还需初始化采样表[InitUnigramTable()]。

(4)创建并行的线程,将训练的语料分成若干份,分别交给并行的线程(或进程或分布式机器并行运行载体)进行 CBOW 或 skip-gram 模型训练,在各个独立的并行空间中,语料是不同的,但前面所述的训练的神经网络,词向量和哈夫曼树是共享的。每个线程中的过程大致如下:

线程将分得的语料以 1000 个单词为单位分为若干份,在最外层的 while(1)循环中,每次循环处理 1000 个单词,下一个循环再处理下 1000 个单词,直至语料全部处理完毕。1000 个单词的处理过程如下:

从 1000 单词中的第一个单词起,在一个窗口内根据所选模型和算法进行训练,窗口的大小为 $2 \times \text{window} - 2 \times b + 1$(包括中间的那个词,即当前词 w_t,sentence_position 是当前词 word 在句子中的下标),左右各看 window $- b$ 个词,b 是个随机值,它的大小决定了当前窗口的大小。窗口从左向右滑动,每次滑动一个词,直至最后一个词。

使用的模型和算法将在下一节具体介绍。

(5)训练完毕后,最终得到的 **syn0** 就是各词的向量表示。根据选项,生成向量文件或者聚类后生成类别文件(classes = 1 时)。

5.3 模型

神经网络、哈夫曼编码、梯度下降是 Word2vec 的几个核心。Word2vec 使用了三层神经网络模型,一个输入层,一个隐层,一个输出层。神经网络原本的目的在于语言建模,但同时其对输出层的反馈也使我们能得到一种词的向量表示,所以 Word2vec 中运用了神经网络,但主要的目标变成了得到词的向量表示。

CBOW 和 Skip-gram 都是使用了上下文与当前词的关系来进行建模,预测当前词与上下文的条件概率。一个词 w 的意思可以通过其上下文 Context 来理解和描述,其中上下文 Context 即 w 附近的词。CBOW 模型根据上下文预测当前词。Skip-gram 则相反,根据当前预测上下文。CBOW 的速度更快,Skip-gram 则能够更好地表示低频词。

5.4　CBOW 模型

CBOW 是 Continuous Bag-of-Words Model 的缩写,即连续词袋模型。该模型高效之处是去除了非线性隐层,并且所有词共享隐层。如图 5-4 所示,CBOW 是根据上下文预测当前词,即预测 $p(w_t \mid \text{Context})$,如可以前后各看 k 个词作为 w_t 的上下文,则 $p(w_t \mid \text{Context}) = p(w_t \mid w_{t-k}, w_{t-(k-1)}, \cdots, w_{t+(k-1)}, w_{t+k})$。

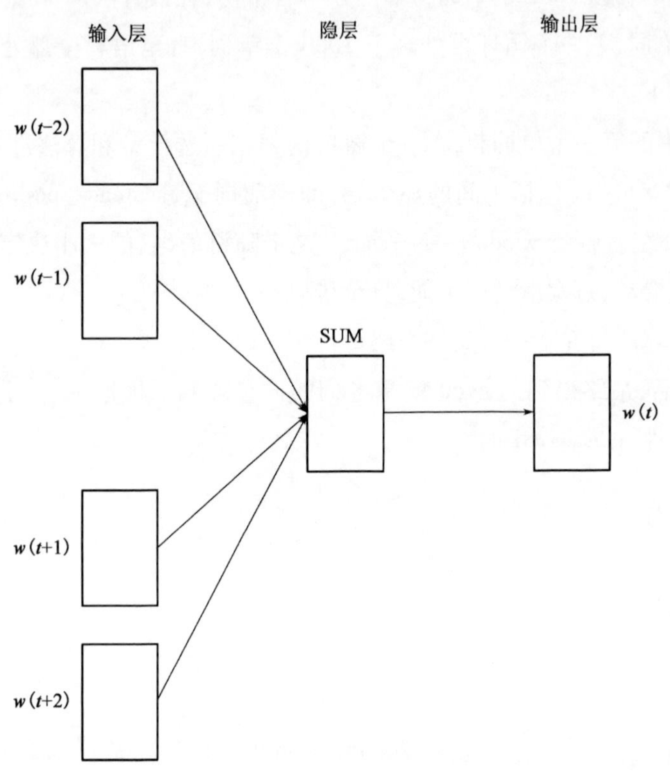

图 5-4　CBOW 模型

CBOW 模型分为三层,结合代码总结如下:

输入层:词向量 **syn0**。

隐层:上下文各词的词向量 **syn0** 求和得到隐层向量 **neu1**,权值 **syn1** 与 g 相乘得到隐层误差量 neule。

输出层:对应一棵二叉树,各非叶节点向量 **syn1**,也是隐层至输出层的权值。

首先输入层至隐层就是将窗口中上下文的输入词向量 **syn0** 求和,得到隐层向量 neu1。具体代码如下：

```
// in -> hidden
for (a = b; a < window * 2 + 1 - b; a++) if (a != window) {
c = sentence_position - window + a;
if (c < 0) continue;
if (c >= sentence_length) continue;
last_word = sen[c]; // 句子中位置c的词在词典中的位置
if (last_word == -1) continue;
for (c = 0; c < layer1_size; c++) neu1[c] += syn0[c + last_word * layer1_size];
}
```

sentence_position 为当前词在句子中的下标。b 是一个随机生成的 0 到 window - 1 的词，整个窗口的大小为($2 \times \text{window} + 1 - 2 \times b$)，相当于左右各看 window - b 个词。

CBOW 模型中有层次化 Softmax 和 Negative Sampling 两种可选算法。

5.4.1 层次化 Softmax

传统 Softmax 是解决多分类问题，但需对于词典中所有单词求和，过于耗时。

层次化 Softmax 是二分类近似多分类的方法，使用了哈夫曼树，根据词频生成哈夫曼编码。编码的每一位有 0 和 1 两种可能，则是二分类。对每一位，也就是每一个父节点都进行预测。

这里使用的预测函数是 Logistic 函数，也称为 Sigmoid 函数，形式为 $\sigma(z) = \frac{1}{1 + e^{-z}}$，则构造预测函数为：

$$h_\theta(x) = \sigma(\theta^T x) = \frac{1}{1 + e^{-\theta^T x}}$$

该预测函数表示该位类别为 0 和 1 的概率分别为 $p(y=1|x;\theta) = h_\theta(x)$ 和 $p(y=0|x;\theta) = 1 - h_\theta(x)$。结合起来写则为：

$$p(y \mid x;\theta) = [h_\theta(x)]^y [1 - h_\theta(x)]^{1-y}$$

取似然函数为：

$$L(\theta) = \prod_{i=1}^{m} p(y_i \mid x_i;\theta) = \prod_{i=1}^{m} \{h_\theta(x_i)^{y_i}[1 - h_\theta(x_i)]^{1-y_i}\}$$

取对数似然函数为：

$$l(\theta) = \log L(\theta) = \sum_{t=1}^{m} \{y_i \log h_\theta(x) + (1 - y_i)\log[1 - \log h_\theta(x)]\}$$

其中 i 表示向量的第 i 维。下文仍以向量方式表示,不再出现上述形式。最大似然估计就是求使 $l(\theta)$ 取最大值时的 θ。当然 Word2vec 中参数最终目的不是求参数 θ,而是获得词向量的表示。

对应下面代码,对于从根至叶节点路径上的第 j 个节点,syn1 为 θ,neu1 为 x,f 即对于该节点要预测的概率,则:

$$f(\text{neu1}^{\mathrm{T}} \cdot \text{syn1})$$

这里没有直接对对数似然函数求最大似然估计,而是求出损失函数为负的对数似然函数,也是交叉熵,其中 y 取 $1-\text{code}[j]$($\text{code}[j]=0$ 或 1),当然也可以取 $\text{code}[j]$,则:

$$\text{Loss} = -\text{Likelihood} = -(1-\text{code}[j])\log f - \text{code}[j]\log(1-f)$$

因此目标是使上面的 Loss 取最小,使用梯度下降法求解,梯度为:

$$\frac{\partial \text{Loss}}{\partial \text{neu1}} = -(1-\text{code}[j]) \cdot (1-f) \cdot \text{syn1} + \text{code}[j] \cdot f \cdot \text{syn1} = -(1-\text{code}[j]-f) \cdot \text{syn1}$$

$$\frac{\partial \text{Loss}}{\partial \text{syn1}} = -(1-\text{code}[j]) \cdot (1-f) \cdot \text{neu1} + \text{code}[j] \cdot f \cdot \text{neu1} = -(1-\text{code}[j]-f) \cdot \text{neu1}$$

接着取 $g=(1-\text{code}[j]-f)\times \text{alpha}$,alpha 为学习速率,从而累积隐层误差量 neule,以及修正权值 syn1。

具体实现如下:

```
if (hs) for (d = 0; d < vocab[word].codelen; d++) {
  f = 0;
  l2 = vocab[word].point[d] * layer1_size;
  // Propagate hidden -> output
  for (c = 0; c < layer1_size; c++) f += neu1[c] * syn1[c + l2];
  if (f <= -MAX_EXP) continue;
  else if (f >= MAX_EXP) continue;
  else f = expTable[(int)((f + MAX_EXP) * (EXP_TABLE_SIZE/MAX_EXP/2))];
  // 'g' is the gradient multiplied by the learning rate
  g = (1 - vocab[word].code[d] - f) * alpha;
  // Propagate errors output -> hidden
  for (c = 0; c < layer1_size; c++) neu1e[c] += g * syn1[c + l2];
  // Learn weights hidden -> output
  for (c = 0; c < layer1_size; c++) syn1[c + l2] += g * neu1[c];
}
```

5.4.2 Negative Sampling

Negative Sampling 是把当前词本身作为正例，再随机抽取一些负例，避免计算全部负例，与层次 Softmax 一样，也是为了提高效率。

Negative Sampling 使用了 table 数组进行抽样，从而能根据词出现的概率抽样。

与层次 Softmax 类似，Negative Sampling 也要计算 f、g，完成对隐层误差量 neule 的累积和向输出层负例权值的传播。$f = \sigma(\text{neu1}^{T} \cdot \text{syn1neg})$，Loss 与梯度为：

$$\text{Loss} = -\text{Likelihood} = -(\text{lable})\log f - (1-\text{lable})\log(1-f)$$

$$\frac{\partial \text{Loss}}{\partial \text{neu1}} = -\text{lable} \cdot (1-f) \cdot \text{syn1neg} + (1-\text{label}) \cdot \text{syn1neg} = -(\text{lable}-f) \cdot \text{syn1neg}$$

$$\frac{\partial \text{Loss}}{\partial \text{syn1neg}} = -\text{lable} \cdot (1-f) \cdot \text{neu1} + (1-\text{label}) \cdot f \cdot \text{neu1} = -(\text{lable}-f) \cdot \text{neu1}$$

则具体代码如下：

```
if (negative > 0) for (d = 0; d < negative + 1; d++) {
  if (d == 0) {
    target = word;
    label = 1;
  } else {
    next_random = next_random * (unsigned long long)25214903917 + 11;
    target = table[(next_random >> 16) % table_size];
    if (target == 0) target = next_random % (vocab_size - 1) + 1;
    if (target == word) continue;
    label = 0;
  }
  l2 = target * layer1_size;
  f = 0;
  for (c = 0; c < layer1_size; c++) f += neu1[c] * syn1neg[c + l2];
  if (f > MAX_EXP) g = (label - 1) * alpha;
  else if (f < -MAX_EXP) g = (label - 0) * alpha;
  else g = (label - expTable[(int)((f + MAX_EXP) * (EXP_TABLE_SIZE / MAX_EXP / 2))]) * alpha;
  for (c = 0; c < layer1_size; c++) neu1e[c] += g * syn1neg[c + l2];
```

```
    for (c = 0; c < layer1_size; c++) syn1neg[c + l2] += g * neu1[c];
}
```

最后进行输入层和隐层之间的梯度传播,根据累积的隐层误差量 neule 得到 **syn0**,即为 Word2vec 要求的词向量。

```
// hidden -> in
for (a = b; a < window * 2 + 1 - b; a++) if (a != window) {
    c = sentence_position - window + a;
    if (c < 0) continue;
    if (c >= sentence_length) continue;
    last_word = sen[c];
    if (last_word == -1) continue;
    for(c = 0;c < layer1_size; c++) syn0[c + last_word × layer1_size] += neu1e
[c];
}
```

5.5 Skip-gram 模型

Skip-gram 模型与 CBOW 模型相反,是根据当前词预测上下文,即预测 $p(w_i|w_t)$,其中 $t-k\leqslant i\leqslant t+k$。Skip-gram 模型直接用了输入层和输出层两层。其结构如图 5-5 所示。

skip-gram 的目标是最大化:

$$\frac{1}{T}\prod_{t=1}^{T}\prod_{-k\leqslant j\leqslant k,j\neq 0}p(w_{t+j} \mid w_t)$$

取对数则为:

$$\frac{1}{T}\sum_{t=1}^{T}\sum_{-k\leqslant j\leqslant k,j\neq 0}\log p(w_{t+j} \mid w_t)$$

与 CBOW 类似,Skip-gram 也有层次 softmax 和 Negative Sampling 两种算法。其 Loss 函数定义类似,不同的只是不再求和生成 neul,而是直接使用当前词 w_i 的词向量 syn0。采用随机梯度下降,一次迭代模型就已经收敛得比较不错,所以并没有进行梯度优化。

则对于每一个上下文词 w_i 的第 j 层节点,可得 $f=\sigma(\text{syn0}^{\mathrm{T}}\cdot\text{synl})$,$g=(1-\text{code}[j]-\sigma(\text{syn0}^{\mathrm{T}}\cdot\text{syn1}))*\text{alpha}$,具体代码如下:

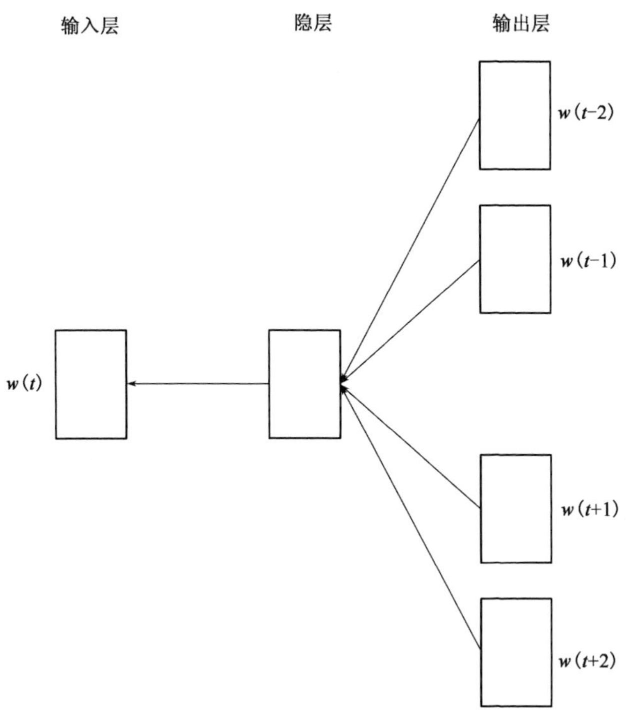

图 5-5 Skip-gram 模型

```
// HIERARCHICAL SOFTMAX
if (hs) for (d = 0; d < vocab[word].codelen; d++) {
  f = 0;
  l2 = vocab[word].point[d] * layer1_size;
  // Propagate hidden -> output
  for (c = 0; c < layer1_size; c++) f += syn0[c + l1] × syn1[c + l2];
  if (f <= -MAX_EXP) continue;
  else if (f >= MAX_EXP) continue;
  else f = expTable[(int)((f + MAX_EXP) * (EXP_TABLE_SIZE/MAX_EXP/2))];
  //'g'is the gradient multiplied by the learning rate
  g = (1 - vocab[word].code[d] - f) * alpha;
  // Propagate errors output -> hidden
  for (c = 0; c < layer1_size; c++) neu1e[c] += g * syn1[c + l2];
  // Learn weights hidden -> output
  for (c = 0; c < layer1_size; c++) syn1[c + l2] += g * syn0[c + l1];
}
```

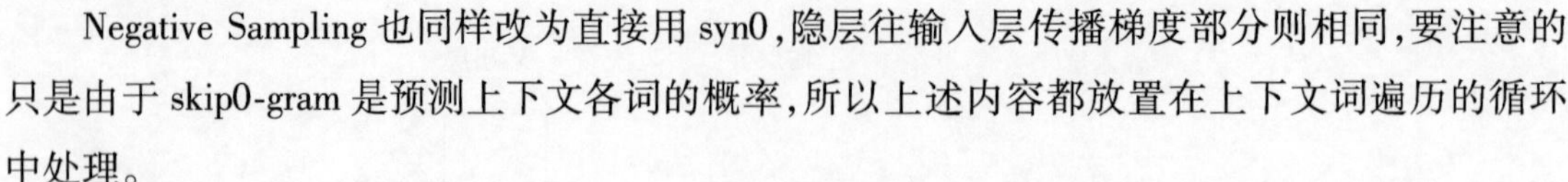

Negative Sampling 也同样改为直接用 syn0,隐层往输入层传播梯度部分则相同,要注意的只是由于 skip0-gram 是预测上下文各词的概率,所以上述内容都放置在上下文词遍历的循环中处理。

5.6 代码中使用的一些技巧

5.6.1 根据词的哈希值查找在词典中的位置

数组 vocab_hash 中存储词在词典中的位置,其中下标是词的哈希值,值是在词典中的位置,从而查找词的位置不需要线性时间,加快速度。

词的哈希值直接简单计算如下:

```
int GetWordHash(char *word) {
  unsigned long long a, hash = 0;
  for (a = 0; a < strlen(word); a++) hash = hash * 257 + word[a];
  hash = hash % vocab_hash_size;
  return hash;
}
```

在存入和查找在词典中的位置时,则都需要解决哈希冲突,这里直接采用的线性探测的开放定址法,相关代码如下:

```
int SearchVocab(char ×word) {
  unsigned int hash = GetWordHash(word);
  while (1) {
    if (vocab_hash[hash] == -1) return -1;
    if (! strcmp(word, vocab[vocab_hash[hash]].word)) return vocab_hash[hash];
    hash = (hash + 1) % vocab_hash_size;
  }
  return -1;
}
```

5.6.2 查表计算 Sigmoid 函数

CBOW 和 Skip-gram 模型中都有 f 的计算,f 的计算需要用到 Sigmoid 函数。Word2vec 中

没有直接计算 Sigmoid 函数,而是使用了一种查表的方法,使速度更快,且能得到近似结果。

对于 sigmoid(x),首先确定一个 x 的范围[- MAX_EXP, - MAX_EXP],使得当 $x <$ - MAX_EXP 或 $x >$ MAX_EXP 时,sigmoid(x)几乎为 0,代码中取 MAX_EXP 为 6。然后采用微分的思想,把这一范围分为 EXP_TABLE_SIZE 等分,代码中取 1000,认为每个分片中的 sigmoid(x)值相同,则预先求出每个等分点上的 sigmoid(x)值存入 expTable 中。代码如下:

```
expTable = (real *)malloc((EXP_TABLE_SIZE + 1) * sizeof(real));
for (i = 0; i < EXP_TABLE_SIZE; i++) {
  expTable[i] = exp((i / (real)EXP_TABLE_SIZE * 2 - 1) * MAX_EXP);
  expTable[i] = expTable[i] / (expTable[i] + 1);
}
```

计算 f 时,则只是算出自变量 x,经过转换得到在 expTable 中的下标 i,即 x 属于的分片,那么 f = expTable[i]。相关代码如下:

```
for (c = 0; c < layer1_size; c++) f += syn0[c + l1] * syn1[c + l2];
if (f <= -MAX_EXP) continue;
else if (f >= MAX_EXP) continue;
else f = expTable[(int)((f + MAX_EXP) * (EXP_TABLE_SIZE/MAX_EXP/2))];
```

其中要考虑 x 与 i 之间的转换。x 范围是[- MAX_EXP, - MAX_EXP],EXP_TABLE_SIZE 等分后,则每个分片长 2 × MAX_EXP/EXP_TABLE_SIZE,由于 x = - MAX_EXP 对应 i = 0,则可得 i = (x + MAX_EXP) × (EXP_TABLE_SIZE / MAX_EXP / 2),也就是 x = (i/EXP_TABLE_SIZE × 2 - 1) × MAX_EXP,也就是上面两段代码中的转换关系。

5.6.3 Negative sampling 中的采样方法

Negative sampling 需要随机抽样一些负例,代码中使用了累积分布函数的方法。

数组 table 按词典顺序序存储样本在词典中的位置,并且根据概率决定存储多少个。如果把 table 看作 0 ~ 1 的线段,假设词典中有 3 个词,出现概率分别为 1/2、1/3、1/6,则可在线段上分布如图 5-6 所示。

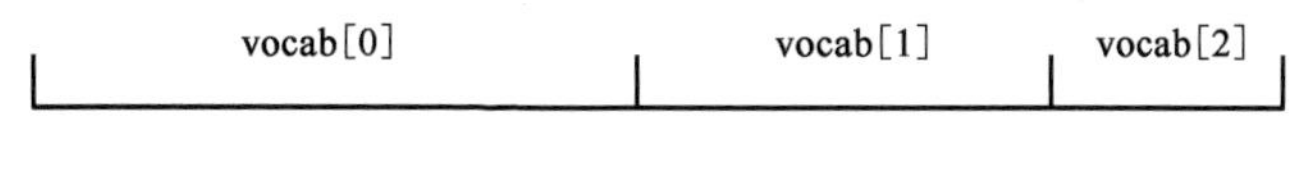

图 5-6 概率分布示意

假设 table 大小为 6,则 table[0] = table[1] = table[2] = 0, table[3] = table[4] = 1, table[5] = 2。当然实际代码中规模要大很多。具体代码如下:

```
void InitUnigramTable() {
  int a, i;
  long long train_words_pow = 0;
  real d1, power = 0.75;
  table = (int *)malloc(table_size * sizeof(int));
  for (a = 0; a < vocab_size; a++) train_words_pow += pow(vocab[a].cn, power);
  i = 0;
  d1 = pow(vocab[i].cn, power) / (real)train_words_pow;
  for (a = 0; a < table_size; a++) {
    table[a] = i;
    if (a / (real)table_size > d1) {
      i++;
      d1 += pow(vocab[i].cn, power) / (real)train_words_pow;
    }
    if (i >= vocab_size) i = vocab_size - 1;
  }
}
```

5.6.4 其他

代码中还有一些其他小技巧的使用。如随机数的生成没有用 *C* 的随机类库,而是使用了 next_random = next_random * (unsigned long long)25214903917 + 11;源码中把回车符替换成了 </s>存在词典的第一个位置等。

5.7 本章小结

Word2vec 是 Google 的一款开源工具,本章对 Word2vec 功能、源文件结构、使用的模型、Word2vec 的核心代码等进行了介绍。

第6章　Word2vec使用方法

6.1 Word2vec 环境配置

在 ubantu 系统下的环境配置过程如下：

apt-get install subversion

svn checkout http://word2vec.googlecode.com/svn/trunk/

/trunk/的 makefile 文件：

The-Ofast might not work with older versions of gcc; in that case, use -O2

CFLAGS = -lm -pthread -O2 -march = native -Wall -funroll -loops -Wno -unused -result

(1)在 word2vec 文件夹下执行指令：

./word2vec -train raw.txt -output vectors.bin -cbow 0 -size 200 -window 5 -negative 0 -hs 1 -sample 1e-3 -threads 12 -binary 0

以上命令表示的是输入文件是 raw.txt,输出文件是 vectors.bin,不使用 cbow 模型,默认为 Skip-gram 模型。每个单词的向量维度是 200,训练的窗口大小为 5 就是考虑一个词前 5 个和后 5 个词语。不使用 NEG 方法,使用 HS 方法。-sampe 指的是采样的阈值,如果一个词语在训练样本中出现的频率越大,那么就越会被采样。-thread 是使用多少个线程。-binary 为 1 指的是结果二进制存储,为 0 是普通存储(普通存储的时候是可以打开看到词语和对应的向量的)除了以上命令中的参数,word2vec 还有几个参数比较有用,比如 -alpha 设置学习速率,默认的为 0.025. -min-count 设置最低频率,默认是 5,如果一个词语在文档中出现的次数小于 5,那么就会丢弃。-classes 设置聚类个数,源码用的是 k-means 聚类的方法。

(2)聚类命令(word2vec 文件夹下 classes.txt 为执行结果)：

./word2vec -train raw.txt -output classes.txt -cbow 0 -size 200 -window 5 -negative 0 -hs 1 -sample 1e-3 -threads 12 -classes 500

(3)输入计算距离的命令：

./distance cftest.bin < input.txt > output.txt

从 input.txt 中读入数据,输出到 output.txt 中

./distance vectors.bin < input.txt > guan.txt

./distance vectors.bin < input.txt > cf.txt

./demo-analogy.sh # Interesting properties of the word vectors (try apple red mango / Paris France Italy)

./demo – phrases. sh # vector representation of larger pieces of text using the word2phrase tool

./demo – phrase – accuracy. sh # measure quality of the word vectors

./demo – classes. sh # Word clustering

./distance GoogleNews – vectors – negative300. bin # Pre – trained word and phrase vectors

./distance freebase – vectors – skipgram1000 – en. bin # Pre – trained entity vectors with Freebase naming

6.2 Word2vec 实现功能

Word2vec 是一个将单词转换成向量形式的工具。可以把对文本内容的处理简化为向量空间中的向量运算。由此计算 term 之间的相似度,对 term 聚类等,该项目也支持 phrase 的自动识别以及与 term 等同的计算。

Word2vec 可以实现的功能主要有:

(1)得到训练出的词向量。训练出的词向量存储于 vectors. bin 文件中,训练结果如图 6-1 所示。

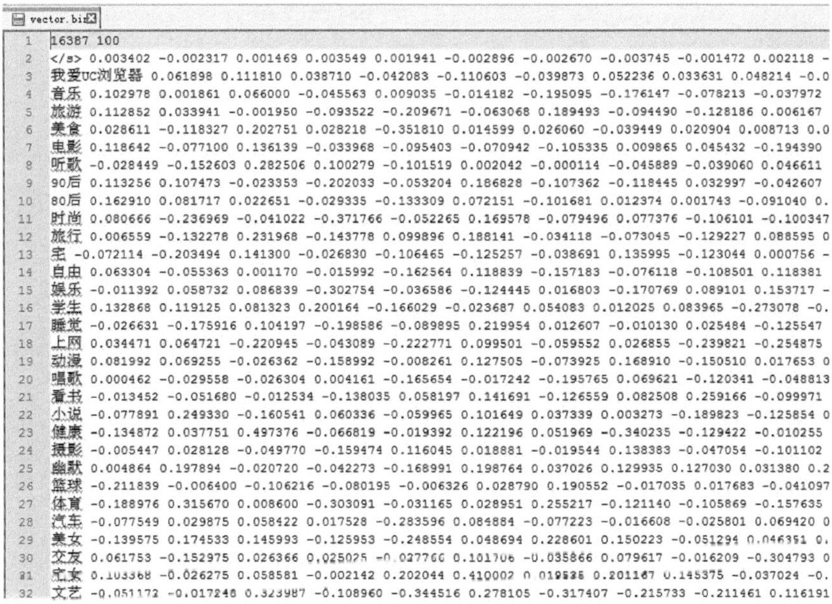

```
vector.bin
16387 100
</s> 0.003402 -0.002317 0.001469 0.003549 0.001941 -0.002896 -0.002670 -0.003745 -0.001472 0.002118 -
我爱UC浏览器 0.061898 0.111810 0.038710 -0.042083 -0.110603 -0.039873 0.052236 0.033631 0.048214 -0.0
音乐 0.102978 0.001861 0.066000 -0.045563 0.009035 -0.014182 -0.195095 -0.176147 -0.078213 -0.037972
旅游 0.112852 0.033941 -0.001950 -0.093522 -0.209671 -0.063068 0.189493 -0.094490 -0.128186 0.006167
美食 0.028611 -0.118327 0.202751 0.028218 -0.351810 0.014599 0.026060 -0.039449 0.020904 0.008713 0.0
电影 0.118642 -0.077100 0.136139 -0.033968 -0.095403 -0.070942 -0.105335 0.009865 0.045432 -0.194390
听歌 -0.028449 -0.152603 0.282506 0.100279 -0.101519 0.002042 -0.000114 -0.045889 -0.039060 0.046611
90后 0.113256 0.107473 -0.023353 -0.202033 -0.053204 0.186828 -0.107362 -0.118445 0.032997 -0.042607
80后 0.162910 0.081717 0.022651 -0.029335 -0.133309 0.072151 -0.101681 0.012374 0.001743 -0.091040 0.
时尚 0.080666 -0.236969 -0.041022 -0.371766 -0.052265 0.169578 -0.079496 0.077376 -0.106101 -0.100347
旅行 0.006559 -0.132278 0.231968 -0.143778 0.099896 0.188141 -0.034118 -0.073045 -0.129227 0.088595 0
宅 -0.072114 -0.203494 0.141300 -0.026830 -0.106465 -0.125257 -0.038691 0.135995 -0.123044 0.000756 -
自由 0.063304 -0.055363 0.001170 -0.015992 -0.162564 0.118839 -0.157183 -0.076118 -0.108501 0.118381
娱乐 -0.011392 0.058732 0.086839 -0.302754 -0.036586 -0.124445 0.016803 -0.170769 0.089101 0.153717 -
学生 0.132868 0.119125 0.081323 0.200164 -0.166029 -0.023687 0.054083 0.012025 0.083965 -0.273078 -0.
睡觉 -0.026631 -0.175916 0.104197 -0.198586 -0.089895 0.219954 0.012607 -0.010130 0.025484 -0.125547
上网 0.034471 0.064721 -0.220945 -0.043089 -0.222771 0.099501 -0.059552 0.026855 -0.239821 -0.254875
动漫 0.081992 0.069255 -0.026362 -0.158992 -0.008261 0.127505 -0.073925 0.168910 -0.150510 0.017653 0
唱歌 0.000462 -0.029558 -0.026304 0.004161 -0.165654 -0.017242 -0.195765 0.069621 -0.120341 -0.048813
看书 -0.013452 -0.051680 -0.012534 -0.138035 0.058197 0.141691 -0.126559 0.082508 0.259166 -0.099971
小说 -0.077891 0.249330 -0.160541 0.060336 -0.059965 0.101649 0.037339 0.003273 -0.189823 -0.125854 0
健康 -0.134872 0.037751 0.497376 -0.066819 -0.019392 0.122196 0.051969 -0.340235 -0.129422 -0.010255
摄影 -0.005447 0.028128 -0.049770 -0.159474 0.116045 0.018881 -0.019544 0.138383 -0.047054 -0.101102
幽默 0.004864 0.197894 -0.020720 -0.042273 -0.168991 0.198764 0.037026 0.129935 0.127030 0.031380 0.2
篮球 -0.211839 -0.006400 -0.106216 -0.080195 -0.006326 0.028790 0.190552 -0.017035 0.017683 -0.041097
体育 -0.188976 0.315670 0.008600 -0.303091 -0.031165 0.028951 0.255217 -0.121140 -0.105869 -0.157635
汽车 -0.077549 0.029875 0.058422 0.017528 -0.283596 0.084884 -0.077223 -0.016608 -0.025801 0.069420 0
美女 -0.139575 0.174533 0.145993 -0.125953 -0.248554 0.048694 0.228601 0.150223 -0.051294 0.046351 0.
交友 0.061753 -0.152975 0.026366 0.025025 -0.027760 0.101706 -0.035866 0.079617 -0.016209 -0.304793 0
宅女 0.103368 -0.026275 0.058581 -0.002142 0.202044 0.410002 0.019535 0.201167 0.145375 -0.037024 -0.
文艺 -0.051172 -0.017248 0.323987 -0.108960 -0.344516 0.278105 -0.317407 -0.215733 -0.211461 0.116191
```

图 6-1 使用 Word2vec 得到的词向量截图

(2)语义距离的计算 。通过./distance vectors.bin 指令计算与字典中与特定词语语义最相近的 n 个词语(n 可设定)。Word2vec 中测量语义距离使用的是 Cosine 距离。

如下是 Word2vec 的语义距离输出结果($n=10$):

```
Word: 开心    Position in vocabulary: 211
Word          Cosine distance
------------------------------------------------------------------------
太            0.649576
开开          0.638036
再笑          0.623662
陈兄          0.607702
饮歌          0.607205
嗨心          0.584481
心心          0.583631
开心果        0.577193
不开          0.565408
cai           0.560550

Word: 电影    Position in vocabulary: 203
Word          Cosine distance
------------------------------------------------------------------------
电影节        0.727294
影院          0.721869
影片          0.696872
老睦          0.675043
影版          0.672057
影人          0.671680
看电影        0.659373
展映          0.644179
这部          0.641660
导演          0.638132
```

(3)其他相关操作。使用 Word2vec 也可以自己执行其他相关的程序,如加减法操作、将 word 转换为 phrase 的操作等。

6.3 Word2vec 代码解读

TrainModelThread( ):

while (1)

(1)打印训练进度。

(2)(while)从输入文件中读入 1000 个单词组成一个句子,存在数组 sen 中, sen[i] = word,即 sen 数组的顺序与单词在原文中的顺序一致,sen 存放的值为词典中该单词的位置(word)。(在取 1000 个词的过程中,舍弃不在字典中的词和一些低频词。)

sentence_length:该 sen 数组的长度。

sentence_position:记录当前单词在此句子中的位置。

(3)如果处理的单词个数(word_count)超出了分配给当前线程的个数,则结束。

(4)获取当前单词。从句子 sen 中取出 word = sen[sentence_position]。

(5)初始化隐含层神经 neul,隐含层误差 neu1e 为 0。

(6)产生随机数 *b*,它的大小不超过 windows 的大小。窗口值 window 默认为 5,*b* 取值为 0 ~4。

(7)CBOW。

①in - > hidden(正向传播,得到隐含层)。

for(遍历左右窗口词,c 从 sentence_position - (window - b)到 sentence_position + (window - b),且 c! = sentence_position。

a. 得到 c 处存放的单词索引 last_word = sen[c]。

b. 将该词对应到的每一个 in - > hidden 的网络权重系数 syn0 累加到隐含层单元 neu1 中:

for(c = 0;c < layer1_size; c + +)

neu1[c] + = syn0[c + last_word × layer1_size]。

c. HIERARCHICAL SOFTMAX。

for(遍历该词的哈夫曼编码串)

d. f = 0。

e. 计算出该词在 hidden - output 网络中的权重存储位置 l2 = vocab_[word_index]. point [d] × layer1_size。

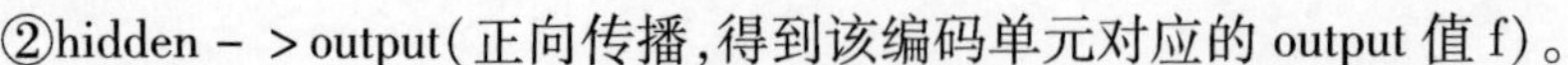

②hidden - >output(正向传播,得到该编码单元对应的 output 值 f)。

for (c = 0; c < layer1_size; c + +) f + = neu1[c] * syn1[c + l2]。

a. 对 *f* 进行 Sigmoid 变换(这里是预先存放在了 expTable 表中)。

b. 计算下降的梯度 g(乘了学习率 alpha)。g = (1 - vocab_[word_index].code[d] - f) * alpha;

c. output - > hidden(反向传播 得到隐含层误差)。for (c = 0; c < layer1_size; c + +) neu1e[c] + = g * syn1[c + l2];

③学习权重 hidden - output。

for (c = 0; c < layer1_size; c + +) syn1[c + l2] + = g * neu1[c]。

④hidden - > in (反向传递, 更新 in - hidden 网络权重)。

for(遍历左右窗口词,c 从 sentence_position - (window - b)到 sentence_position + (window - b)),且 c ! = sentence_position

a. 得到 c 处存放的单词索引 last_word = sen[c]。

b. 学习权重 input - hidden,将隐含层单元误差量 neu1e 加到该词对应到的每一个 in - > hidden 的网络权重系数 syn0 上。for (c = 0; c < layer1_size; c + +) syn0[c + last_word * layer1_size] + = neu1e[c]。

c. 保存结果:将 input - hidden 网络权重(syn0)作为了词向量保存。

(8) sentence_position + +,窗口向右滑动一个单词。如果已滑到最后一个单词,则 sentence_length = 0。

6.4 Word2vec 的运行

相关文件包括:

raw. txt 中是已经分好词的语料。

input. txt 中需求相近词的输入词。

output. txt 中 input. txt 中词的相近词。

vector. bin 是 word2vec 处理 raw. txt 生成的 term 的向量文件。

guan. txt 中是计算语义距离的结果。

(1)前两行是对语料进行训练,得到相应的词向量命令,如图 6-2 所示。/word2vec - train raw. txt;

```
root@developtestbed:~/word2vec# ./word2vec -train raw.txt -output vector.bin -cb
ow 0 -size 200 -window 5 -negative 0 -hs 1 -sample le-3 -threads 12 -binary 1
Starting training using file raw.txt
```

图 6-2　使用./word2vec 命令

Size 是向量的维数,输入文件是 raw. txt,输出文件是 vector. bin。不使用 CBOW 模型,默认为 Skip－gram 模型。每个单词的向量维度是 200,训练的窗口大小为 5。不使用 NEG 方法,使用 HS 方法。－sampe 指的是采样的阈值,如果一个词语在训练样本中出现的频率越大,那么就越会被采样。－binary 为 1 指的是结果二进制存储,为 0 是普通存储(普通存储的时候是可以打开看到词语和对应的向量的)。

(2)./distance 命令加载该文件计算 term 之间的距离,如图 6-3 所示。语料越多,效果越好。

```
root@developtestbed:~/word2vec# ./word2vec -train raw.txt -output vector.bin -cb
ow 0 -size 200 -window 5 -negative 0 -hs 1 -sample le-3 -threads 12 -binary 1
Starting training using file raw.txt
```

图 6-3　使用./distance 命令

6.5　本章小结

Word2vec 是一个将单词转换成向量形式的工具。可以把对文本内容的处理简化为向量空间中的向量运算,计算出向量空间上的相似度来表示文本语义上的相似度。本章对 Word2vec 的环境建立、程序运行和使用等进行了介绍。

本章参考文献

[1] http://www. cnblogs. com/peghoty/archive/2014/07/21/3857839. html.

[2] http://blog. csdn. net/itplus/article/details/37969979.

[3] http://blog. csdn. net/itplus/article/details/37969519.

[4] http://blog. csdn. net/itplus/article/details/37969635.

[5] http://www. tuicool. com/articles/iMBRFj.

[6] http://www.tuicool.com/articles/7jQbQvr.

[7] http://blog.csdn.net/itplus/article/details/37999613.

[8] http://files.meetup.com/12426342/5_An_overview_of_word2vec.pdf.

[9] http://www.cnblogs.com/wei-li/p/Word2Vec.html.

[10] http://www.cnblogs.com/hebin/p/3507609.html.

[11] http://ir.dlut.edu.cn/NewsShow.aspx? ID=253.

[12] http://jianshu.io/p/J7Ubx6.

[13] http://blog.csdn.net/zhaoxinfan/article/details/11069485.

[14] http://www.cnblogs.com/wowarsenal/p/3293586.html.

[15] http://www.ansj.org/articles/2013/11/18/1384752333510.html.

第7章　新浪微博数据采集与分析

7.1 研究背景

微博是近几年兴起的一种新型社交媒体及信息交流平台。它集成了手机短信、博客与社交网站的优点，使得信息更加实时、内容更加简洁、社区更加活跃。微博服务起始于2006年创建于美国的Twitter。新浪微博的140汉字短文本可以比Twitter表达更丰富的内容和情感，并且微博内容包含文本、图片、声音、视频、APP下载等多种形式，灵活的用户互动方式和名人名企主页的出现进一步增强了新浪微博的信息交互与传播。2014年3月，新浪微博的月活跃用户数量达到1.43亿，日活跃用户数量为6700万。2013年12月，用户共计分享超过28亿条微博，比2012年12月时的18亿增长53%；每活跃用户平均每月分享微博22条，比2012年12月时的19.3增长15%。2014年4月17日，新浪公司旗下微博业务正式登陆美国纳斯达克，成为全球范围内首个上市的中文社交媒体。随着微博影响力的不断扩大，其拥有的海量信息蕴含巨大科研与商业价值，将会持续作为数据挖掘与分析技术研究的重点对象。

目前，微博信息挖掘技术并没有统一的定义，本书作者将其解释为通过数据挖掘技术及相关方法，从大量的、有噪声的、模糊的微博信息中，提取出隐含的、有价值的信息。微博相关研究所涉及的学科范围极广，从计算机科学技术、人工智能等自然科学到营销管理、心理学等人文科学，这些学科均涌现了许多针对微博的新兴研究方向。

当前对微博信息挖掘技术的研究，主要包括微博内容挖掘、微博用户关系挖掘和微博信息传播模式研究等。对微博内容的挖掘，主要是对微博的短文本内容进行预处理，提取出微博的特征，结合微博的相关要素，并对其进行情感分析、事件挖掘以及趋势预测等分析研究。微博用户关系挖掘主要研究内容是基于用户之间因相互关注而形成的用户关系网络，分析网络的构成以及特点对于社区发现、信息传播等研究具有重要意义。而微博信息传播模式研究是基于用户关系网络侧重针对信息的传播结构、路径等方面进行测量及分析。微博信息涵盖内容如图7-1所示。

本章设计并实现了新浪微博爬虫——WB-crawler，并用其获取海量微博及评论内容，突破了新浪微博API对获取微博数量及主题的限制，并对微博内容进行情感分析。这项技术可以应用在生活生产的诸多方面，比如，企业可以了解到用户对于产品的真实情感态度以及营销措施的有效性,通过用户对于新兴产品态度的变化周期安排生产,最小化企业成本;在政府舆情分析系统中,人们可以对一些国家政策、法律法规或政府人员行为进行评论,分析这些评论,政府可以收集民意调查的反馈,以此展开相关工作。在金融分析中,可以通过挖掘用户对于个股的情感态度以及对于相关企业的态度变化,安排买入卖出,达到最大化收益的目的。由以上分析可以看出,对微博内容挖掘中的情感分析是微博信息挖掘最重要的内容之一,对生活生产的诸多方面都具有重要意义。

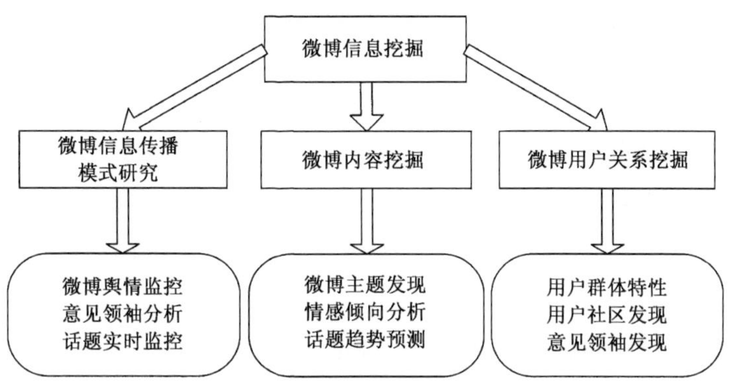

图 7-1 微博信息挖掘到的涵盖内容

7.2 研究现状

近几年来,国内外对于文本情感倾向的研究大致分为两类:基于情感词典的微博情感计算和基于机器学习的情感分类。基于情感词典的微博情感计算是指在微博中找到所有存在于情感词典中的情感词,然后将情感词的权值相加,最终得到整条微博的情感倾向。基于机器学习的情感分类是指首先人工标注一些微博的情感倾向作为训练语料,然后通过一些经典的文本分类方法训练得到一个分类器,可能是二分类,也可能是多分类;之后利用分类器对测试语料进行情感分类。

对于基于情感词典的微博情感计算,国外对文本情感分析的研究开始于20世纪90年代,Riloff和Shepherd对语义词典的构建进行了相关的研究,他们的研究建立在大型的语料库基础之上。Hatzivassiloglou和McKeown尝试研究了连词对于语义倾向的影响,试图对英语词汇的情感倾向进行决策。后来,越来越多的人研究了情感词语、短语及特征词汇的依赖性。Turney等人利用Pointwise Mutual Information (PMI)算法扩展了基础词典,然后利用语义极性

(ISA)算法分析短文本情感。这一方法的准确率达到了74%。Tsou等人对词语的语义倾向、词语的极性分布以及词语的密度和语义强度进行了统计分析,计算了大众对于政客的情感态度。

国内方面,朱嫣岚和闵锦等人考虑了句子的词汇和结构,提取出9个影响情感倾向的语义因素。他们利用人工和智能相结合的方式构建了情感词典,这是对于情感分析的早期研究。李钝和曹付元等人从语言学角度计算语义权重,从词语的组合以及中心语句对于文本情感的影响角度进行分析以确定词语的情感倾向和强度。这种方法为大规模的文本情感分析奠定了基础。

总体来说,基于情感词典的微博情感计算具有良好的颗粒性和准确性。但是由于缺少自然语言处理的应用,对于句子结构的研究不够深入,以及过于专注于词语本身的情感态度而在一定程度上忽略了整句或短文本的情感态度。对短文本的情感态度只是线性的求和,因而不能挖掘出微博的潜在语义及一些感情强烈的反讽修辞等。这些问题在基于机器学习的情感分类中有一定程度的解决。

对于基于机器学习的情感分类,有研究文献使用三种机器学习方法、特征选取算法以及特征权重方法对微博进行了情感分类的实证研究。Pang等人是最早期进行情感分类试验的人。他们的研究得出:基于朴素贝叶斯分类器、最大熵模型或支持向量机模型的简单词袋方法对于文本的情感分类取得的结果并不理想,即使这些方法对于话题分类可以取得良好的结果。现引入神经网络算法对微博进行情感分类。自编码神经网络是神经网络的一个分支,它通过学习得到固定输入的简化空间向量表示如图像块或是文本的向量表示。它可以用来有效地学习用于分类的特征编码。Socher等人提出了基于递归神经网络的标记结构预测框架,他们的模型适用于自然语言和图像处理。这种深度递归网络是在以下研究中要用到的思想。然而,这种方法需要预先标记好语句树结构和在每一个节点的监督情感权重。现提出的自编码神经网络模型可以通过学习得到多层级结构,通过这种多层级结构可以很好地保留输入词向量的特征。在考虑句法结构的自编码神经网络模型中,隐含及特殊修辞情感的微博可以被准确地挖掘出真实的情感态度,对于分析微博的情感态度具有重要意义。

7.3 研究内容

本章研究内容如图7-2所示。

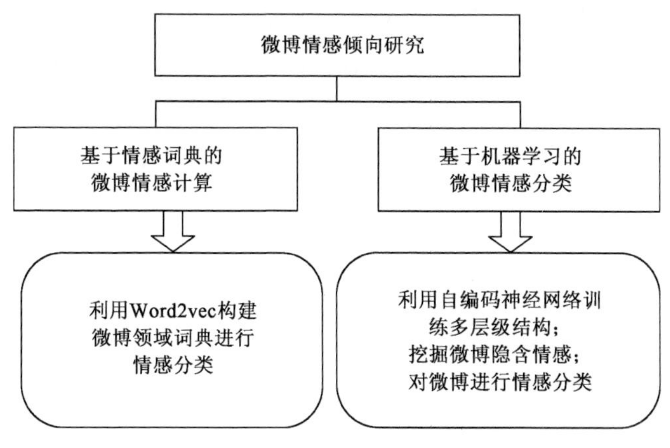

图 7-2　本文微博情感倾向研究的内容

7.4　Word2vec 及其在微博用户聚类中的应用

7.4.1　词向量

对微博短文本进行研究首先要将词语用向量表示,然后才能进行各种算法操作。本书用 Word2vec 工具将词语通过训练用词向量表示。

自然语言理解的问题要转化为机器学习的问题,第一步是要找一种方法将自然语言数字化。自然语言处理(NLP)中最直观,也是到目前为止最常用的词表示方法是 One-hot Representation,这种方法把每个词表示为一个很长的向量。这个向量的维度是词表大小,其中绝大多数元素为 0,只有一个维度的值为 1,这个维度就代表了当前的词。例如:

"话筒"表示为 [0 0 0 1 0 0 0 0 0 0 0 0 0 0 0 0 …]

"麦克"表示为 [0 0 0 0 0 0 0 0 1 0 0 0 0 0 0 0 …]

这种 One-hot Representation 如果采用稀疏方式存储,会非常的简洁:也就是给每个词分配一个数字 ID。比如刚才的例子中,话筒记为 3,麦克记为 8(假设从 0 开始记)。如果要编程实现的话,用 Hash 表给每个词分配一个编号就可以了。这么简洁的表示方法配合上最大熵、SVM、CRF 等算法已经很好地完成了 NLP 领域的各种主流任务。当然这种表示方法也存在一个重要的问题就是无法得出词语间的语义关系。

要用到的词向量并不是刚才提到的用 One-hot Representation 表示的很长的词向量,而是用 Distributed Representation 表示的一种低维实数向量,例如[0.852, -0.217, -0.457,0.789,

-0.188,…],维度以 50 维和 100 维比较常见。用 Distributed Representation 表示的词向量可以很好地模拟真实世界中复杂的词语关系,如近义、反义、语义的叠加相减等。词向量的距离可以用最传统的欧氏距离来衡量,也可以用 Cosine 距离来衡量。用这种方式表示的向量,“麦克”和“话筒”的语义距离会远远小于“麦克”和“天气”。由于汉语中的一词多义现象很常见,而一个词语只能有一个确定的词向量与之对应,所以这种方法的词语表示会有不可避免的误差出现。理论上来讲,一个词语的向量表示是它在各种语境下向量的加权平均。

7.4.2 Word2vec 实现功能

Word2vec 是 Google 在 2013 年中开源的一款将词表征为实数值向量的高效工具,采用的模型有 CBOW(Continuous Bag-Of-Words,即连续的词袋模型)和 Skip-gram 两种。Word2vec 通过训练,可以把对文本内容的处理简化为 K 维向量空间中的向量运算,而向量空间上的相似度可以用来表示文本语义上的相似度。因此,Word2vec 输出的词向量可以被用来做很多 NLP 相关的工作,如聚类、找同义词、词性分析等。Word2vec 大受欢迎的另一个原因是其高效性,Mikolov 在论文中指出一个优化的单机版本一天可以训练上千亿词。

Word2vec 可以实现的功能主要有:

1)得到训练出的词向量

训练出的词向量存储于 vectors.bin 文件中(向量维度可以自己控制,一般设置为 200 维),图 7-3 所示为训练结果。

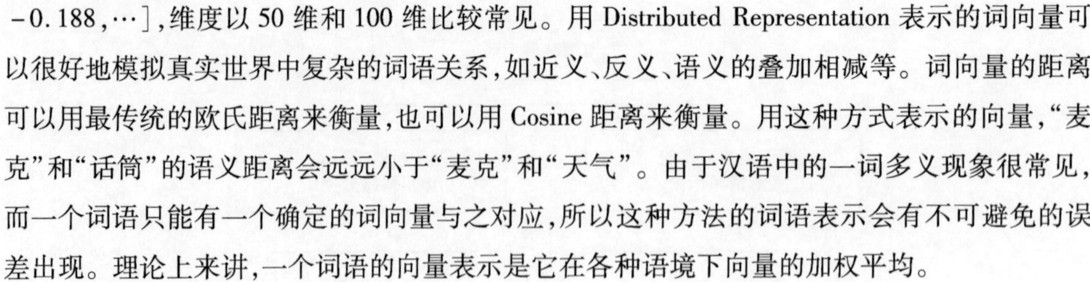

```
今天 -0.021767 0.027426 0.004007 0.022660 0.020065 0.010712 0.022081 0.005371 0.027172 -0.0
活动 -0.027802 0.012344 0.072966 -0.060921 -0.020217 0.002526 -0.009340 0.059258 0.031459 -
怎么 -0.043516 0.034056 0.050186 -0.029041 -0.009914 -0.000179 -0.002804 0.052567 0.038981
都是 -0.037327 0.024177 -0.010028 0.062663 0.038663 0.045889 0.082131 -0.017027 0.037587 -0
开心 -0.032450 -0.015930 0.081047 -0.052204 0.003343 0.042271 0.046523 0.065420 0.021674 -0
因为 -0.019581 0.015975 0.063985 -0.109807 -0.045581 0.035589 -0.022297 0.060281 0.027158 0
在这 -0.029517 0.014251 0.039293 -0.030149 -0.005535 0.027151 0.026729 0.037251 0.028279 -0
还是 -0.042741 0.026777 0.055521 -0.042222 -0.015587 0.019531 0.015912 0.055509 0.037183 -0
你的 -0.034098 0.040482 0.047581 -0.043176 -0.012464 -0.002439 -0.011146 0.052453 0.040992
衣服 -0.022843 0.021839 0.040850 -0.024057 -0.007021 -0.001272 -0.005451 0.038143 0.026475
还有 -0.020418 0.021470 0.035845 -0.041475 -0.007473 0.010126 0.002219 0.037792 0.023668 -0
中国 -0.035612 0.035418 0.067965 -0.089236 -0.028856 0.005424 -0.025725 0.068337 0.043450 -
好的 -0.035396 0.038387 0.027756 0.012834 0.010194 -0.016337 0.016895 0.033568 0.036373 -0.
朋友 0.015928 0.117371 -0.053596 0.104785 0.081815 -0.035221 -0.013163 -0.075256 0.059513 -
支持 -0.029831 0.016330 0.061498 -0.089795 -0.032671 0.016317 -0.015302 0.056091 0.027732 -
天涯 -0.037332 0.008443 0.066914 -0.084748 -0.037796 0.060140 0.027065 0.058225 0.024072 0.
生日 -0.007217 -0.072579 0.099155 -0.058389 -0.024293 0.074733 0.116890 0.050651 -0.019693
一起 -0.025382 0.001228 0.060326 -0.068348 -0.023711 0.018123 0.007277 0.054094 0.021265 -0
夜晚 -0.040177 0.023587 0.059623 -0.043361 -0.014930 0.016723 0.010217 0.055845 0.036074 -0
```

图 7-3 运用 Word2vec 得到的词向量截图

2)语义距离的计算

通过./distance vectors.bin 指令计算与特定词语语义最相近的 n 个词语（n 可设定）。Word2vec 中测量语义距离使用的是 Cosine 距离，即对于两个 n 维词向量 $\boldsymbol{a}(x_{11},x_{12},\cdots,x_{1n})$ 和 $\boldsymbol{b}(x_{21},x_{22},\cdots,x_{2n})$，Cosine 距离的计算公式为：

$$\cos(\theta) = \frac{\sum_{k=1}^{n} x_{1k}x_{2k}}{\sqrt{\sum_{k=1}^{n} {x_{1k}}^2}\sqrt{\sum_{k=1}^{n} {x_{2k}}^2}} \tag{7-1}$$

由此可以看出：两词语的 Cosine 距离值越大，两词语的语义越相近。

如下是 Word2vec 的语义距离输出结果：

```
Word：互联网      词汇表中的位置：97
        Word          Cosine 距离
------------------------------------------------------------------
        数码          0.795761
        营销          0.793491
        网络          0.771275
        IT            0.754762
        IT 互联网     0.726590
        电子商务      0.701084
        自由职业      0.685272
        手机          0.663465
        媒体          0.651999
        新闻          0.649853

Word：IT      词汇表中的位置：106
        Word          Cosine 距离
------------------------------------------------------------------
        数码          0.789488
        互联网        0.754761
        电子商务      0.752686
        网络          0.740814
        营销          0.729009
        手机          0.648838
        IT 互联网     0.646523
```

广告	0.624902
微博	0.622221
新闻	0.615561

3）词向量可进行一系列运算操作

使用 Word2vec 也可以自己执行其他相关的程序，比如本书作者比较推崇的向量加减法操作，在命令行执行./word-analogy vectors.bin 即可。相关结果如 7-4 所示。

```
Enter three words (EXIT to break): france paris china

Word: france  Position in vocabulary: 303

Word: paris  Position in vocabulary: 1055

Word: china  Position in vocabulary: 486

                                               Word              Distance
------------------------------------------------------------------------
                                            beijing              0.494238
                                              tokyo              0.441599
                                           shanghai              0.421356
```

图 7-4　对词向量操作举例截图

7.4.3　Word2vec 模型及实现算法

1）层次化对数双线性语言模型

用神经网络训练语言模型（Neural Network Language Model）的思想最早由百度 IDL 的徐伟 2000 年提出，其论文提出一种用神经网络构建二元语言模型［即 $P(w_t|w_{t-1})$］的方法。神经网络语言模型的基础是 Bengio 的《A Neural Probabilistic Language Model》。神经网络语言模型的词语表示采用的是 Distributed Representation，即每个词被表示为一个浮点向量。

为了减小 Bengio 模型隐藏层到输出层矩阵乘法的时间复杂度，提出对数双线性（Log－Bilinear）语言模型，目标优化函数为：

$$\boldsymbol{h} = \sum_{i=1}^{t-1} \boldsymbol{H}_i \boldsymbol{C}(\boldsymbol{w}_i) \tag{7-2}$$

$$y_t = \mathbf{C}(\boldsymbol{w}_i)^{\mathrm{T}} \boldsymbol{h} \tag{7-3}$$

式中，$\boldsymbol{C}(\boldsymbol{w})$是词 w 对应的 m 维词向量。$\boldsymbol{h}$ 同样为 m 维向量，表示隐藏层，并且直接有语义信息。式(7-2)中 $\boldsymbol{H}_i$ 是一个 $m \times m$ 的矩阵，$\boldsymbol{H}_i\boldsymbol{C}(\boldsymbol{W}_i)$表示第 i 个词经过 H_i 这种变换之后，对第 t 个词产生的贡献。因此这里的隐藏层 $\boldsymbol{h}$ 是对前 $t-1$ 个词的总结，即 $\boldsymbol{h}$ 是第 t 个词的前 $t-1$ 个词的语境。式(7-2)中预测下一个词为 w_t 的 log 概率是 y_t，它就是 $\boldsymbol{C}(\boldsymbol{w}_t)$和 $\boldsymbol{h}$ 的内积。内积

表示两个词向量的相似度,与 Cosine 距离相似,内积值越大表示两词向量语义越相近。这里使用语境向量 $\boldsymbol{h}$ 和目标词向量的相似度作为 log 概率,最大化 log 概率 y_t 训练得到词向量。

层次化对数双线性(Hierarchical Log-Bilinear)语言模型的提出,进一步提高了训练和预测速度。和对数双线性(Log-Bilinear)语言模型相比,该方法使用了一个层级的结构作最后的预测。可以将神经网络的最后一层设想成一棵以词频为基础二叉树,二叉树的每个非叶子节点是目标词语的多层分类器,最后到叶子节点即可确定目标词语的特征向量。这种模型的特征是:

(1)叶子节点为词的二叉树,而内部节点虽然也有对应的向量,但并不对应到具体的词。

(2)每个节点上都要进行决策。

(3)这在复杂度上有显著的提升,以前是对 $|V|$ 个词一一做比较,最后找出最相似的,现在只需要做 $\log_2(|V|)$ 次判断即可。

2)哈夫曼树的原理与应用

图 7-5 所示为 Skip-gram 模型,预测概率为 $p[w(t)|w(i)]$,其中 $i-c<t<i+c$ 且 $i\neq t$,c 是决定上下文窗口大小的常数,c 越大则需要考虑的 pair 就越多,一般能够带来更精确的结果,但是训练时间也会增加。同时,Skip-gram 中的每个词向量表征了上下文的分布。Skip-gram 中的 Skip 是指在一定窗口内的词两两都会计算概率,就算它们之间隔着一些词,这样的好处是"黑色毛衣"和"黑色的毛衣"很容易被识别为相同的短语。

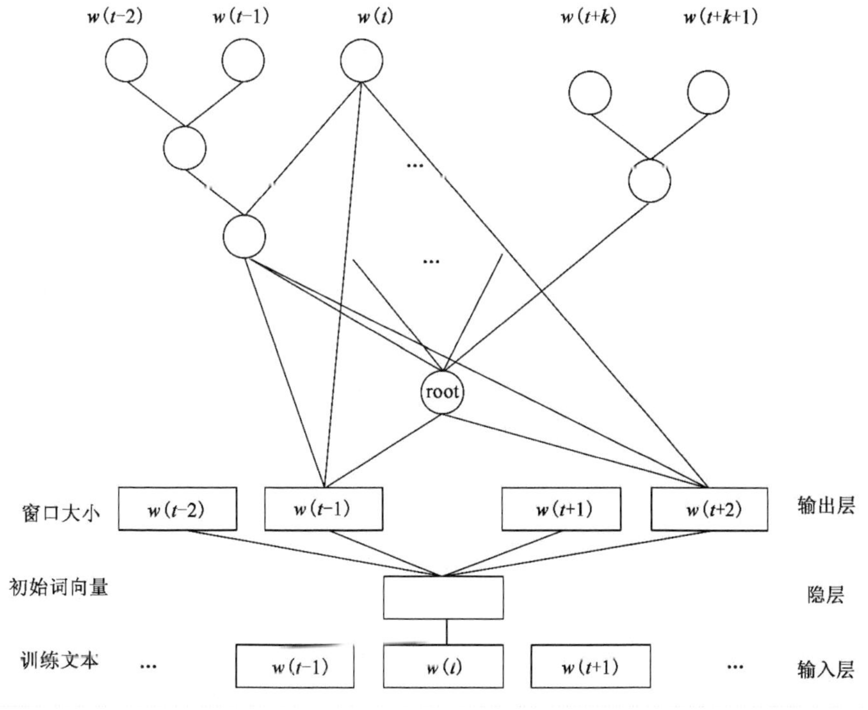

图 7-5　Skip-gram 模型

图 7-5 所示的结构就是一个三层网络——输入层、隐层(也可称为映射层)、输出层。输入层为训练文本 V,映射到隐藏层为 $w(t)$ 词向量,输出层是一个巨大的二叉树,叶节点代表语料里所有的词(语料含有 V 个独立的词,则二叉树有 $|V|$ 个叶节点)。构建二叉树构建的算法就是利用词频构建哈夫曼树,每个词都是树的叶子节点。这样,对于叶节点的每一个词,就会有一个全局唯一的编码,形如"010011",将标记左子树为 1,右子树为 0。

在训练阶段,当给定一个上下文,要预测词 $w(t)$ 时(实际上词 $w(t)$ 已知,是肯定存在于二叉树的叶子节点的,因此它必然有一个二进制编号,如"010011"),就从二叉树的根节点一个个地去遍历,而这里的目标就是预测这个词的二进制编号的每一位。即对于给定的上下文,训练的目标是使得预测词的二进制编码概率最大。

节点 $w(t)$ 沿着唯一一条路径被访问到。假设 $n[w(t),j]$ 为这条路径上的第 j 个节点,且 $L[w(t)]$ 为这条路径的长度,注意 j 从 1 开始编码,即 $n[w(t),1]=\text{root}$,$n\{w(t),L[w(t)]\}=w(t)$。层次 Softmax 定义的概率 $p[w(t)|w(t-1)]$ 为:

$$
\begin{aligned}
p[w(t) \mid w(t-1)] &= \prod_{j=1}^{L[w(t)]-1} \sigma\{n[w(t),j+1]\} \\
&= \text{ch}\{n[w(t),j]\} \cdot v_{n[w(t),j]}{}^{T} w(t-1)
\end{aligned}
\tag{7-4}
$$

整个的遍历过程是一个连乘过程。点积 $v_{n[w(t),j]}{}^{T}w(t-1)$ 可以看作语境 $w(t-1)$ 和第 j 个祖先的“相似程度”。目标词语境与某个词的祖先相似度越高,则这个词更有可能是目标词。计算出“相似程度”后,层次化 Softmax 将其转化为遍历左子树或右子树的概率。如图 7-5 所示,要求 $p[w(t)|w(t-1)]$ 概率需要从 root 节点遍历到 $w(t)$ 根节点的位置,在每个节点上都要进行左右孩子的判断。用 $w(t-1)$ 和非叶子节点的点积表示相似性即路径选择然后利用 Softmax 进行归一化。将路径上计算得到的概率相乘,即得到目标词 $w(t)$ 在当前网络下的概率 $p[w(t)|w(t-1)]$,最大化概率的过程就可以优化各种权值了。

如果没有使用这种二叉树,而是直接从隐层直接计算每一个输出的概率——传统的 Softmax,就需要对 $|V|$ 中的每一个词都算一遍,这个过程时间复杂度是 $O(|V|)$。而使用了二叉树(Word2vec 中的哈夫曼树),其时间复杂度就降到了 $O[\log2(|V|)]$,速度大幅增加。

不过虽然 Hierarchical Softmax 一般被认为只是用于加速,但是仍然可以理解为:二叉树里面的每一个内节点实际上是一种隐含概念的分类器(二元分类器,因为二进制编码就是 0/1),它的输出值的大小预示着当前上下文能够表达该隐含概念的概率,而一个词的编码实际上是一堆隐含概念的表达。目标就在于找到这些当前上下文对于这些概念分类的最准确的那个表达(即目标词向量)。由于概念之间实际上是有互斥关系的(二叉树保证),即在根节点如果是“1”,即可以表达某一概念,那么该上下文是绝对不会再有表达根节点是“0”的其他情况的概念了,因此就不需要继续考虑根节点是"0"的情况了。因此,整个 Hierarchical Softmax 可以被看作完全不同于传统 Softmax 的意义。

7.4.4 微博用户聚类模型

1)微博用户标签特征分析

为了验证 Word2vec 的训练效果,现利用其训练出的词向量对微博用户做了一个初步聚类,并取得了不错结果。在微博空间中,用户可以用标签对自己进行描述。用户标签由词语或短语组成,一定程度上表达了用户的个性特点、兴趣爱好及关注领域。微博用户标签词语是对用户所有微博内容的总结,具有代表意义,人们可以从标签中迅速了解微博用户的兴趣偏好,这对新浪微博社群的发现以及用户聚类具有重要意义。通过对从新浪微博爬取的千万用户信息进行分析,我们得到用户标签的 3 个特点,为进一步的研究奠定基础。

(1)真实性

拥有标签的用户普遍为活跃用户。在 500 万微博用户中,约 20% 的用户对自己的标签进行了编辑。在拥有标签的用户中,约 27% 的用户层发布 100 条以上的微博;在没有标签的用户中发布 100 条以上微博的人数仅占 8% 。所以利用微博标签进行聚类可以有效排除部分“僵尸”用户的影响并提高聚类的准确性。由此可以看出拥有标签的用户更倾向于认真经营自己的微博,所以微博标签确实能反映用户的真实兴趣爱好、所属行业及性格特点,提供了用用户标签进行聚类的合理性证明。

(2)长尾性

为了保证训练的效率,Word2vec 默认舍弃掉出现次数少于 5 次的词语。在 500 万用户的标签中,只有 6.5% 的标签词语出现次数多于 5 次,然而这些标签已经涵盖了 84% 拥有标签的用户。用户标签的重复率很高,去掉重复后只剩下 10% 的标签。同时,小部分标签词语的使用率很高,大部分的标签词语使用率很低,呈“长尾”式分布,如图 7-6 所示。

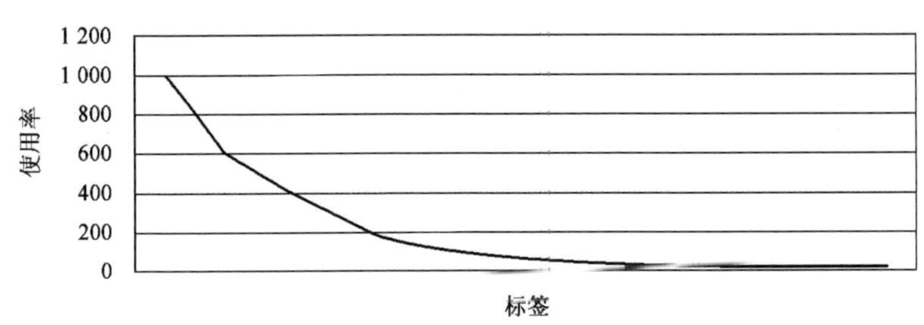

图 7-6 微博标签出现频率分布

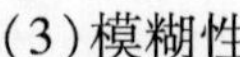

(3)模糊性

标签的设定不需要遵循一定的规则和模式,用户可以根据自己的喜好自行设定标签。所以,标签中相同的词可以表示完全不同的含义,比如用户用“苹果”可以表示水果或是苹果公司。同时,完全不同的标签可能代表相同或相近的含义,如“JB”和“B 宝”都表示美国的流行歌手。随着网络用语的爆炸式发展,语言的使用更加灵活多样,词语的模糊性和歧义性不可避免,这种误差只能尽可能去减小而不能完全被消除。现通过增加多种网际空间的训练语料来减小词语模糊性带来的误差。

2)微博用户聚类及结果分析

利用本书开发的 WB-crawler 抓取千万用户(包含没有标签的用户)的标签,进行数据清洗后利用 Word2vec 对其进行训练。得到词向量后,利用 K-means 算法对标签进行聚类,然后利用标签与用户的对应关系将用户放入相应的类别中。图 7-7 所示为用户聚类流程图。

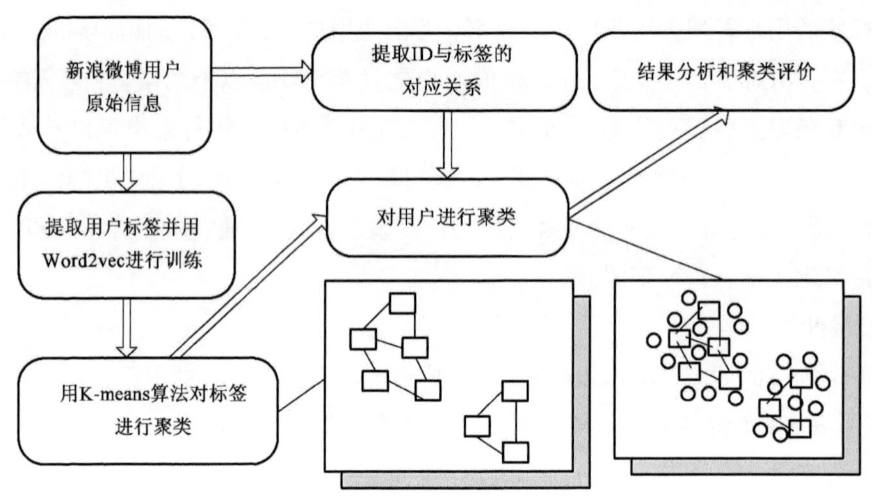

图 7-7 用户聚类流程图

用 500 万微博用户进行试验,将用户分为了 400 类,涵盖了 85% 的用户。人数大于 10 000 人的类别数为 10 个,中心词分别为“IT 技术”“精彩生活”“新闻资讯”“吃”“星座”“大学生活”“文学”“睡觉”“宅”“地点”,这些也是人们在日常生活中比较常听到的话题;人数大于 1000 人的类别数为 8 个;人数大于 100 人的类别数为 246 个,人数小于 100 人的类别数为 126 个。类别人数分布如图 7-8 所示。类别的人数分布也呈“长尾”趋势,小部分话题热门话题集中了大量的人群,而大部分与个人兴趣爱好或职业相关的话题拥有固定小规模的关注人群。

图7-9所示的气泡式图表示类内密度、类间重叠率和类大小之间的关系。随着每一类内人数的递减,类内密度增大,类间重叠率逐渐下降。这说明用户在微社群中更加密集,而在泛型话题的类别中更加分散。由此表现出社交网络的两大典型特征:泛化和个性化。对于新浪微博的研究,需要关注用户对普遍及大众话题、事件的情感态度变化即泛化的研究,也需要关注拥有特定人群的微社群的演变与发展即个性化研究。

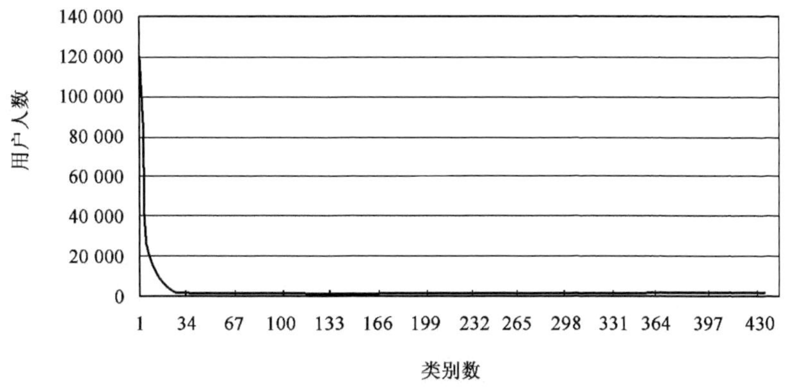

图7-8　类别人数分布图

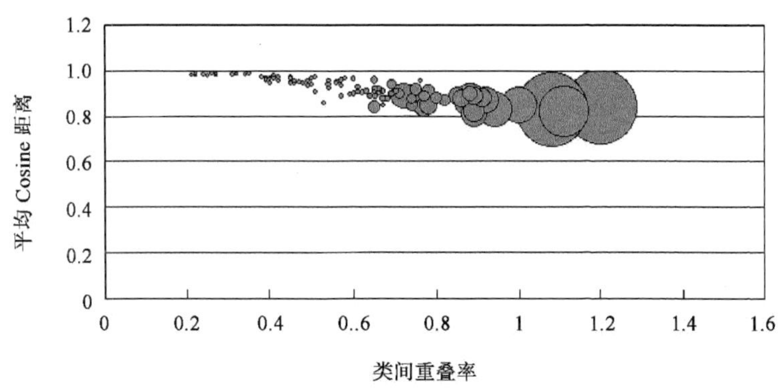

图7-9　类内密度、类间重叠率和类大小之间的关系

进一步的聚类结果分析表明:利用K-means算法将用户分为400类,涵盖了85%的用户,类间的平均重叠率为0.5%。高覆盖率和低重叠率表明了聚类的有效性。类内的平均Cosine距离为0.86,类间的平均Cosine距离为0.27(使用Cosine距离,距离值越大相似度越高)。类内紧密,类间稀疏是好的聚类结果的重要特征。

利用Word2vec训练出的词向量对微博用户进行简单的聚类可以得到不错的结果,考虑到Word2vec处理海量词汇的效率,选择其作为对微博进行研究的基础工具。下文将用Word2vec工具对微博进行进一步的信息挖掘。

7.5 本章小结

本章首先介绍了词语与向量的转化工具 Word2vec 的功能及使用方法。随后剖析阐述了 Word2vec 的原理：Word2vec 结合了层次化对数双线性(Hierarchical Log-Bilinear)语言模型和哈弗曼编码原理实现了训练的高效性和结果的准确性。最后利用 Word2vec 训练出的词向量和 K-means 算法对微博用户进行聚类，达到了高覆盖率、低重叠率、类内紧密、类间稀疏的良好聚类结果，证明了 Word2vec 运用在微博空间的合理性和有效性。

第8章　新浪微博爬虫 WB-crawler

8.1 WB-crawler 的需求分析

新浪微博作为一个信息传播的平台,多被用来传播信息、表达观点。因而用户的微博转发量要远大于原创微博的数量。基于这个前提,本章的研究更专注于研究用户对于转发微博的情感态度而非用户原创微博的获取。

目前已有的获取新浪微博内容的工具是新浪微博 API 和其他自主开发的工具。这些工具的明显缺陷在于,只能获得原微博内容而无法获取转发人对于原微博的态度。用户的一条转发微博如图 8-1 所示。

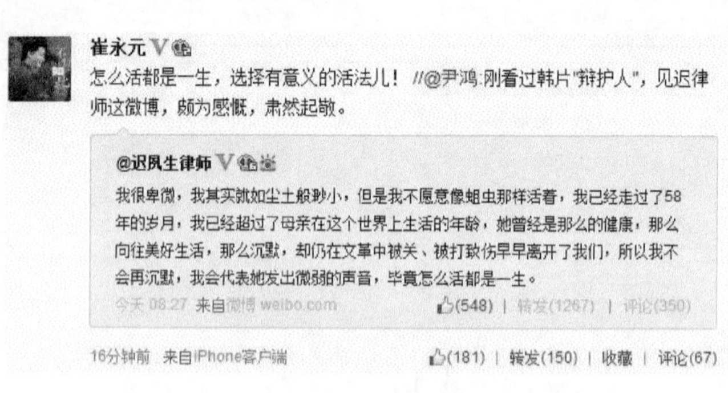

图 8-1　转发微博示例

微博用户@迟夙生律师发表了一条原创微博,用户@尹鸿和用户@崔永元都对此条微博进行了转发。在研究人群对于特定时间的情感态度变化时,需要更加专注用户对于时间的转发评论内容,即@崔永元的"怎么活都是一生,选择有意义的活法儿!"和@尹鸿的"刚看过韩片"辩护人",见迟律师这微博,颇为感慨,肃然起敬"。

本章所实现的新浪微博爬虫——WB-crawler,突破了现有工具只能抓取新浪微博原文本的局限,可以同时抓取到用户对于原微博的转发关系与评论内容,对研究用户对事件的情感态度及对突发事件的情感态度变化,具有重要意义。

8.2 Web 抓包工具

HTTP 是无连接的状态协议,但是客户端和服务器端需要保持一些相互信息。通过 Cookie

服务器可以得知哪个用户登录了网站,给予不同客户端不同的访问权限。用浏览器登录新浪微博,必须先登录,登陆成功后,打开其网页才能够访问。用程序登录新浪微博或其他验证网站,关键点也在于需要保存 cookie,之后附带 cookie 访问网站。可以使用 Python 的 cookielib 和 urllib2,将 cookielib 绑定到 urllib2,在请求网页的时候附带 cookie。

HttpFox 能免费地对 HTTP 协议进行详尽分析,以插件的方式与 IE、Firefox 浏览器进行集成。其作用与 Wireshark 也能够对 HTTP 协议进行解析和分析基本接近。用 firefox 的 httpfox 插件,在浏览器中开始浏览新浪微博首页,然后登陆。从 httpfox 的记录中查看数据发送和 URL,然后通过 python 模拟相应过程,用 urllib2. urlopen 发送用户名密码到登录页面,获取登录后的 cookie,之后访问其他页面,获取微博数据。具体过程包括:

#获取一个保存 cookie 的对象

cj = cookielib. LWPCookieJar( )

#将一个保存 cookie 对象,和一个 HTTP 的 cookie 的处理器绑定

cookie_support = urllib2. HTTPCookieProcessor(cj)

#创建一个 opener,将保存了 cookie 的 http 处理器,还有设置一个 handler 用于处理 http 的 URL 的打开

opener = urllib2. build_opener(cookie_support, urllib2. HTTPHandler)

#将包含了 cookie、http 处理器、http 的 handler 的资源和 urllib2 对象板顶在一起

urllib2. install_opener(opener)

使用 firefox,用 Web 抓包工具 httpfox 分析登陆过程,安装完 httpfox 后打开,如图 8-2 所示。

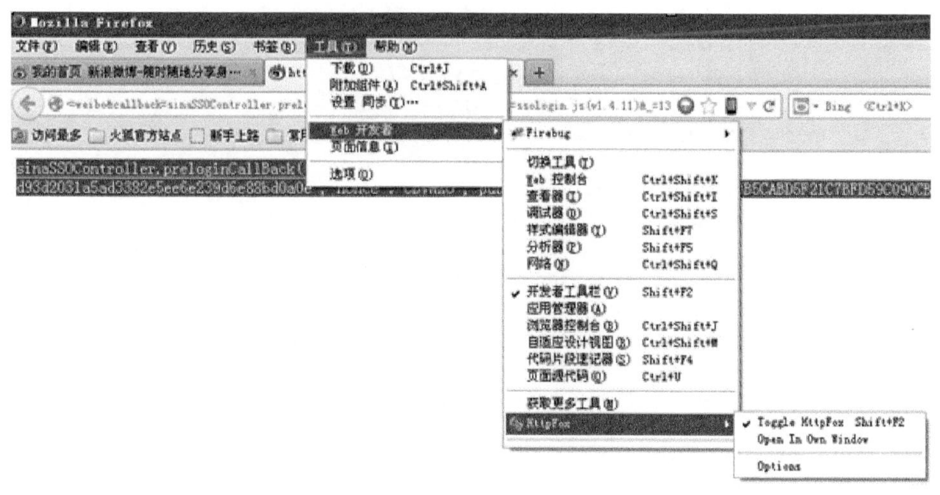

图 8-2　打开 httpfox

启动并保持浏览器地址为空,如图 8-3 所示。

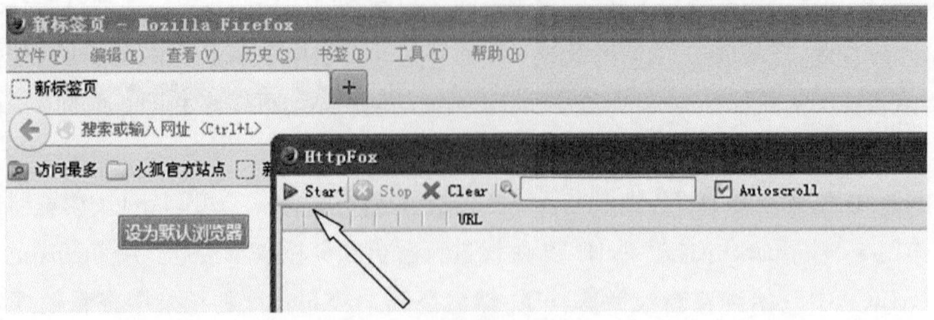

图 8-3 启动并保持浏览器地址为空

然后输入网址:weibo. com, 回车后,过一小会,然后暂停 httpFox,结果如图 8-4 所示。

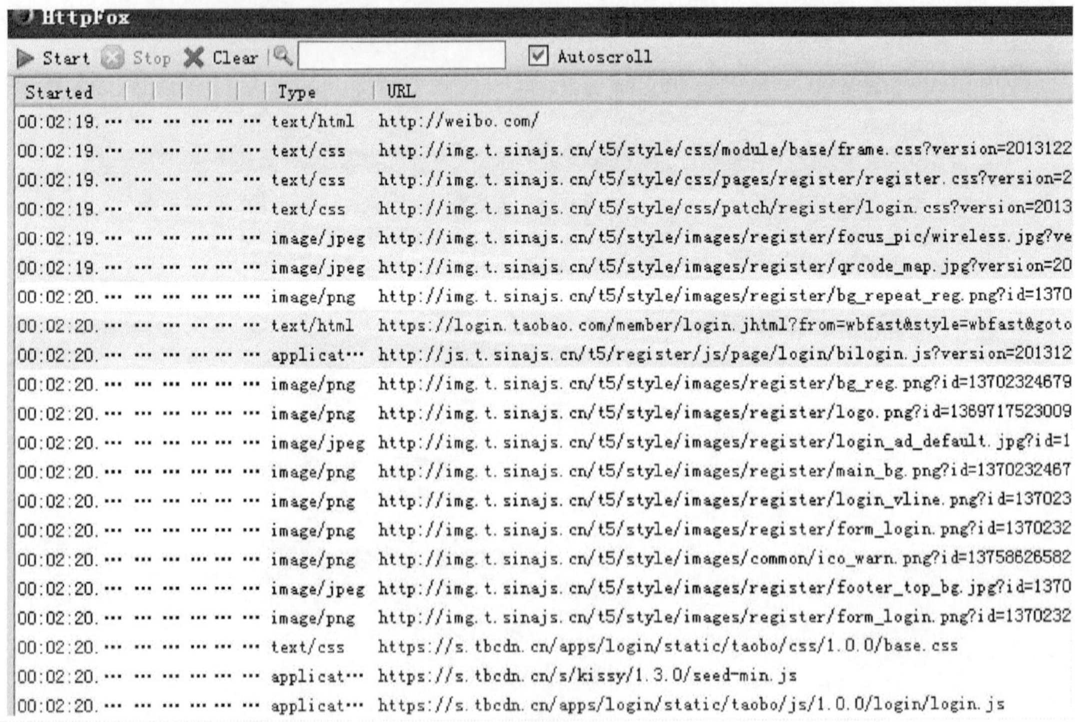

图 8-4

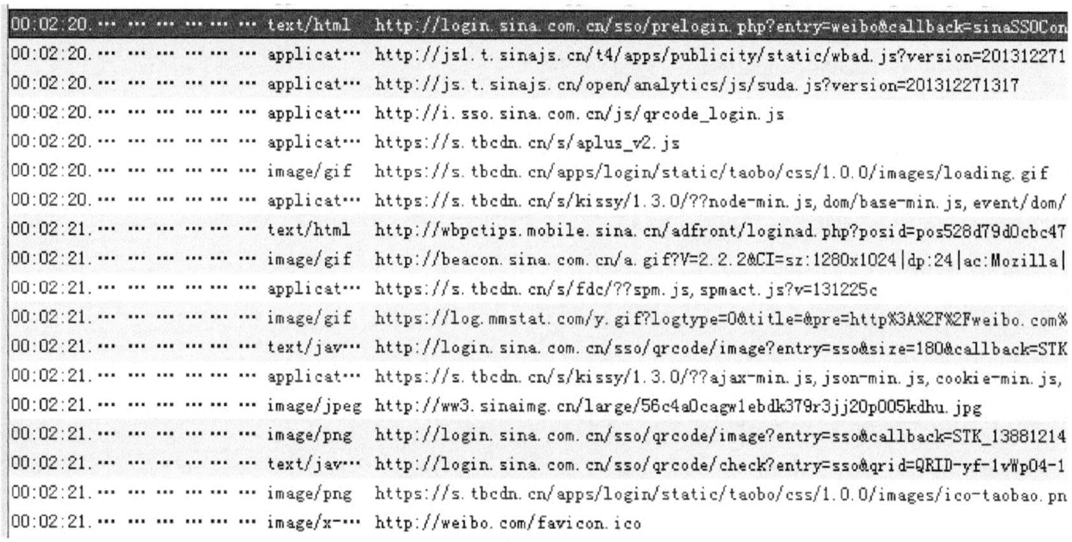

```
00:02:20.… … … … … … text/html   http://login.sina.com.cn/sso/prelogin.php?entry=weibo&callback=sinaSSOCon
00:02:20.… … … … … … applicat…   http://js1.t.sinajs.cn/t4/apps/publicity/static/wbad.js?version=201312271
00:02:20.… … … … … … applicat…   http://js.t.sinajs.cn/open/analytics/js/suda.js?version=201312271317
00:02:20.… … … … … … applicat…   http://i.sso.sina.com.cn/js/qrcode_login.js
00:02:20.… … … … … … applicat…   https://s.tbcdn.cn/s/aplus_v2.js
00:02:20.… … … … … … image/gif   https://s.tbcdn.cn/apps/login/static/taobo/css/1.0.0/images/loading.gif
00:02:20.… … … … … … applicat…   https://s.tbcdn.cn/s/kissy/1.3.0/??node-min.js,dom/base-min.js,event/dom/
00:02:21.… … … … … … text/html   http://wbpctips.mobile.sina.cn/adfront/loginad.php?posid=pos528d79d0cbc47
00:02:21.… … … … … … image/gif   http://beacon.sina.com.cn/a.gif?V=2.2.2&CI=sz:1280x1024|dp:24|ac:Mozilla|
00:02:21.… … … … … … applicat…   https://s.tbcdn.cn/s/fdc/??spm.js,spmact.js?v=131225c
00:02:21.… … … … … … image/gif   https://log.mmstat.com/y.gif?logtype=0&title=&pre=http%3A%2F%2Fweibo.com%
00:02:21.… … … … … … text/jav…   http://login.sina.com.cn/sso/qrcode/image?entry=sso&size=180&callback=STK
00:02:21.… … … … … … applicat…   https://s.tbcdn.cn/s/kissy/1.3.0/??ajax-min.js,json-min.js,cookie-min.js,
00:02:21.… … … … … … image/jpeg  http://ww3.sinaimg.cn/large/56c4a0cagw1ebdk379r3jj20p005kdhu.jpg
00:02:21.… … … … … … image/png   http://login.sina.com.cn/sso/qrcode/image?entry=sso&callback=STK_13881214
00:02:21.… … … … … … text/jav…   http://login.sina.com.cn/sso/qrcode/check?entry=sso&qrid=QRID-yf-1vWp04-1
00:02:21.… … … … … … image/png   https://s.tbcdn.cn/apps/login/static/taobo/css/1.0.0/images/ico-taobao.pn
00:02:21.… … … … … … image/x-…   http://weibo.com/favicon.ico
```

图 8-4　输入网址后结果

右键拷贝上图中的那一行，进行分析。

http://login. sina. com. cn/sso/prelogin. php? entry = weibo&callback = sinaSSOController. preloginCallBack&su = &rsakt = mod&client = ssologin. js(v1.4.11)&_ = 1388121482208

在网页中输入用户名和密码，清空 httpfox，启动 httpfox，然后回车，登陆进来后停止 httpfox. 可以在浏览器中输入上面选中的那一行。

http://login. sina. com. cn/sso/prelogin. php? entry = weibo&callback = sinaSSOController. preloginCallBack&su = &rsakt = mod&client = ssologin. js(v1.4.11)&_ = 1388121482208

可以看到网页显示：

sinaSSOController. preloginCallBack ({ " retcode" : 0," servertime" : 1388123858," pcid" :" yf - d93d2031a5ad3382e5ee6e239d6e88bd0a0e"," nonce" :" CBVWKO"," pubkey" :" EB2A38568661887FA180BDDB5CABD5F21C7BFD59C090CB2D245A87AC253062882729293E5506350508E7F9AA3BB77F4333231490F915F6D63C55FE2F08A49B353F444AD3993CACC02DB784ABBB8E42A9B1BBFFFB38BE18D78E87A0E41B9B8F73A928EE0CCEE1F6739884B9777E4FE9E88A1BBE495927AC4A799B3181D6442443"," rsakv" :" 1330428213"," exectime" :0})

在提交 POST 请求之前，需要 GET 获取 4 个参数(servertime，nonce，pubkey 和 rsakv)，不是之前提到的只是获取简单的 servertime，nonce，这里主要是由于 js 对用户名、密码加密方式改变了。当然这些都是需要通过程序实现，如；data = urllib2. urlopen(url). read()，其中的 url 就是上面的地址。进而从中提取到想要的 servertime，nonce，pubkey 和 rsakv。

将 username 经过 BASE64 计算：

username_ = urllib.quote(username)

username = base64.encodestring(username)[:-1]

Password 经过三次 SHA1 加密，且其中加入了 servertime 和 nonce 的值，即两次 SHA1 加密后，结果加上 servertime 和 nonce 的值，再 SHA1 算一次。先创建一个 rsa 公钥，公钥的两个参数新浪微博都给了固定值，不过给的都是 16 进制的字符串，第一个是登录第一步中的 pubkey，第二个是 js 加密文件中的“10001”。这两个值需要先从 16 进制转换成 10 进制，不过也可以写在代码里。这里就把 10001 直接写死为 65537。代码如下：

```
rsaPublickey = int(pubkey, 16)
  key = rsa.PublicKey(rsaPublickey, 65537) #创建公钥
  message = str(servertime) + '\t' + str(nonce) + '\n' + str(password) #拼接明文 js 加密
文件中得到
  passwd = rsa.encrypt(message, key) #加密
  passwd = binascii.b2a_hex(passwd) #将加密信息转换为 16 进制
```

请求通行证 url：login_url =

'http://login.sina.com.cn/sso/login.php? client=ssologin.js(v1.4.11)'

需要发送报头信息，将参数组织好，POST 请求。检验是否登录成功，可以参考 POST 后得到的内容中的一句：

location.replace("http://weibo.com/ajaxlogin.php? framelogin=1&callback=parent.sinaSSOController.feedBackUrlCallBack&retcode=101&reason=%B5%C7%C2%BC%C3%FB%BB%F2%C3%DC%C2%EB%B4%ED%CE%F3");

如果 retcode=101，则表示登录失败。登录成功后结果与之类似，不过 retcode 的值是 0。登录成功后，在 body 中的 replace 信息中的 url 就是下一步要使用的 url。然后，对上面的 url 使用 GET 方法来向服务器发请求，保存这次请求的 Cookie 信息，就是需要的登录 Cookie。

```
#coding=utf8
import urllib
import urllib2
import cookielib
import base64
import re
import json
import hashlib
```

```
#获取一个保存 cookie 的对象
cj = cookielib.LWPCookieJar()
#将一个保存 cookie 对象,和一个 HTTP 的 cookie 的处理器绑定
cookie_support = urllib2.HTTPCookieProcessor(cj)
#创建一个 opener,将保存了 cookie 的 http 处理器,还有设置一个 handler 用于处理 http 的 URL 的打开
opener = urllib2.build_opener(cookie_support, urllib2.HTTPHandler)
#将包含了 cookie、http 处理器、http 的 handler 的资源和 urllib2 对象板顶在一起
urllib2.install_opener(opener)

postdata = {
    'entry': 'weibo',
    'gateway': '1',
    'from': '',
    'savestate': '7',
    'userticket': '1',
    'ssosimplelogin': '1',
    'vsnf': '1',
    'vsnval': '',
    'su': '',
    'service': 'miniblog',
    'servertime': '',
    'nonce': '',
    'pwencode': 'wsse',
    'sp': '',
    'encoding': 'UTF-8',
    'url': 'http://weibo.com/ajaxlogin.php?framelogin=1&callback=parent.sinaSSOController.feedBackUrlCallBack',
    'returntype': 'META'
}

def get_servertime():
```

```
    url
' http://login. sina. com. cn/sso/prelogin. php? entry = weibo&callback = sinaSSOController.
preloginCallBack&su = dW5kZWZpbmVk&client = ssologin. js(v1. 3. 18)&_ = 1329806375939'
    data = urllib2. urlopen(url). read()
    p = re. compile('\((. ×)\)')
    try:
        json_data = p. search(data). group(1)
        data = json. loads(json_data)
        servertime = str(data['servertime'])
        nonce = data['nonce']
        return servertime, nonce
    except:
        print 'Get severtime error!'
        return NoneV
def get_pwd(pwd, servertime, nonce):
    pwd1 = hashlib. sha1(pwd). hexdigest()
    pwd2 = hashlib. sha1(pwd1). hexdigest()
    pwd3_ = pwd2 + servertime + nonce
    pwd3 = hashlib. sha1(pwd3_). hexdigest()
    return pwd3

def get_user(username):
    username_ = urllib. quote(username)
    username = base64. encodestring(username_)[: -1]
    return username

def main():
    username = 'www. crazyant. net'#微博账号
    pwd = 'xxxx'#微博密码
    url = 'http://login. sina. com. cn/sso/login. php? client = ssologin. js(v1. 3. 18)'
    try:
        servertime, nonce = get_servertime()
```

```
    except:
        return
    global postdata
    postdata['servertime'] = servertime
    postdata['nonce'] = nonce
    postdata['su'] = get_user(username)
    postdata['sp'] = get_pwd(pwd, servertime, nonce)
    postdata = urllib.urlencode(postdata)
    headers = {'User - Agent':'Mozilla/5.0 (X11; Linux i686; rv:8.0) Gecko/20100101 Fire-
fox/8.0'}
    #其实到了这里,已经能够使用 urllib2 请求新浪任何的内容,这里已经登陆成功
    req  = urllib2.Request(
        url = url,
        data = postdata,
        headers = headers
    )
    result = urllib2.urlopen(req)
    text = result.read()
    #print text
    p = re.compile('location。replace\(\'(.*?)\'\)')
    try:
        login_url = p.search(text).group(1)
        print login_url
        #print login_url
        urllib2.urlopen(login_url)
        print "login success"
    except:
        print 'Login error!'
    #测试读取数据,下面的 URL,可以换成任意的地址,都能把内容读取下来
    req
urllib2.Request(url = 'http://e.weibo.com/aj/mblog/mbloglist? page = 1&count = 15&max_id =
3463810566724276&pre_page = 1&end_id = 3458270641877724&pagebar = 1&_k =
```

```
134138430655960&uid=2383944094&_t=0&__rnd=1341384513840',)
    result = urllib2.urlopen(req)
    text = result.read()
    print len(result.read())
    #unicode(eval(b),"utf-8")
    print eval("u'''"+text+"'''")
main()
```

其实获取了模拟登录后的 urllib2,可以做抓数据等任何事情,甚至可以写一个多线程的爬虫来爬遍新浪微博

8.3 WB-crawler 实现功能

8.3.1 递归大规模抓取粉丝 ID

输入用户 ID 及递归次数,爬虫可实现多次递归抓取目标用户的粉丝 ID(如果递归次数为两次,即可完成对特定用户的粉丝及粉丝的粉丝 ID 的抓取),如图 8-5 所示。

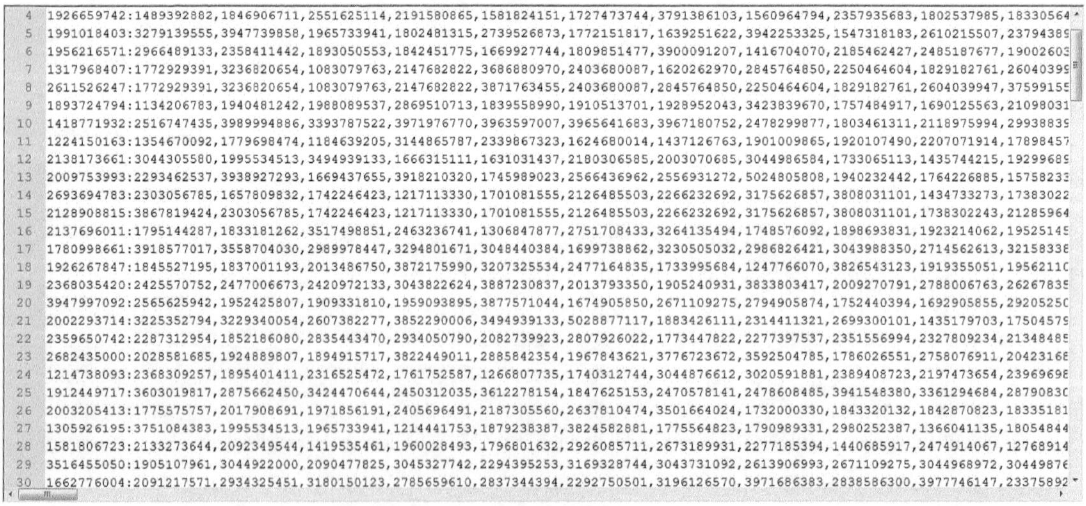

```
1926659742:1489392882,1846906711,2551625114,2191580865,1581824151,1727473744,3791386103,1560964794,2357935683,1802537985,18330564
1991018403:3279139555,3947739858,1965733941,1802481315,2739526873,1772151817,1639251622,3942253325,1547318183,2610215507,2379438
1956216571:2966489133,2358411442,1893050553,1842451775,1669927744,1809851477,3900091207,1416704070,2185462427,2485187677,1900260
1317968407:1772929391,3236820654,1083079763,2147682822,3686880970,2403680087,1620262970,2845764850,2250464604,1829182761,2604039
2611526247:1772929391,3236820654,1083079763,2147682822,3871763455,2403680087,2845764850,2250464604,1829182761,2604039947,3759915
1893724794:1134206783,1940481242,1988089537,2869510713,1839558990,1910513701,1928952043,3423839670,1757484917,1690125563,21098031
1418771932:2516747435,3989994886,3393787522,3971976770,3963597007,3965641683,3967180752,2478299877,1803461311,2118975994,2993883
1224150163:1354670092,1779698474,1184639205,3144865787,2339867323,1624680014,1437126763,1901009865,1920107490,2207071914,1789845
2138173661:3044305580,1995534513,3494939133,1666315111,1631031437,2180306585,2003070685,3044986584,1733065113,1435744215,1929968
2009753993:2293462537,3938927293,1669437655,3918210320,1745989023,2566436962,2556931272,5024805808,1940232442,1764226885,1575823
2693694783:2303056785,1657809832,1742246423,1217113330,1701081555,2126485503,2266232692,3175626857,3808031101,1434733273,17383022
2128908815:3867819424,2303056785,1742246423,1217113330,1701081555,2126485503,2266232692,3175626857,3808031101,1738302243,21285964
2137696011:1795144287,1833181262,3517498851,2463236741,1306847877,2751708433,3264135494,1748576092,1898693831,1923214062,1952514
1780998661:3918577017,3558704030,2989978447,3294801671,3048440384,1699738862,3230505032,2986826421,3043988350,2714562613,3215833
1926267847:1845527195,1837001193,2013486750,3872175990,3207325534,2477164835,1733995684,1247766070,3826543123,1919355051,1956211
2368035420:2425570752,2477006673,2420972133,3043822624,3887230837,2013793350,1905240931,3833803417,2009270791,2788006763,2626783
3947997092:2565625942,1952425807,1909331810,1959093895,3877571044,1674905850,2671109275,2794905874,1752440394,1692905855,2920525
2002293714:3225352794,3229340054,2607382277,3852290006,3494939133,5028877117,1883426111,2314411321,2699300101,1435179703,1750457
2359650742:2287312954,1852186080,2835443470,2934050790,2082739923,2807926022,1773447822,2277397537,2351556994,2327809234,2134848
2682435000:2028581685,1924889807,1894915717,3822449011,2885842354,1967843621,3776723672,3592504785,1786026551,2758076911,2042316
1214738093:2368309257,1895401411,2316525472,1761752587,1266807735,1740312744,3044876612,3020591881,2389408723,2197473654,2396969
1912449717:3603019817,2875662450,3424470644,2450312035,3612278154,1847625153,2470578141,2478608485,3941548380,3361294684,2879083
2003205413:1775575757,2017908691,1971856191,2405696491,2187305560,2637810474,3501664024,1732000330,1843320132,1842870823,18335181
1305926195:3751084383,1995534513,1965733941,1214441753,1879238387,3824582881,1775564823,1790989331,2980252387,1366041135,18054844
1581806723:2133273644,2092349544,1419535461,1960028493,1796801632,2926085711,2673189931,2277185394,1440685917,2474914067,12768914
3516455050:1905107961,3044922000,2090477825,3045327742,2294395253,3169328744,3043731092,2613906993,2671109275,3044968972,3044987
1662776004:2091217571,2934325451,3180150123,2785659610,2837344394,2292750501,3196126570,3971686383,2838586300,3977746147,23375892
```

图 8-5　递归大规模抓取粉丝 ID 结果截图

8.3.2　抓取任意用户的所有微博内容

用户的所有微博内容包括用户的原创微博与转发微博。微博内容的组成如图 8-6 所示。

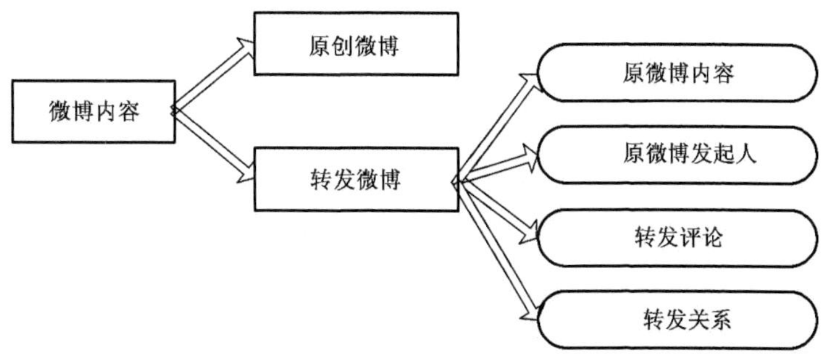

图 8-6　微博内容的组成

转发微博包含的 4 项内容与图 8-1 的对应关系如表 8-1 所示。

转发微博的内容构成　　表 8-1

转发	原微博内容	我很卑微,我其实就如尘土般渺小,但是我不愿意像蛆虫那样活着,我已经走过了58 年的岁月,我已经超过了母亲在这个世界上生活的年龄,她曾经是那么的健康,那么向往美好生活,那么沉默,却仍在“文革”中被关、被打致伤早早离开了我们,所以我不会再沉默,我会代表她发出微弱的声音,毕竟怎么活都是一生
	原微博发起人	@迟夙生律师
	转发评论	怎么活都是一生,选择有意义的活法儿!
	转发关系	//@尹鸿:刚看过韩片"辩护人",见迟律师这微博,颇为感慨,肃然起敬

从爬取结果可以看到,WB-crawler 爬取的内容包含了上述所有内容,如图 8-7 所示。

```
page1
丧失控//@媒体微博头条:三观再次受到了挑战...---转发自---@新闻晨报>>>【美国男子携91岁女
看上去就简体字不太一样---转发自---@月光博客>>>中国、日本和韩国学者历时四年的时间，制定
//@Ac啊荃://@风过山:没事儿转着玩呗老沉//@老沉:纯转发--乾隆//@杰文津:不是转转也无妨。爱
最佳//@余弦:哈哈，最右……//@刘鑫Mars://@OnlySwan:@牛小野//@马零鼠://@吃包子不寂寞://@超
形象生动浅显易懂//@陈晓鸣爱折腾:这个比喻实在让人不忍直视啊~//@文艺复兴记:我再强调一次;
最娘的男人//@90后微吧:转发微博---转发自---@Happy张江>>>【你和你的身体性别一样么？】一
还好//@光宇Lucifer:Repost---转发自---@左耳朵耗子>>>下图是昨天有个重度加班的工程师问了
还是叫兽犀利//@叫兽易小星:科普：有句民谚是"三十如狼，四十如虎，五十坐地吸土"---转发自-
---转发自---@左耳朵耗子>>>【Python修饰器的函数式编程】前两天有人和我讨论Python的decora
```

图 8-7　WB-crawler 爬取结果截图

8.4 WB-crawler 主要技术问题及解决

8.4.1 模拟登录新浪微博

HTTP 是无状态协议,即协议对于事务处理没有记忆能力,但是客户端和服务器端可以通过 cookie 保持一些相互信息,保持通信并给予客户端访问一些页面的权限。

用浏览器登录新浪微博,必须先登录,登陆成功后,打开其他的网页才能够访问。用程序模拟登录新浪微博或其他验证网站,关键点也在于需要保存 cookie,之后附带 cookie 对网站进行多次访问。现采用 Python 的 cookielib 和 urllib2 包,将 cookielib 绑定到 urllib2 在一起,实现附带 cookie 对的请求网页。具体过程:

(1)用浏览器插件观测登录新浪微博的过程,查看并分析每一步发送的数据和请求的 URL。

(2)构造 http 请求的 URL 地址,用 urllib2. urlopen 发送用户名密码到登录页面,获取登录后的 cookie。

(3)访问其他页面,获取微博数据。

模拟登录新浪微博的过程如图 8-8 所示。

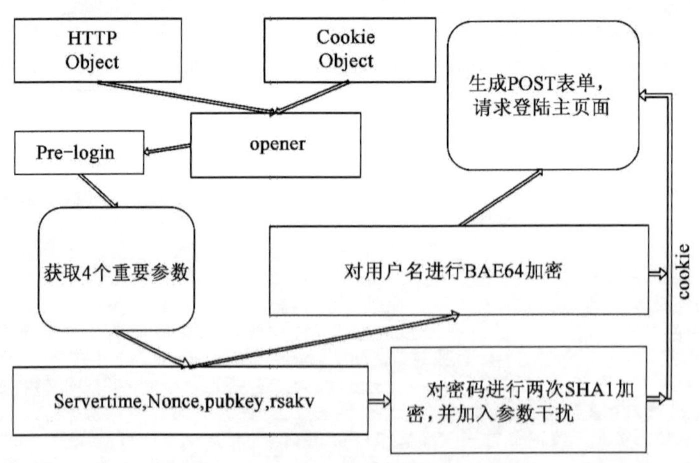

图 8-8　模拟登录新浪微博过程

(1)利用 httpfox 抓取 pre-login 请求,获取 4 个参数,即 servertime、nonce、pubkey 和 rsakv,具体如图 8-9 所示。

```
def get_servertime():
    url = 'http://login.sina.com.cn/sso/prelogin.php?
    data = urllib2.urlopen(url).read()
    print data
    p = re.compile('\((.*)\)')
    try:
        json_data = p.search(data).group(1)
        data = json.loads(json_data)
        servertime = data['servertime']
        nonce = data['nonce']
        pubkey = data['pubkey']
        rsakv = data['rsakv']
        return servertime, nonce, pubkey, rsakv
    except:
        print 'Get severtime error!'
        return None
```

图 8-9　获取 4 个参数

(2)如图 8-8 所示,将 username 经过 BASE64 计算。Password 经过 3 次 SHA1 加密,且其中加入了 servertime 和 nonce 的值来干扰,即两次 SHA1 加密后,结果加上 servertime 和 nonce 的值,再进行 SHA1 加密,如图 8-10 所示。

```
def get_pwd(pwd, servertime, nonce, pubkey):
    rsaPublickey = int(pubkey, 16)
    key = rsa.PublicKey(rsaPublickey, 65537) #创建公钥
    message = str(servertime) + '\t' + str(nonce) + '\n' + str(pwd)
    passwd = rsa.encrypt(message, key) #加密
    passwd = binascii.b2a_hex(passwd)  #将加密信息转换为16进制
    return passwd

def get_user(username):
    username_ = urllib.quote(username)
    username = base64.encodestring(username_)[:-1]
    return username
```

图 8-10　3 次 SHA1 加密

(3)抓包获取通行证 url,将参数组织好,提交 POST 请求。检验是否登录成功,可以参考 POST 后得到的内容中。如果参数 retcode = 101,则表示登录失败;retcode = 0,表示登陆成功。

登录成功后,在 body 中的 replace 信息中的 url 就是下一步要使用的 url。然后对上面的 url 使用 GET 方法来向服务器发请求,保存这次请求的 Cookie 信息,即为需要的登录 Cookie。

8.4.2　lazyload 问题及其解决

网页延迟加载(web lazyload)是指当网页页面滚动到相应的地方,对应位置的内容才进行加载显示,这样能明显减小服务器的响应压力和减少网络传输数据量,也能够减小浏览器的负

担。延迟加载是程序人性化的一种体现，可改善用户体验，防止一次性加载大量数据，根据用户需要进行数据查询操作。浏览新浪微博网页需加载大量信息，也用到了该技术，如图 8-11 所示。

图 8-11　微博延迟加载示意图

加载完成一页微博内容，需要进行两次延迟加载。由于延迟加载内容的 html 源代码不能直接得到，需要通过抓包获取 lazyload 时的 http 请求，然后分析每个参数含义，接着构造 URL 请求获取延迟加载的 html 源代码。

获取延迟加载内容的 http 请求参数分析，如图 8-12 所示。

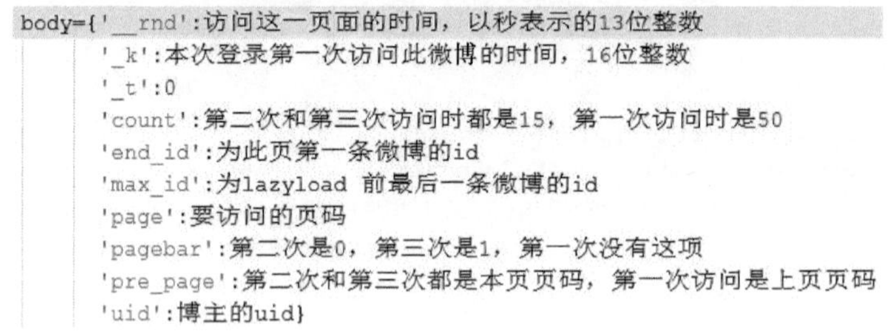

```
body={'__rnd':访问这一页面的时间，以秒表示的13位整数
      '_k':本次登录第一次访问此微博的时间，16位整数
      '_t':0
      'count':第二次和第三次访问时都是15，第一次访问时是50
      'end_id':为此页第一条微博的id
      'max_id':为lazyload 前最后一条微博的id
      'page':要访问的页码
      'pagebar':第二次是0，第三次是1，第一次没有这项
      'pre_page':第二次和第三次都是本页页码，第一次访问是上页页码
      'uid':博主的uid}
```

图 8-12　获取延迟加载内容的 http 请求参数分析

获取的延迟加载内容如图 8-13 所示。


```
xt2\">\u6765\u81ea<\/em><a suda-data=\"key=tblog_activity_click&value=activity_source:1042018\" rel=\"S_link2\" href=\"http:\/\/app.weibo.
lank\">\u4e09\u661fGalaxy Note II<\/a>   \r\n\t    <\/div>\t\t\r\n\t  <\/div>\r\n\t \t<\/div>\r\n  <\/div>\r\n<\/div>\t\t \t\t\t\t\t\t\t\t
on-type=\"feed_list_item\"  mid=\"3670960027175775\" isForward=\"1\" omid=\"3670755525163330\" class=\"WB_feed_type SW_fun S_line2 \" minf
id=2487441147&rouid=1788262524\">    \n        <div class=\"WB_screen\" style=\"display:none;\"><a class=\"W_ico12 icon_choose\" href=
feed_datail S_line2 clearfix\">\n        <div class=\"WB_detail\">\n              \n    <div class=\"WB_text\" node-type=\"feed_list_cor
/%E5%8F%B2%E8%83%96%E7%BA%B8%E6%98%AF%E7%9A%87%E9%A9%AC%E7%90%83%E8%BF%B7\" usercard=\"name=\u53f2\u80d6\u7eb8\u662f\u7687\u9a6c\u7403\u8f
0d6\u7eb8\u662f\u7687\u9a6c\u7403\u8ff7<\/a><\/div>\n                                   <div class=\"WB_media_expand SW_fun2
_list_forwardContent\">\n                        <div class=\"WB_arrow\"><em class=\"S_line1_c\">\u25c6<\/em><span class=\"S_bg1_c\">\
                 <div class=\"WB_info\">\n\t\t\t\t\t\t\t\t<a node-type='feed_list_originNick' class=\"WB_name S_func3\" href=\"\/1z
b63\u5bab\u738b\u5a18\u5a18\" usercard=\"id=1788262524\" nick-name=\"\u6b63\u5bab\u738b\u5a18\u5a18\">@\u6b63\u5bab\u738b\u5a18\u5a18<\/a>
fae\u535a\u4f1a\u5458\" target=\"_blank\" href=\"http:\/\/vip.weibo.com\/personal?from=main\"><i class=\"W_ico16 ico_member4\"><\/i><\/a>
```


图 8-13　获取的延迟加载内容

获取的是加密过后的代码,需要对其进行破解。发现网页中存在没有加密的微博 ID,即形如 mid = 3451153109003595。通过抓取微博 ID,并对其进行 BASE64 编码后,构造单条微博的 URL 地址,逐条抓取新浪微博内容。当微博单条显示时,可以直接获取微博的 html 源代码,具体如图 8-14 所示。

图 8-14　单条微博的显示形式

获取单条微博 html 源代码的过程如图 8-15 所示。

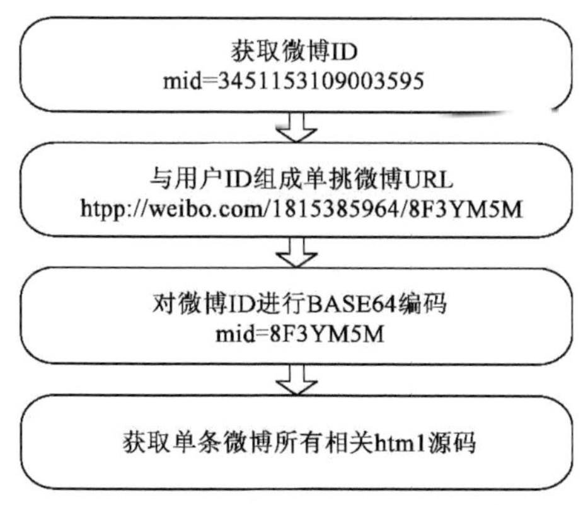

图 8-15　获取单条微博 html 源代码流程图

因新浪微博改版,需要对正则匹配的代码部分进行修改。修改前为:

```
need = re.search(ur"关注用户列表(\S+)",fanspage.decode('utf-8'))
fanspage = need.group(0).encode('utf-8')
pattern = re.compile(r'usercard=\\"id=(\d+)')
```

修改后为:

```
need = re.search(ur"粉丝列表(\S+)",fanspage.decode('utf-8'))
fanspage = need.group(0).encode('utf-8')
pattern = re.compile(r'usercard=\\"id=(\d+)')
```

抓取任意用户的所有微博内容。需解决的问题:

(1)因新浪微博改版,在获取指定用户所有微博的 mid 值时所需的链接需要重新构造。构造链接修改前如图 8-16 所示。

```
rnd = getMillitime()
k_rnd = random.randint(10, 60)
'''body={'__rnd':访问这一页面的时间，以秒表示的13位整数
        '_k':本次登录第一次访问此微博的时间，16位整数
        '_t':0
        'count':第二次和第三次访问时都是15，第一次访问时是50
        'end_id':为此页第一条微博的id
        'max_id':为lazyload 前最后一条微博的id
        'page':要访问的页码
        'pagebar':第二次是0，第三次是1，第一次没有这项
        'pre_page':第二次和第三次都是本页页码，第一次访问是上页页码
        'uid':博主的uid}'''
if lazyloadcount==0:
    url = "http://weibo.com/p/aj/mblog/mbloglist?_wv=5&page=%s&count=50&pre_page=%s&end_id=%s&_k=%s&_t=0&end_msign=-1&uid=%s&__rnd=%s"
    % (page, (page-1), end_id, rnd+str(k_rnd), userID, rnd)
else:
    url = "http://weibo.com/p/aj/mblog/mbloglist?_wv=5&page=%s&count=15&pre_page=%s&end_id=%s&_k=%s&_t=0&max_id=%s&pagebar=%s&uid=%s&__rnd=%s"
    % (page, (page), end_id, rnd+str(k_rnd+1), max_id, (lazyloadcount-1), userID,  getMillitime())
```

图 8-16　构造链接(修改前)

构造链接修改后如图 8-17 所示。

```
rnd = getMillitime()
k_rnd = random.randint(10, 60)
'''body={'__rnd':访问这一页面的时间，以秒表示的13位整数
        'end_id':为此页第一条微博的id
        'page':要访问的页码
        'pagebar':第二次是0，第三次是1，第一次没有这项
        'pre_page':第二次和第三次都是本页页码，第一次访问是上页页码}'''
if lazyloadcount==0:
    url ="http://weibo.com/p/100505%s/home?pids=Pl_Official_MyProfileFeed__22&is_search=0&visible=0
    &is_tag=0&profile_ftype=1&page=%s&ajaxpagelet=1&ajaxpagelet_v6=1&__ref=/p/100505%s/home&_t=FM_142910451081645"
    % (userID, page, userID)
else:
    url="http://weibo.com/p/aj/v6/mblog/mbloglist?ajwvr=6&domain=100505&is_search=0&visible=0&is_tag=0&profile_ftype=1
    &page=%s&pre_page=%s&max_id=&end_id=%s&pagebar=%s&filtered_min_id=&pl_name=Pl_Official_MyProfileFeed__22&
    id=%s&script_uri=%s&feed_type=0&domain_op=100505&__rnd=%s"
    % (page, page, end_id, (lazyloadcount-1), '100505'+userID, '/p/100505'+userID+'/home', getMillitime())
```

图 8-17　构造链接(修改后)

(2)因新浪微博改版,需要对正则匹配的代码部分进行修改。

①匹配微博的 mid 值。修改前:因为新浪微博未改版前原创微博与转发微博的 mid 在标签中的名称不同,所以需分别匹配,如图 8-18 所示。

修改后:改版后,原创微博与转发微博的 mid 在标签中的名称均为“mid”,所以可以同时匹配,如图 8-19 所示。

②匹配用户原创内容。匹配用户原创内容修改前如图 8-20 所示。

```
# pattern 匹配微博的mid值
pattern1 = re.compile(r'action-type=\\"feed_list_item\\"mid=\\"(\d+)\\"')
mids1=[]
mids1=re.findall(pattern1,content)
pattern2 = re.compile(r'action-type=\\"feed_list_item\\"act_id=\\"(\d+)\\"')
mids2=[]
mids2=re.findall(pattern2,content)
mids=[]
mids=mids1+mids2
mid=[]
for item in mids:
    if item not in mid:
        mid.append(item)
return mid
```

图 8-18　匹配微博的 mid 值修改前

```
# pattern 匹配微博的mid值
pattern = re.compile(r'action-type=\\"feed_list_item\\"diss-data=\\"\\"mid=\\"(\d+)\\"')
mids=[]
mids=re.findall(pattern,content)
return mids
```

图 8-19　匹配微博的 mid 值修改后

```
#pattern 匹配用户原创内容
pattern = re.compile(r'<divclass=\\"WB_text\\"node-type=\\"feed_list_content\\"nick-name=\S+?>\\n(\S+?)<\\/em>')
suboriginal=re.findall(pattern,content)
```

图 8-20　匹配用户原创内容修改前

匹配用户原创内容修改后如图 8-21 所示。

```
#pattern 匹配用户原创内容
pattern = re.compile(r'<divclass=\\"WB_textW_f14\\"node-type=\\"feed_list_content\\"nick-name=\S+?>\\n(\S+?)<\\/em>')
suboriginal=re.findall(pattern,content)
```

图 8-21　匹配用户原创内容修改后

③匹配用户转发内容。匹配用户转发内容修改前如图 8-22 所示。

```
#pattern 匹配转发内容
pattern = re.compile(r'<divclass=\\"WB_text\\">(\S+?)<\\/div>')
subtransweibo = re.findall(pattern,content)
```

图 8-22　匹配用户转发内容修改前

匹配用户转发内容修改后如图 8-23 所示。

```
#pattern 匹配转发内容
pattern = re.compile(r'<divclass=\\"WB_text\\"node-type=\\"feed_list_reason\\">(\S+?)<\\/div>')
subtransweibo = re.findall(pattern,content)
```

图 8-23　匹配用户转发内容修改后

④匹配转发人对被转发内容的评论。匹配转发人对被转发内容的评论修改前如图 8-24 所示。

```
# pattern 匹配转发人对被转发内容的评论
pattern=re.compile(r'<divclass=\\"WB_text\\"node-type=\\"feed_list_content\\">(\S+?)<\\/div>')
subtranscomment=re.findall(pattern,content)
```

图 8-24　匹配转发人对被转发内容的评论修改前

匹配转发人对被转发内容的评论修改后如图 8-25 所示。

```
# pattern 匹配转发人对被转发内容的评论
pattern=re.compile(r'<divclass=\\"WB_textW_f14\\"node-type=\\"feed_list_content\\">(\S+?)<\\/div>')
subtranscomment=re.findall(pattern,content)
```

图 8-25　匹配转发人对被转发内容的评论修改后

运行结果如图 8-26、图 8-27 所示。

```
1926659742:1489392882,1846906711,2551625114,2191580865,1581824151,1727473744,3791386103,1560964794,2357935683,1802537985,18330564
1991018403:3279139555,3947739858,1965733941,1802481315,2739526873,1772151817,1639251622,3942253325,1547318183,2610215507,23794389
1956216571:2966489133,2358411442,1893050553,1842451775,1669927744,1809851477,3900091207,1416704070,2185462427,2485187677,19002603
1317968407:1772929391,3236820654,1083079763,2147682822,3686880970,2403680087,1620262970,2845764850,2250464604,1829182761,26040399
2611526247:1772929391,3236820654,1083079763,2147682822,3871763455,2403680087,2845764850,2250464604,1829182761,2604039947,37599159
1893724794:1134206783,1940481242,1988089537,2869510713,1839558990,1910513701,1928952043,3423839670,1757484917,1690125563,21098031
1418771932:2516747435,3989994886,3393787522,3971976770,3963597007,3965641683,3967180752,2478299877,1803461311,2118975994,29938839
1224150163:1354670092,1779698474,1184639205,3144865787,2339867323,1624680014,1437126763,1901009865,1920107490,2207071914,17898457
2138173661:3044305580,1995534513,3494939133,1666315111,1631031437,2180306585,2003070685,3044986584,1733065113,1435744215,19299689
2009753993:2293462537,3938927293,1669437655,3918210320,1745989023,2566436962,2556931272,5024805808,1940232442,1764226885,15758233
2693694783:2303056785,1657809832,1742246423,1217113330,1701081555,2126485503,2266232692,3175626857,3808031101,1434733273,17383022
2128908815:3867819424,2303056785,1742246423,1217113330,1701081555,2126485503,2266232692,3175626857,3808031101,1738302243,21285964
2137696011:1795144287,1833181262,3517498851,2463236741,1306847877,2751708433,3264135494,1748576092,1898693831,1923214062,19525149
1780998661:3918577017,3558704030,2989978447,3294801671,3048440384,1699738862,3230505032,2986826421,3043988350,2714562613,32158338
1926267847:1845527195,1837001193,2013486750,3872175990,3207325534,2477164835,1733995684,1247766070,3826543123,1919355051,19562110
2368035420:2425570752,2477006673,2420972133,3043822624,3887230837,2013793350,1905240931,3833803417,2009270791,2788006763,26267835
3947997092:2565625942,1952425807,1909331810,1959093895,3877571044,1674905850,2671109275,2794905874,1752440394,1692905855,29205250
2002293714:3225352794,3229340054,2607382277,3852290006,3494939133,5028877117,1883426111,2314411321,2699300101,1435179703,17504579
2359650742:2287312954,1852186080,2835443470,2934050790,2082739923,2807926022,1773447822,2277397537,2351556994,2327809234,21348485
2682435000:2028581685,1924889807,1894915717,3822449011,2885842354,1967843621,3776723672,3592504785,1786026551,2758076911,20423168
1214738093:2368309257,1895401411,2316525472,1761752587,1266807735,1740312744,3044876612,3020591881,2389408723,2197473654,23969698
1912449717:3603019817,2875662450,3424470644,2450312035,3612278154,1847625153,2470578141,2478608485,3941548380,3361294684,28790830
2003205413:1775575757,2017908691,1971856191,2405696491,2187305560,2637810474,3501664024,1732000330,1843320132,1842870823,18335181
1305926195:3751084383,1995534513,1965733941,1214441753,1879238387,3824582881,1775564823,1790989331,2980252387,1366041135,18054844
1581806723:2133273644,2092349544,1419535461,1960028493,1796801632,2926085711,2673189931,2277185394,1440685917,2474914067,12768914
3516455050:1905107961,3044922000,2090477825,3045327742,2294395253,3169328744,3043731092,2613906993,2671109275,3044968972,30449876
1662776004:2091217571,2934325451,3180150123,2785659610,2837344394,2292750501,3196126570,3971686383,2838586300,3977746147,23375892
```

图 8-26　递归大规模抓取粉丝 ID 结果截图

	A	B	C
1	转发评论	转发微博发	转发微博内原创微博内容
2	//@村口的	gogoboi	#whowearswhat#林青霞60生日，换了四套Lanvin，大红大绿裸色挨个穿。美人迟暮要么拼命打肉毒，年轻得像妖怪；要么发疯一样穿少
3	@白雪Non	首都在线	支持香港学生罢课的邓紫棋，今年在大陆还有几场演唱会：10月10日，沈阳演唱会（沈阳奥体中心）；10月18日，广州演唱会（广州大
4	看完鼻子酸	桃子大福	从听到苏施黄那段听得我泪流满面的话开始我就想一定要去科莫湖。到了科莫湖发现它比我想像的大太多！依旧如果不是哥哥我也许一
5	4&5//	电影工厂	你觉得谁留胡子最性感？（1谢霆锋2陈柏霖3钟汉良4张国荣5梁朝伟6张震7吴秀波8吴彦祖9王力宏）
6	这蛋糕注定	慕_小倩	我们的生日蛋糕，如何下刀请大家出出主意，在线等挺急的#张国荣912生日快乐#
7	没相同经历	研究LCAS	晚安，Leslie～愿一切安好。想念您，无需纪念日。每一天想念您，已成为生活中的习惯。有人问我你究竟哪里好，这么多年我还忘不了
8	啊…半夜看	小南	【消息来自贴吧】上海庆生会最新传回，但是他没有在现场，而是从一个视频屏幕拍下来的。拿着的是一位六岁小荣迷画的Q版哥唐游
9	在蛋糕前为	姚晨	哥哥，终于我们都长大了，你怎么还没老…
10	曾经不理解	荣光小岸	你就算是和那个人分开了，但是你在这个地球里面，这个星球里面，遇见到这样的一个人，你会觉得你以前和他所有的事情是没有白费
11	来世还你今	致的999封	我欠了你太多太多张电影票和演唱会门票，我没有能力做别的，只能在每年的9月12日用一句"生日快乐"作为昔日的补偿、今宵的思念、
12	红姑还是那	Tam_Ka_M	@钟楚红Cherie@尚美巴黎CHAUMET@DolceGabbana@Jimmy-Choo巴黎古董年展2014
13	又见优雅老	V	本周五（12日）「哥哥」58冥，日本的「哥」迷每年都向哥哥送上千羽；今年的千羽以「向日葵-Sunflower」命名，向日葵大的花蕊，
14	梦到内河，	艺述英国	#表演艺术#男性舞者出演的天鹅与王子相爱，不可避免让人想到同性之爱。但马修伯恩的想象力并不局限于此。首演中主演天鹅的亚当
15	最后两张的	张叶的叶-	后来我接触了演戏之后。。。
16	得说牛哥前	今晚看啥	#王家卫专访梁朝伟#2005年《Interview》的九月号刊登梁朝伟的一篇专访，有趣的是采访者竟是王家卫本人，这是绝无仅有的专访。！
17	没事做真的	央视新闻	【美国百岁老人坚持上班73年】美国老人高德曼101岁了，而他的生日礼物就是像往常一样开车去上班。1941年以来，除二战时短暂停
18	@skyery梦	衔泥燕__	燕活动来了，门票传送门荣之爱•热情延续2014年北京庆生会。请仔细阅读活动贴，不接受拍下后退款。当天不对号入座，先到先得，
19	转发微博	清华南都	《如果让我重新读次研究生》王泛森院士（建议研究生看看）
20	//@猫仔和	nico7e	#LesliewasHere#StanleyPark,Vancouver,BCV6G1Z4,Canada.感谢温哥华摄影师RaymondChan（陈永安）：LRaymondChan:inlovingm
21	转发微博	南方人物周	【罗宾威廉姆斯我的抑郁船长】2009年，在电影《世界上最伟大的父亲》中，罗宾饰演的父亲兰斯克莱顿曾这样一段自我告白："我曾以
22	@白雪Non	新浪财经	【林毅夫：我和张维迎相反中国绝大多数政策是正确的】如果像维迎那样认为，除了保护产权、加强法治、维持社会秩序外，政府的其
23	//@村口的	magasa	人们不能接受一个喜剧演员（comedian）自杀，他们仿佛是生活在人间最后的天堂我们现在就像被告知，存在极乐世界的幻觉已经破灭
24	现在看到他	追人梁朝影	梁朝四口L14.08.11梁朝四口
25	闷声才能发	和讯网	【周永康曾直接干预顾雏军案亲自打电话不许放人】11日下午两点半，顾雏军的微博发布了一则微博，称"佛山中院继续肆无忌惮枉法抢
26	@白雪Non	麻辣情医吴	我对婚姻的看法：结婚不是现代人的必需品。如今婚姻带给个体的好处比任何时代都低，因为搭伙过日子+繁衍后代已经不是现代人对婚

图 8-27　获取任意用户微博内容截图

8.5 本章小结

本章阐述了新浪微博爬虫——WB-crawler 的需求分析、实现思路和重点技术问题的解决方法。WB-crawler 对微博内容、转发嵌入评论以及转发关系的挖掘,为第 9 章新浪微博情感倾向分析奠定基础。

第9章　新浪微博情感倾向分析

9.1 微博情感计算

9.1.1 基于语义距离的情感倾向分析模型 SO-SD

Turney 等人提出基于点互信息(Pointwise Mutual Information,PMI)计算文本中抽取的关键词和种子词的相似度来对文本的情感倾向性进行判别(SO-PMI 算法)。通过对词语在训练文本中的概率统计计算两个词语间的互信息 PMI。由于汉语词汇应用的灵活性,这种算法会带来数据稀疏问题。所以本章提出利用词语间的语义距离(Semantic Distance)来表示两词语间的互信息(本章利用 Cosine 距离来测量词语间的相似距离,Cosine 值越大相似度越高)。对于两个 n 维词向量 $\boldsymbol{a}(x_{11},x_{12},\cdots,x_{1n})$ 和 $\boldsymbol{b}(x_{21},x_{22},\cdots,x_{2n})$,语义距离 $SD(\boldsymbol{a},\boldsymbol{b})$ 表示为:

$$SD(\boldsymbol{a},\boldsymbol{b}) = \frac{\sum_{k=1}^{n} x_{1k}x_{2k}}{\sqrt{\sum_{k=1}^{n} x_{1k}^2}\sqrt{\sum_{k=1}^{n} x_{2k}^2}} \tag{9-1}$$

首先利用 Word2vec 训练出微博的词向量,然后利用基于语义距离的情感倾向分析模型 SO-SD 扩充基础情感词典建立微博空间情感词典。利用情感词的线性加和计算微博的整体情感态度。

情感词典的完备性与准确性是此种方法情感分类是否准确的决定性因素。本书利用大量微博内容训练 Word2vec 进行情感词的扩充和词向量的计算,建立专属微博空间的情感词典,进一步提高微博情感计算的准确性。图 9-1 为模型的流程图,本章利用 80% 的微博来训练 Word2vec,建立微博空间情感词典,用 20% 的微博来验证模型的准确性。为保证结果的准确性,用于训练和验证的微博均要随机抽取。

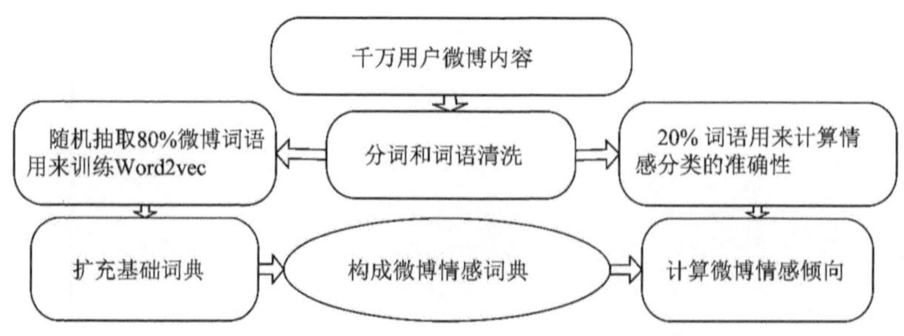

图 9-1 基于情感词典的微博情感计算流程图

9.1.2　基于 SO-SD 微博情感词典的构建

情感词是指具有情感倾向的名词、动词、形容词、副词以及短语等。在多数情况下,短文本的情感倾向由它包含的情感词决定,所以情感词的判定十分重要。根据情感态度分类,情感词分为正向情感词和负向情感词;根据情感词的来源分类,情感词主要分为基础情感词、网络情感词、微博空间情感词。图 9-2 为微博空间情感词典的构成。

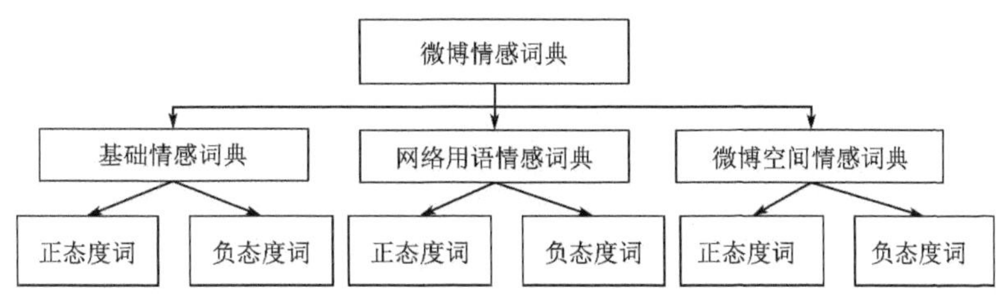

图 9-2　微博情感词典的构成

1)基础情感词典

选取知网的"情感分析词集(beta 版)"作为基础情感词典。去掉一些不常用的词后得到 755 个正态度词,1218 个负态度词,3360 个正向评价词,3028 个负向评价词。中文词语的情感倾向 Sentiment Orientation(SO)定义为对观点或评价的正向或负向态度。情感倾向有极性(P)和强度(I)两个属性。极性(P)表示正向、负向或中性的情感。强度(I)表示情感态度的大小,激烈的情感还是相对柔和的情感。词语(W)的情感倾向表示为:

$$\mathrm{SO}(W) = (P, I)$$

$$P \in (-1, 0, 1)$$

$$I \in (0, 0.5, 1)$$

在极性(P)集合中,-1 表示负态度,0 表示中性,1 表示正态度。在强度(I)中,数值越大表示情感态度越强烈。对于词语"狠毒",SO(狠毒).P = -1,SO(狠毒).I=1。

在 10 个志愿者的帮助下对基础词典中的词的极性和强度进行了人工标注,每个词至少要被不同的三个人进行标注,结果决定于多数人的标注意见。通过这一过程,可以较准确的得到基础情感词典中情感词的属性值。

2)网络情感词典

随着互联网的发展,网络用语飞速发展并渗透到生活中。网络用语没有规范的语法和形式,却表达着强烈的情感。所以,这些词语作为情感词典的一部分也起着不可或缺的作用。网络用语词典不会有既定的形式,因为网络用语还在不停地发展和变化中。本章从社交网络、BBS、博客、著名网站上收集使用频率较高的网络词语,这个过程应该以固定的时间段重复进行,并不断更新网络词汇情感词典。

3)微博空间情感词典

基础情感词典和网络用语情感词典仍不能满足本章研究的要求。因为中文词语的含义变化万千,同一个词语在不同语境中会出现完全不同的含义。所以,建立微博空间情感词典捕捉词语在微博空间中的用法对进一步提高微博情感分类的准确性就显得尤为重要。与网络用语词典相似的是,微博空间情感词典也不是一个固定的词语集合,需要不断扩充更新。

$$\mathrm{SO-SD(word)} = \sum_{\mathrm{pword} \in \mathrm{Pwords}} \mathrm{SD(word,pword)} - \sum_{\mathrm{nword} \in \mathrm{Nwords}} \mathrm{SD(word,nword)} \tag{9-2}$$

其中,Pwords = {正态度词集合};Nwords = {负态度词集合}。

将 0 设置为阈值(可以有上下部分浮动):

$$\mathrm{SO-SD(word)}\begin{cases} >0 & \text{正态度词} \\ =0 & \text{中性词} \\ <0 & \text{负态度词} \end{cases}$$

9.1.3 微博情感倾向的计算

在实际微博空间中,一条微博不只是含有情感词,还有表情符号、程度副词、感叹语气以及其他因素需要考虑。对微博的情感分析需要依赖于多个词典,如微博空间情感词典、否定词词典、副词程度词典。因为否定词和副词是相对固定的,可以从知网上直接下载这两部词典。经过各个要素的线性权重加和,可以得到微博的总的情感态度:情感极性(P)和情感强度(I)。

将微博以句为单位划分为 $S_1, S_2, \cdots, S_n$,一句中的情感词分别为 $W_1, W_2, \cdots, W_n$。句子 S_i 的情感倾向为:

$$\mathrm{SO}(S_i) = \sum_{i=1}^{n}[\mathrm{SO}(W_i).P \cdot \mathrm{SO}(W_i).I] \tag{9-3}$$

$\mathrm{SO}(W_i).P$ 表示词语 W_i 的情感极性,$\mathrm{SO}(W_i).I$ 表示情感强度同时也是情感值的权重。当句子中含有副词 D_i 和感叹词 I 时,句子的情感倾向计算公式为:

$$\mathrm{SO}(S_i) = W(I) \cdot \left\{\sum_{i=1}^{n}[\mathrm{SO}(W_i).P \cdot \mathrm{SO}(W_i).I \cdot W(D_i)]\right\} \tag{9-4}$$

$W(I)$ 表示感叹词 I 的权重。$W(D_i)$ 表示程度副词 D_i 的权重。如果词语 W_i 之前的表否定意义的词为奇数个,W_i 的极性反转。所以一条微博的情感倾向计算(SO)公式如下:

$$\mathrm{SO(Weibo)} = \sum_{i=1}^{n}\mathrm{SO}(S_i) \tag{9-5}$$

将 0 设置为阈值(可以有上下部分浮动):

$$SO(Weibo)=\begin{cases}>0 & \text{微博为正向情感}\\ =0 & \text{微博为中性情感}\\ <0 & \text{微博为负向情感}\end{cases}$$

9.1.4　实验结果分析

本章利用 WB-crawler 爬取千万微博内容。80% 的微博用来训练 Word2vec 得到词向量，利用如图 9-3 所示算法计算每个词语的情感极性(P)和情感强度(I)。利用三个阈值准确率(P)、召回率(R)和平衡点(F_1)，来衡量建立的微博情感词典的准确性：

算法名称：中文微博词语情感倾向计算算法
输入：微博词向量集合 vectors. bin
输出：词语情感倾向 SO 集合

```
利用70%分词后的微博内容训练Word2vec
得到vectors.bin 文件                                    // 训练出的中文词语词向量结果
For vectors.bin文件中的每个词W：
{
        IF中文词语W 在基础词典中： Pass;
        ELSE
        {
                执行指令'./distance vectors.bin'得到与W语义最相近的100个词语;
                寻找100个词语中在基础词典中出现的词语;
                IF 没有找到词语：
                        词语W的情感态度为中性;
                ELSE
                {
                        用公式（4-2）计算SO-SD(W) 并得到SO(W).P;
                        SO(W).I=SO(与W语义最相近的词).I;
                        将W放入微博空间情感词典中;
                }
        }
}
```

图 9-3　微博情感词分类算法

$$\text{准确率}(P)=\frac{\text{正确分类的词}}{\text{所有被分入此类的词(查准率)}}$$

$$\text{召回率}(R)=\frac{\text{正确分类的词}}{\text{所有应该属于此类的词(查全率)}}$$

准确率和召回率的平衡点来衡量总体效果(F_1)：

$$F_1 = \frac{2PR}{P + R}$$

微博情感词分类的准确性结果表示如表9-1所示。从表9-1可以看出,正态度和负态度词的分类可以取得更好的效果,这与词语本身的情感态度强度有关,情感态度越强的词拥有更准确的分类效果。并且实验结果优于基于HowNet的词汇语义倾向计算的平均84%的准确率。对剩下20%的微博进行情感倾向的计算,如表9-2所示能够达到平均80.6%的准确率,明显高于Turney使用SO-PMI模型得到的平均74.4%的情感分类准确率。

微博情感词分类的准确性结果表示 表9-1

情感词	准确率(P)	召回率(R)	F_1
正态度词	0.94	0.88	0.91
负态度词	0.96	0.89	0.92
中性词	0.87	0.92	0.89

微博情感分类准确率 表9-2

真实微博情感	情感分类结果		
	正情感微博	中性情感微博	负情感微博
正情感微博	84.3%	10.2%	5.5%
中性情感微博	12.8%	76.1%	11.1%
负情感微博	6.7%	12%	81.3%

虽然基于微博空间情感词典的情感分析方法达到80.6%的较高准确率,但是却不能识别出反讽或是具有隐含语义的微博真实情感,这涉及句子的组织结构以及一些特殊词汇的应用。然而在微博空间中,应更专注于这些具有隐藏含义的微博,当表达自己的情感时,用户倾向于用自己独特的方式来表达。为了达到识别隐藏情感的目的,引入利用神经网络的方法学习不同句法的深层结构从而识别多修辞、复杂句式结构微博的情感态度。

9.2 基于递归神经网络的微博情感分类

9.2.1 用递归神经网络表示句子含义

本章对微博隐含情感的挖掘模型基于递归自编码神经网络和Word2vec的词向量训练结果。图9-4展示了基于递归神经网络的情感分类模型,通过标记微博学习到句子的多层级结构然后将其应用到未标记微博中。训练得出递归神经网络中每个节点的向量表示,然后对最高层的节点进行 Softmax 回归得到其情感倾向。

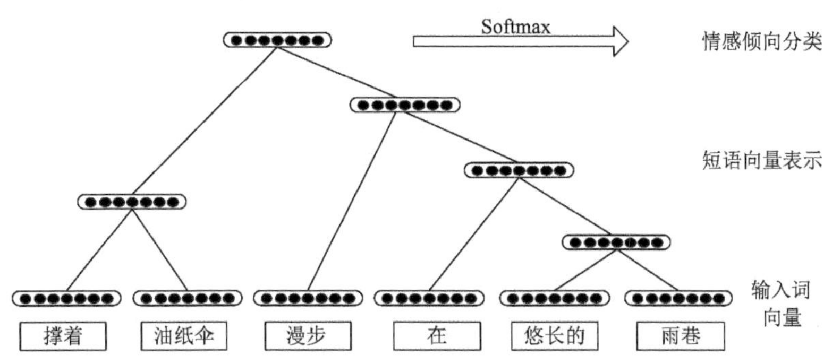

图 9-4 基于递归神经网络的情感分类模型

一个中文短句“撑着油纸伞漫步在悠长的雨巷”中包含 $n=6$ 个中文词语分别为“撑着”“油纸伞”“漫步”“在”“悠长的”“雨巷”。假设要求构造一棵二叉树来表示这个句子的句法结构,每个词语都是二叉树的叶子节点,并且有 $n-1$ 个非叶子节点。每个非叶子节点代表一个包含两个或多个连续词语的词组。用 d 维列向量 $\boldsymbol{R}_{\mathrm{d}}$ 表示二叉树的每一个节点,这个向量表示了对应词语或词组短语的含义。

利用 Word2vec 预先训练出微博词语的词向量,这些词向量含有句法和语义信息。同一个词语在不同句子中的向量表示是相同的。

一个二元词组的含义是它的两个组成词语的函数,这是语义的构成方法表示。假设二叉树中某节点 k 拥有孩子节点 i 和 j,他们的语义分别为 $\boldsymbol{X}_i,\boldsymbol{X}_j$。节点 k 的语义 $\boldsymbol{X}_k$ 表示为:

$$\boldsymbol{X}_k = h(\boldsymbol{W}[\boldsymbol{X}_i;\boldsymbol{X}_j] + b) \tag{9-6}$$

在公式(9-6)中 $\boldsymbol{W}$ 和 $\boldsymbol{b}$ 是需要训练出的参数。$[\boldsymbol{X}_i,\boldsymbol{X}_j]$ 表示向量 $\boldsymbol{X}_i$ 和 $\boldsymbol{X}_j$ 垂直相连接,因此 $\boldsymbol{W}$ 是一个 $d\cdot 2d$ 矩阵,$\boldsymbol{b}$ 是一个 d 维向量。函数 $h()$ 是一个逐点的 sigmoid 型函数将 d 维向量 $\boldsymbol{R}^d$ 映射到 $[-1,+1]^d$。

用监督式学习训练出参数 $\boldsymbol{W}$ 和 $\boldsymbol{b}$,需要知道训练句集的目标含义值。对句子进行训练得到含义值为 X_r,其中 r 是根节点,并且句子的真实含义值为 t,可以得到损失函数 $E=(t-X_r)^2$,利用梯度下降方法不断更新 $\boldsymbol{W}$ 和 $\boldsymbol{b}$ 来最小化 E。

9.2.2 无监督的自编码神经网络

因为很难知道句子的目标含义值 t,因此引入自编码神经网络方法,此时的训练目标变为重构输入向量,公式如下:

$$[\boldsymbol{Z}_i;\boldsymbol{Z}_j] = \boldsymbol{U}\cdot\boldsymbol{X}_k + \boldsymbol{c} \tag{9-7}$$

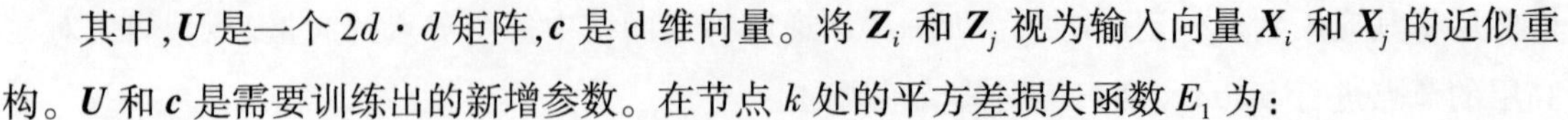

其中,$\boldsymbol{U}$ 是一个 $2d \cdot d$ 矩阵,$\boldsymbol{c}$ 是 d 维向量。将 $\boldsymbol{Z}_i$ 和 $\boldsymbol{Z}_j$ 视为输入向量 $\boldsymbol{X}_i$ 和 $\boldsymbol{X}_j$ 的近似重构。$\boldsymbol{U}$ 和 $\boldsymbol{c}$ 是需要训练出的新增参数。在节点 k 处的平方差损失函数 E_1 为:

$$\begin{aligned} E_1([\boldsymbol{X}_i;\boldsymbol{X}_j]) &= \| \boldsymbol{X}_i - \boldsymbol{Z}_i \|^2 + \| \boldsymbol{X}_j - \boldsymbol{Z}_j \|^2 \\ &= \| [\boldsymbol{X}_i;\boldsymbol{X}_j] - \boldsymbol{U} \cdot h(W[\boldsymbol{X}_i;\boldsymbol{X}_j] + \boldsymbol{b}) - \boldsymbol{c} \| \end{aligned} \tag{9-8}$$

整棵二叉树的损失函数为每个非叶子节点的损失函数之和。在每个非叶子节点都默认他的孩子节点含义的向量表示是正确的。通过 Word2vec 得到每个词固定的向量表示后,就可以利用梯度下降算法非监督学习出参数 $\boldsymbol{W},\boldsymbol{b},\boldsymbol{U},\boldsymbol{c}$。

通过 Word2vec 只能得到输入词向量而不能得到句子的二叉树结构。本章的无监督自编码递归神经网络的训练目标是最小化每个非叶子节点的重构损失。$A(x)$ 表示输入句子 x 所有可能的树结构。函数 $T(y)$ 返回以 s 为索引的所有非叶子节点的树结构。利用式(9-7)得到:

$$\mathrm{URAE}_\theta(x) = \underset{y \in A(x)}{\operatorname{argmin}} \sum_{s \in T(y)} E_1([\boldsymbol{X}_i;\boldsymbol{X}_y]_s) \tag{9-9}$$

利用贪心算法来构建表示句子结构的二叉树,即:对于一个含有 m 个词语的句子,递归调用自编码神经网络算法构建二叉树。在句子中取第一对相邻词向量,把他们作为一个词组的两个叶子节点$(C_1;C_2)=(X_1;X_2)$,将其组合作为自编码神经网络的输入向量。需要保留每一对的父亲节点 P 和重构损失。在计算完所有的相邻词语对后,选择重构损失最小的一对词语,其父节点 P 将成为非叶节点表示的词组,然后 P 将取代其两个孩子节点进入句子的词语列表中。重复这个过程,直到剩下最后一个根节点。举例来说,假设存在词语列表$(X_1;X_2;X_3;X_4)$,其中词语对$(X_3;X_4)$拥有最小重构损失。第一次遍历后词语列表变为$(X_1;X_2;P_{(3,4)})$,然后将 $P_{(3,4)}$ 看作一个词语,接下来的词组形式为$(X_1;P_{(2,(3,4))})$和$(P_{(1,2)};P_{(3,4)})$,最终的结果分别为 $P_{(1,(2,(3,4)))}$ 和 $P_{((1,2),(3,4))}$。

9.2.3 基于半监督递归自编码神经网络的微博情感分类

目前为止,本章讨论的方法是完全无监督的训练出表示句子结构和语义信息的向量。在这一部分中,本章将利用半监督递归自编码神经网络模型进行进一步的情感分类研究。假设每一个句子都有一个情感值表示正或负的情感态度,比如,句子"泰勒很性感!"的情感态度值为 +1,"泰勒过于卖弄性感"的情感态度值为 -1。

在利用非监督的递归自编码神经网络构造的二叉树中,每一个节点都有一个向量表示,这个向量可以被看作对词语或词组短语的特征描述。可以通过对每一个非叶子节点进行 Softmax 归一化处理来达到多分类的目的。向量 $\boldsymbol{X}_k$ 表示节点 k,假设 Softmax 结果向量为 r 维。利用多层次逻辑回归,预测得到的概率向量为:

$$\bar{p} = \text{softmax}(V \cdot X_k) \tag{9-10}$$

其中，参数 V 为 $r \cdot d$ 维矩阵。设 $\bar{t}$ 为用 0 和 1 表示的 r 维向量表示节点 k 的目标向量。预测的平方误差为 $\|\bar{t}-\bar{p}\|^2$，或者预测的损失对数表示为：

$$E_2(k) = -\sum_{i=1}^{r} t_i \log_2 p_i \tag{9-11}$$

假设一个句子的目标情感倾向值已知，预测值是根节点向量 X_r 的函数，也可以使预测值是任意非叶节点向量的函数。本章将变量设置为所有非叶节点的特征向量。这很好理解，句子的情感态度更多与词组短语有关而非单个词语。

对于 m 中情感倾向的句子集 S，将要进行最小优化的目标函数如下：

$$J = \frac{1}{m}\sum_{\langle s,t\rangle \in S} E(s,t,\theta) + \frac{\lambda}{2}\|\theta\|^2 \tag{9-12}$$

其中，$\theta=(W,b,U,c,V)$ 是所有参数集，λ 是归一化的强度值，$E(s,t,\theta)$ 是目标向量为 t 的句子 s 的总损失函数，其计算公式为：

$$E(s,t,\theta) = \sum_{k\in T(s)} \alpha E_1(k) + (1-\alpha)E_2(k) \tag{9-13}$$

其中，$T(s)$ 是句子 s 所有非叶子节点的集合。参数 α 决定了重构误差和情感倾向误差的相对重要性。E_1 和 E_2 表示节点损失函数，E 表示整句损失函数。

本章利用训练出的根节点向量进行情感分类。对根节点进行 Softmax 归一化处理通过多层次逻辑回归确定微博的情感倾向。

9.2.4　实验结果分析

本章以 200 万微博内容为样本，利用 Word2vec 训练出的词向量作为输入，用 80% 的微博训练模型，20% 进行情感倾向分类和结果分析。本书将微博的情感态度分为三类：正向情感、负向情感和中性情感。一条微博由一句或多句组成，通过对句子进行线性加和得到整条微博的情感倾向。

为了和以往情感分类方法进行对比，选取以下三种具有代表性的以往情感分类方法（表 9-3）：

（1）二进制词袋法。对二进制词袋表示的句子进行逻辑回归。

（2）支持向量机分类法。利用 SVM 模型对文本进行情感分类。

（3）情感词典分类法。在本章上一部分提到的方法。

不同方法情感分类的准确率对比　　表 9-3

情感分类方法	准确率	情感分类方法	准确率
二进制词袋法	46.4%	情感词典分类法	80.6%
支持向量机分类法	78.4%	递归神经网络法	92.4%

为了验证模型挖掘不易从字面挖掘的隐含情感的效果，本书选择了三种用以往方法难以分类正确的微博，见表9-4。

隐含情感微博分类及举例 表9-4

微博类型	举例
反讽微博	"布什政府真是太棒了！他们可以搞砸任何事"
有强烈情感但无明显情感词微博	"在这个注重外表的社会中，我会依旧践行自己的原则"
多重否定微博	"如果他不是对其他人都不好，我将不会知道他对我的好"

现各抽取1 000条上述三种微博，验证各种方法的情感分类准确率，如图9-5～图9-7所示。

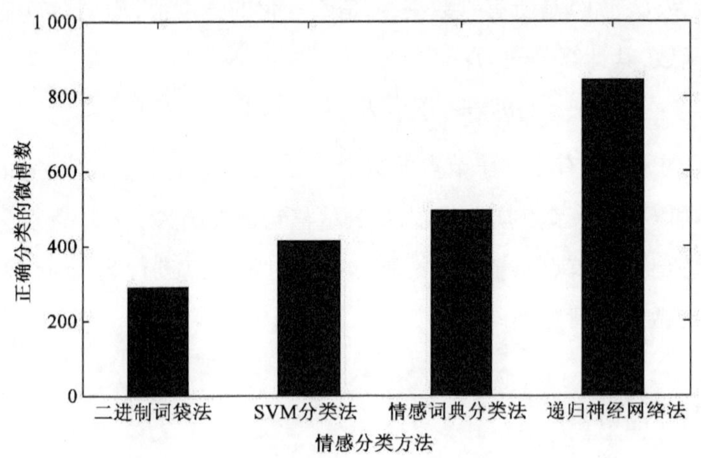

图9-5 反讽微博的情感分类结果

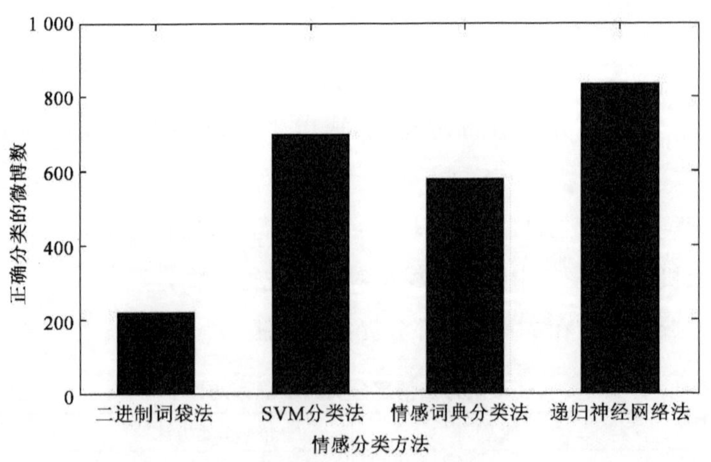

图9-6 有强烈情感但无明显情感词微博的情感分类结果

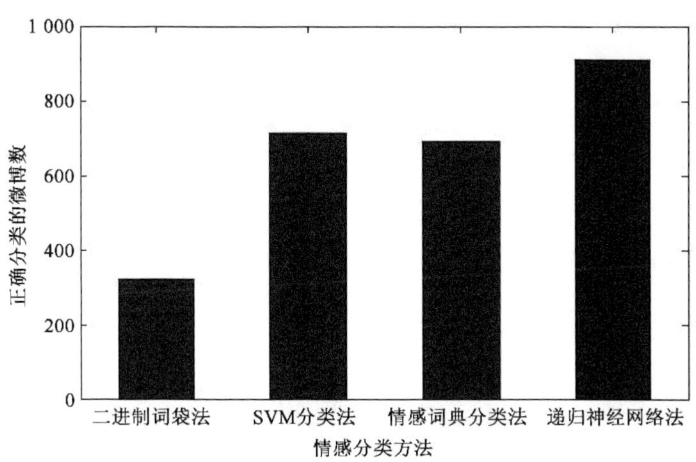

图9-7　多重否定微博的情感分类结果

由此可以看出，半监督递归自编码神经网络方法对微博情感倾向分类准确性明显高于以往方法，在挖掘微博的隐含情感方面表现更加突出。

9.3　本章小结

本章提出两种微博情感分类的改进算法。在基于情感词典的微博情感分析方面，利用SO-SD和Word2vec的结合扩充基础情感词典建立微博空间情感词典，然后利用情感词的线性加和计算微博的整体情感态度，取得较高情感分类准确率。对于隐含情感的微博，提出基于半监督递归自编码神经网络情感分类方法，通过标记微博学习到句子的多层级结构然后将其应用到未标记微博中。训练得出递归神经网络中每个节点的向量表示，然后对最高层的节点进行Softmax回归得到其情感倾向。此方法对特殊修辞或隐含情感的微博情感分类具有良好效果。

本章介绍了新浪微博爬虫WB-crawler的开发并用其获取海量微博内容，突破了现有软件对获取微博内容及数量上的限制。爬虫对微博转发评论内容及关系的获取，为用户聚类分析和微博情感态度的分析奠定了基础。

聚类分析方面，运用Word2vec和K-means算法相结合的方法对微博用户进行聚类，得到很好的结果，挖掘并验证了新浪微社群的特点。情感分析方面，在基于情感词典的微博情感倾向计算部分，提出基于语义距离的情感倾向分析模型SO-SD，利用SO-SD和Word2vec建立微博情感词典,提高了情感词识别的准确性和微博情感分类的准确性;在基于神经网络的微博情感分类部分,提出在 Word2vec 训练集基础上的半监督递归自编码神经网络算法,考虑句子的句法和语法结构构建二叉树,在挖掘微博的隐含情感方面取得了良好的实验结果。

在微博情感分析的研究中,本章只是把情感大致分为三类,即正向情感、中性情感和负向情感。而在现实生活中,人们的情感类别是多种多样的,用三种情感去做分类有一定的局限性。在后期研究中,将进一步研究复杂情感并且进行对一条微博中所包含多种情感态度的研究,使研究的情感分析模型进一步向纷繁复杂的实际情况靠近。

本章参考文献

[1] CoxMD J, Davison R G. Concepts, activities and issues of policy based communications management[J]. BT Technology Journal, 1999, 17 (3).

[2] Lutfiyya Hanan L , Bauer Michael A , Stokes David K. Fault management in distributed systems: a policy-driven approach[J]. Journal of Network and System Management, 2000, 8 (4).

[3] Lupu E C, Sloman M. Conflicts in policy based distributed systems management[J]. IEEE Transactions on Software Engineering, 1999, 25 (6).

[4] Special issue on policy based management of networks and services[J]. Journal of Network and System Management. 2003, 11 (4).

[5] Raz Danny, Shavitt Yuval. Active networks for efficient distributed network management[J]. IEEE Communications Magazine, 2000, 38 (3).

[6] Thomas M Chen, Stephen S Liu. A model and evaluation of distributed network management approaches[J]. IEEE Journal on Selected A reas in Communications, 2002, 20 (4).

[7] Kato Nei, Ohta Kohei, Nemo to Yoshiaki. Aproposal of event correlation for distributed network fault management and its evaluation[J]. IEICE Transactions on Communications, 1999.

[8] Special issue on distributed management[J]. Journal of Network and System Management, 2003.

[9] Paolo Bellavista, Antonio Corradi, Cesare Stefanelli. An open secure mobile agent framework for systems management [J]. Journal of Network and Systems Management, 1999, 7 (3).

[10] Damianos Gavalas, Dominic Greenwood, Mohammed Ghanbari, et al. Implementing a highly scalable and adaptive agent based management framework [C]. Global Telecommunications Conference, 2000.

[11] Hajji Hassan, Far Beh rouz Honayoun. Distributed software agents for network fault management [J]. IEICE Transactions on Information and Systems, 2000, 20(4).

[12] Bohoris C, Pavlou G, Cruick shank H. Using mobile agents for network performance management [J]. Network Operations and Management Symposium, 2000.

[13] Symeon Papavassiliou, Antonio Puliafito , Orazio Tomarchio, et al. Mobile agent based approach for efficient network management and resource allocation: framework and application [J]. IEEE Journal on Selected Areas in Communications, 2002, 20 (4).

[14] http://www. nets-find. net.

[15] Huang D, Cao Q, Amit Smar, et al. New architecture for intra-domain network[J]. Communications of the ACM. 2006, 49(11): 64-72.

[16] Clark, D, Blumenthal, Marjorie S. The end-to-end argument and application design: the role of trust[J]. TPRC, 2007.

[17] http://cleanslate. stanford. edu.

[18] http://www. nets-find. net/index. php.

[19] http://www. geni. net.

[20] Chen Y, David B, Randy H. Algebra-based scalable overlay network monitoring: algorithms, evaluation and applications[J]. IEEE/ ACM Transaction on Networking, 2007, 15(5): 1084-1097.

[21] Rubio-Loyola J, Astorga A, Serrat J, et al. Platforms and software systems for an autonomic internet[C]. IEEE Globecom, 2010.

[22] Tselentis G, Galis A, Gavras A, et al. Towards the future internet - emerging trends from european research[M]. IOS Press, 2010.

[23] Rubio-Loyola J, Astorga A, Serrat J, et al. Manageability of future internet virtual networks from a practical viewpoint-in "Towards the future internet - emerging trends from european research" [M]. IOS Press, 2010.

[24] Jennings B, Brennan R, Donnelly W, et al. Challenges for federated, autonomic network management in the future internet[R]. Integrated Network Management-Workshops, 2009.

[25] Ballani H, Francis P. A step towards network manageability[C]. ACM SIGCOMM, 2007.

[26] Zafar M, Baker N, Moltchanov B, et al. Context management architecture for future internet services[C]. ICT Mobile Summit, 2009.

[27] Prieto A-G, Dudkowski D, Meirosu C, et al. Decentralized in-network management for the future internet[C]. Communications Workshops, 2009.

[28] Nate Foster, Rob Harrison, Michael J. A high-level language for open flow networks[C]. Proceedings of the Workshop on Programmable Routers for Extensible Services of Tomorrow, 2010.

[29] Min Zhu, Rajiv Ramanathan, Yuichiro Iwata, et al. Onix: A distributed control platform for large-scale production networks[C]. october, OSDI'10: Proceedings of the 9th USENIX conference on Operating systems design and implementation, 2010.

[30] Paul Subharthi, Pan Jianli, Jain Raj. Architectures for the future networks and the next generation Internet: Asurvey[J]. Computer Communications, 2011.

[31] Martín Casado , Michael J Freedman , Justin Pettit, et al. Rethinking enterprise network control[J]. IEEE/ACM Transactions on Networking, 2009, 17(4): 1270-1283.

[32] Nick McKeown, Tom Anderson, Hari Balakrishnan, et al. Enabling innovation in campus networks[J]. ACM SIGCOMM, Computer Communication Review.

[33] Richard Wang, Dana Butnariu, Jennifer Rexford. Open flow-based server load balancing gone wild, Proceedings of the 11th USENIX conference on Hot topics in management of internet, cloud, and enterprise networks and services[C]. Boston, MA, 2011.

[34] Ankur Kumar Nayak, Alex Reimers, Nick Feamster, et al. Dynamic access control for enterprise networks[C]. Proceedings of the 1st ACM workshop on Research on enterprise networking, 2009.

[35] Albert Greenberg, James R. Hamilton, Navendu Jain, et al. A scalable and flexible data center network[C]. Proceedings of the ACM SIGCOMM 2009 conference on Data communication, 2009.

[36] Ali Mashtizadeh, Emré Celebi, Tal Garfinkel, et al. The design and evolution of live storage migration in VMware ESX[C]. Proceedings of the 2011 USENIX conference on USENIX annual technical conference, 2011.

[37] Jeffrey C Mogul, Jean Tourrilhes, Praveen Yalagandula, et al. Cost-effective flow management for high performance enterprise networks[C]. Proceedings of the Ninth ACM SIGCOMM Workshop on Hot Topics in Networks, 2010.

[38] Changhoon Kim, Matthew Caesar, Jennifer Rexford. A calable ethernet architecture for large enterprises[C]. Proceedings of the ACM SIGCOMM 2008 conference on Data communication, 2008.

[39] Hemant Gogineni, Albert Greenberg, David A Maltz, et al. An Autonomic Network-Layer Foundation for Network Management[J]. IEEE Journal on Selected Areas in Communications, 2010, 28(1).

[40] Bob Lantz, Brandon Heller, Nick McKeown. Rapid prototyping for software-defined networks [C]. Proceedings of the Ninth ACM SIGCOMM Workshop on Hot Topics in Networks, 2010.

[41] Matthew Caesar, Donald Caldwell, Nick Feamster, et al. Design and implementation of a routing control platform[C]. Proceedings of the 2nd conference on Symposium on Networked Systems Design & Implementation, 2005.

[42] http://www.ontologyportal.org.

[43] http://nmgroup.tsinghua.edu.cn.

[44] Greenberg A, Hjalmtysson G, Maltz D A, et al. A clean slate 4D approach to network control and management[J]. SIGCOMM CCR 35, 2005.

[45] Matthew Caesar, Donald Caldwell, Nick Feamster, et al. Design and implementation of a routing control platform[C]. Proceedings of the 2nd conference on Symposium on Networked Systems Design & Implementation, 2005.

[46] Martin Casado , Tal Garfinkel , Aditya Akella , et al. A protection architecture for enterprise networks[C]. Proceedings of the 15th conference on USENIX Security Symposium, 2006.

[47] Martin Casado, Michael J Freedman, Justin Pettit, et al. Taking control of the enterprise[C]. Proceedings of the 2007 conference on Applications, technologies, architectures, and protocols for computer communications, 2007.

[48] Natasha Gude, Teemu Koponen, Justin Pettit, et al. Towards an operating system for networks [J]. ACM SIGCOMM Computer Communication Review, 2008, 38(3).

[49] Xu Chen, Z Morley Mao. A platform for automated and controlled network operations and configuration management[C]. CoNEXT'09 Proceedings of the 5th international conference on Emerging networking experiments and technologies, 2009.

[50] R Jain. Ten problems with current internet architecture and solutions for the next generation [C]. Proceedings of Military Communications Conference (MILCOM 2006), Washington, DC, 2006.

[51] Min Zhu, Rajiv Ramanathan, Yuichiro Iwata, et al. A distributed control platform for large-scale production networks[C]. OSDI10: Proceedings of the 9th USENIX conference on Operating systems design and implementation, 2010.

[52] Greenberg A, Hjalmtysson G, Maltz D A, et al. A clean slate 4D approach to network control and management[J]. SIGCOMM CCR 35, 2005.

[53] Matthew Caesar, Donald Caldwell, Nick Feamster, et al. Design and implementation of a routing control platform[C]. Proceedings of the 2nd conference on Symposium on Networked Systems Design & Implementation, 2005.

[54] Martin Casado , Tal Garfinkel , Aditya Akella, et al. A protection architecture for enterprise

networks[C]. Proceedings of the 15th conference on USENIX Security Symposium, 2006.

[55] Martin Casado, Michael J Freedman, Justin Pettit, et al. Taking control of the enterprise[C]. Proceedings of the 2007 conference on Applications, technologies, architectures, and protocols for computer communications, 2007.

[56] Natasha Gude, Teemu Koponen, Justin Pettit, et al. Towards an operating system for networks [J]. ACM SIGCOMM Computer Communication Review, 2008, 38(3).

[57] Hemant Gogineni, Albert Greenberg, David A Maltz, et al. An autonomic network-layer foundation for network management[J]. IEEE Journal on Selected Areas in Communications, 2010, 28(1).

第10章 新浪微博数据全息采集与向量化处理

10.1 数据采集与处理现状

随着 Web2.0 网络应用与移动终端设备的发展,Twitter、Facebook、微博、人人网等社交软件兴起并飞速发展。目前,这些社交软件,已经成为人们跨越空间进行日常交流的主要平台。人与人之间以这些社交软件为媒介进行有目的的信息交流,从而产生关系网络,这种以人和人与人之间关系构成的社会网络结构,在学术上称之为社交网络。社交网络(Social Network)指人与人之间、组织与组织之间为达到特定的目的进行信息交流而形成的关系网,基本上由节点和关系(边)两大部分组成。相比传统网络,社交网络具有信息传播迅速、数据内容丰富、用户主题性强等特点。这些特点使其越来越为网民所青睐。截至 2013 年 4 月,约有一半以上的中国网民通过社交网络沟通交流、分享信息,社交网络已成为覆盖用户最广、传播影响最大、商业价值最高的 Web2.0 业务。社交网络巨大的发展潜力更是一度被国内外各大风投机构与公司看好,纷纷注资。社交网络的概念来源于社会学,自提出以来就引起了国内外学者的广泛关注,到目前为止,社交网络的研究热潮仍未退去。微博(Microblog)作为中国重要社交软件之一,更是国内学者研究的热点。微博是近年来新兴的一种网络服务,它是一种基于互联网的交流工具,允许用户之间交换短篇内容,如句子、图像和视频链接等。用户可以通过电脑或移动终端发布 140 字(包括标点符号)的文字,并实现及时分享。微博具有简单便捷、支持开放多平台接入方式、消息更新传播速度快等特点。截至 2013 年上半年,新浪微博注册用户达到 5.36 亿,2012 年第三季度腾讯微博注册用户达到 5.07 亿,微博成为中国网民上网的主要活动之一。各领域的科研人员在社交网络现有研究基础上,开展了大量与微博相关的理论和实践研究工作。

数据是互联网中重要资源之一,海量数据中蕴含着巨大的潜在价值,深入挖掘这些数据对于舆情监测、企业决策与推广、信息传播与预测均具有重要的意义。社交网络中,用户相互之间分享兴趣、知识、观点等形成的海量即时数据更具有重要研究价值。

社交软件的广泛应用使得人们对于突发事件可以进行即时评论,这种短时间内迅速膨胀爆发的信息可以造成重大的社会影响,如能对这些信息进行监控和预测,国家和政府可以更准确地了解公众态度,进而更有针对性地进行舆情引导并消除潜在危机。此外,由于社交网络具有的媒体属性、社交属性、渠道属性和平台属性,越来越多的企业商家将社交网络作为提升品牌的名气、推广新产品和新服务、公关和改进客服的平台。在这个过程中,社交网络数据收集与向量化语义计算可以大大提高理解客户信息及投放广告的精确性。有效的分析和挖掘微博中复杂的用户关系不仅可以激发、助推和引导社会事件的发展趋势,还可以准确、高效地为具有共同兴趣爱好的微博用户群体进行个性化推荐，甚至可以大大降低企业和消费者的交易成本，推动企业营销模式的不断创新。

在社交网络研究方面，一些研究成果近年在 WWW、SIGIR 和 ACL 等重要会议上发表。国外对社交网络的研究主要集中在对 Twitter 的研究上。Teutte 等人从网络动态性的角度对 Twitter 进行了分析，包括出入度的增长、网络密度和介数等参数来描述微博网络的变化。Meeyoungcha 等人对 Twitter 的传播特性进行了分析，通过对大量的 Twitter 数据进行研究，对网络的入度、微博转发和引用三个参数进行比较，研究用户与用户之间的距离。

在向量化语义计算研究方面，目前国内外常用的词向量表示方法有两种。一种是 one-hot representation，即用一个 K(K 为词典的大小)维向量来表示一个词，向量的分量只有一个，其他都为 0。另一种是 Distributed Representation，它最早是由 Hinton 于 1986 年提出的，其基本想法是：通过训练将某种语言中的每一个词映射成一个固定长度的短向量。目前，常用的生成词向量的途径是利用神经网络算法。词向量和语言模型在训练结束后同时得到。用神经网络来训练语言模型的思想最早由百度 IDL(深度学习研究院)的徐伟提出，其论文《Can Artificial Neural Networks Learn Language Models》提出一种用神经网络构建二元语言模型(即 P(wt|wt-1))的方法。Bengio 于 2003 年发表在 JMLR 上的《A Neural Probabilistic Language Model》是这方面的经典文章。Ronan Collobert 和 Jason Weston 在 2008 年的 ICML 上发表的《A Unified Architecture for Natural Language Processing: Deep Neural Networks with Multitask Learning》里面首次介绍了他们提出的词向量的计算方法，并用生成的词向量完成 NLP 里面的各种任务，比如词性标注、命名实体识别、短语识别、语义角色标注等。此外，还有一系列相关的研究工作，其中包括谷歌 Tomas Mikolov 团队的 Word2vec。谷歌团队利用二叉树大大降低了语言模型训练及词向量获得所需的计算复杂度，同时获取的词向量线性更好。谷歌团队利用这种方法开发了一种词典和术语表的自动生成技术，能够把一种语言转变成另一种语言。该技术利用数据挖掘来构建两种语言的结构模型，然后加以对比。每种语言词语之间的关系集合即“语言空间”，可以被表征为数学意义上的向量集合。在向量空间内，不同的语言享有许多共性，只要实现一个向量空间向另一个向量空间的映射和转换，语言翻译即可实现。该技术效果对英语和西语间的翻译准确率高达 90%。

10.2　微博全息透视

网际空间(Cyberspace)的内容及其影响力关乎社会和谐稳定，引起了国家的高度关注，十八大报告中明确提出要“构建和发展现代传播体系，提高传播能力”。网络舆情是网络内容的规律化体现。“风起于青萍之末”，网络舆情容易引起群体的广泛关注，形成特定信息在短时间内迅速膨胀而爆发，从而造成重大社会影响。微博是继博客之后影响舆情的最重要的网络信息传播形式。微博是微型博客(Microblog)的简称，是基于用户关系进行信息分享、传播以及获取的平台。用户可通过各种客户端组建个人社区，以140字左右的文字更新信息，并实现即时分享。微博的简便性、传播媒体的多样性以及微博主之间的可互动性推动了微博产业的蓬勃发展。高实时性、裂变式扩散速度和强大的舆论引导效用使其具有不可低估的社会影响力。这种超短的网络信息迸发出的巨大社会影响力，使得对微博这一虚拟社会的社会性分析具有重要的现实意义。

挖掘微博参与社会管理进程中的正能量传递效用并不断完善使之最大化是微博运营的新使命。本章所述社会管理建立在其广义定义基础上，主要是指政府和社会组织对社会生活、社会结构、社会制度、社会事业和社会观念等各个环节进行组织、协调、服务、监督和控制的过程。新型社会管理在管理主体与管理方式上都有待突破，而微博的双向传播互动机制使其具有区别于以往单向传播媒体的灵活性和强大的社会影响力，为问题的解决提供了平台便利性、参与主体广泛性与管理方式的多样性，在推动社会正能量传播方面具有无限潜力。

根据里德定律(Reed's law)，“随着联网人数的增加，旨在创建群体的网络的价值呈指数级增加”。当前微博用户群体庞大且仍在持续增长，截至2012年12月底，仅新浪微博注册用户就超过5亿，而同期网民数量为5.64亿。微博信息瞬间即可转发几百万甚至上千万条。实时性、传播高效性及低成本性使各界争相进入。草根大众通过微博发声，名人明星通过微博塑形，商务人士运用平台进行微博营销，政府部门借助微博倾听民声、关注社会动态。对微博内容的正确分析有利于政府和社会科学决策，有的放矢，减少资源损耗，推动社会管理改革。微博分析及其应用已成为社会管理与发展的一项重要课题。

大量资料表明，微博研究多采用问卷调查、跟踪特定微博、个案分析、对象访谈等形式。此类方法通过在调查中加入特定问题获取博主个人观点，可得出微博文本本身未直接传递的信息，但也存在主观性大、调查对象对研究结果影响大、调查范围难以覆盖等局限性。随着微博用户数量的激增，一些占比极低却又不容忽视的群体的存在使得有限问卷调查局限性增大。基于海量数据处理分析得到的结果则具有更强的说服力。统计所得数据直接反映用户行为规律特征，而基于文本分词的关键字提取则可反映社会动态与社会主流文化特征。

以占据微博绝大部分市场的新浪微博数据为基础，本研究过程包括微博信息采集、数据处理、结果分析三大阶段。为实现对微博用户与微博内容的分析，采集信息包括用户个人信息与最具影响力的微博内容两大部分。用户个人信息采用计算机生成1000万随机数作为目的账号。由于新浪微博用户账号并非顺次编排，剔除账号不存在的无效页面后得到有效用户信息

1291337 条。分析最具影响力的微博内容意在研究微博主流元素,从社会文化的各个层面挖掘用户情感及行为特征,把握平台舆论传播特性。故微博内容的选取必须具有典型性与代表性,具备较强的传播力,能引发大众产生共鸣,具体表现为评论、转发数高等。新浪微博推出的热门微博应用正好满足这一需求。其将微博上最热门的信息汇总呈现,以热度为标准进行排序。热度数值是综合转发用户传播力、微博总转评数、微博内容信息量等各项因素,通过一套公式计算得出。热门微博每日推出 100 条当日热度最高的微博,并按娱乐、财经、科技、时尚、健康、体育、文化、星座、幽默、哲言、社会、视频分类。鉴于科技、健康板块推出时间比其他板块晚两个月,故采集数据包括 2012 年 11 月 1 日 ~2013 年 3 月 12 日的科技、健康信息各约 1.3 万条以及 2012 年 9 月 1 日 ~2013 年 3 月 12 日共历时 6 个月的其余模块信息各约 1.9 万条。

数据处理与统计由程序完成以降低人工处理统计出错率,充分挖掘数据信息。数据处理采用文本解析、自动统计、提取关键字的方式,处理结果以图表显示并通过分析获取有效结论。需要说明的是,尽管抽取的样本数量较大,但某些项目占总人数比例过低,为突出不同群体在实际庞大用户群的差异,本章在表示部分数据之间的关系时显示实际数据,比例差距可通过图示化判断,读者若对特定数据比例有需求可自行计算。除却上述程序随机抽样并统计分析的方法,本书还辅以文献分析与个案分析,展现微博平台在社会管理领域发挥的正能量传递效用,并对现存问题提出改进意见,旨在多方位挖掘信息,提高文章深度与饱和度。

10.3 微博用户特征分析

10.3.1 基于用户活跃性的微博受众趋势分析

分析微博用户的基本信息,必须考虑到账号的活跃性问题。对于长久不用、活跃性极低的账号,可能影响决策者对受众分布的判断,需予以剔除。用户的活跃性应综合考虑登陆天数,实际转发评论微博数等。新浪微博评定指标中的用户"活跃天数"由在线时长及发表微博数共同确定,并通过用户等级直观反映,故可根据用户等级判断活跃性。微博用户等级分布如图 10-1所示。

由图 10-1 知,绝大部分用户活跃天数小于 3 天,若将此类用户视为非活跃用户,则占比 70.56%,而截至 2012 年 8 月,新浪公布的注册用户为 3.65 亿,活跃用户超过 1 亿,得出非活跃用户占比约为 72.60%,二者接近。一方面,非活跃用户的占比反映出新注册用户流失比例大,暗示此部分用户可轻易放弃账号,故新浪通过信用评级屏蔽低信用账号进行监管约束的方法对此类用户约束力不大,网络舆情监管不可放松,而用户比例随着等级上升逐渐减少,体现平台吸引力仍需加强;另一方面,微博用户基数大,用户总数稳步上升,体现平台强大的发展前景与影响力。截至 2012 年 12 月,新浪官方公布注册用户已超过 5 亿,日活跃用户数达到 4 620 万。根据艾瑞咨询最新统计数据,2011 年第一季度至 2012 年第三季度,微博浏览时长稳步上升,已超过社区、独立 SNS、博客等主要社交细分服务以及新闻资讯、网页搜索、媒体首页等主要网络服务,位居榜首。可以预见,随着时间推移,低等级用户逐渐向高等级迁移,而高等级用户长期形成的交际圈又将导致其退出与平台迁移成本增大,现存用户等级长尾分布局面将被扭转,用户黏性增强,微博受众数将持续增长。

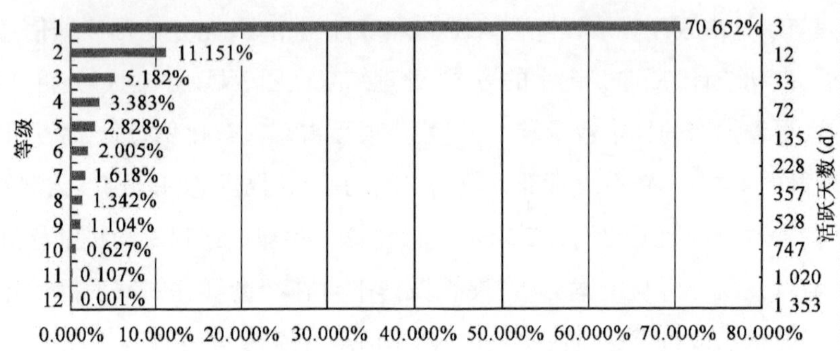

图 10-1 微博用户等级分布❶

10.3.2 用户性别与用户忠诚度关联性

高忠诚度用户对微博平台发展、信息传播力有着重要推动作用。忠诚度高的用户使用微博时间长,自身影响力与受舆论影响度均大于低忠诚度用户。对这类用户行为特征的分析有利于信息的精准推送与社会舆论方向的引导。用户忠诚度可通过用户对平台的依赖性反映,而高等级对应高使用时长,故可用用户等级表示忠诚度。分析发现,性别与忠诚度关联性较强。采集到数据的男女总比例❷为 153∶100,远超我国实际男女比例❸ 105.17∶100 及中国网民男女比例❹ 126.24∶100。随着等级升高,比例下降,女性用户数逐渐超越男性用户。虽然高等级男女比例总体均衡,但随着样本容量的扩大,实际数量差距加大。此外,图 10-2 很好地解释了目前学者关于男性居多和女性居多两种截然不同的研究结果,主要由于前者采用直接面向微博账号的简单抽样统计,后者通过问卷调查、对象访谈等面向的是活跃用户。

❶新浪微博运行于 2009 年 8 月 14 日,截至本书写作日期的时间跨度不到 3 年,故采集到的最高等级仅为 12 级。

❷对应等级“等级 1 及以上”。

❸数据来源:国家统计局,2011 年。

❹数据来源:中商情报网,2012 年。

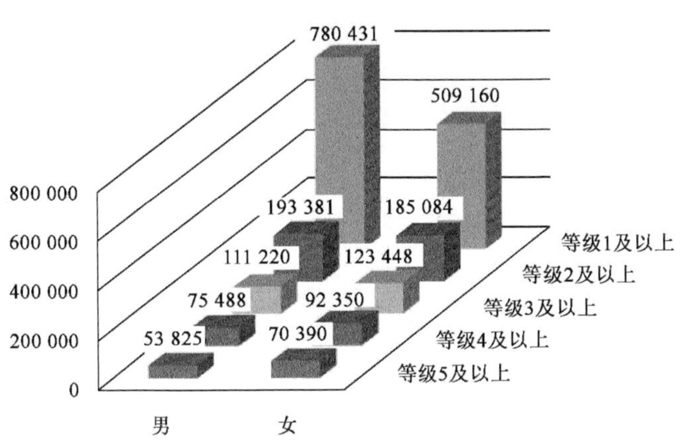

图 10-2　对应级别以上用户男女比例

图 10-2 中女性所占比例随等级上升而升高反映出女性对微博的黏性更大，忠诚度更高。图 10-3 进一步验证了此结论（等级 12 人数太少不纳入比较范围）。初接触微博的用户中，男性会流失很大一部分，而女性则慢慢沉淀，等级升高。对于希望通过平台发布政策、通知并与当地公民保持持续互动的政务微博而言，应注意到女性的高忠诚度可以使信息传播对象更为稳定，保证一定受众面，确保信息有效扩散。在运营手段上，可通过节日问候、适时发布女性权益保障条款与维权案例、摆脱僵硬的官方新闻化语言风格并适当植入感性因素吸引眼球，提高亲切感。

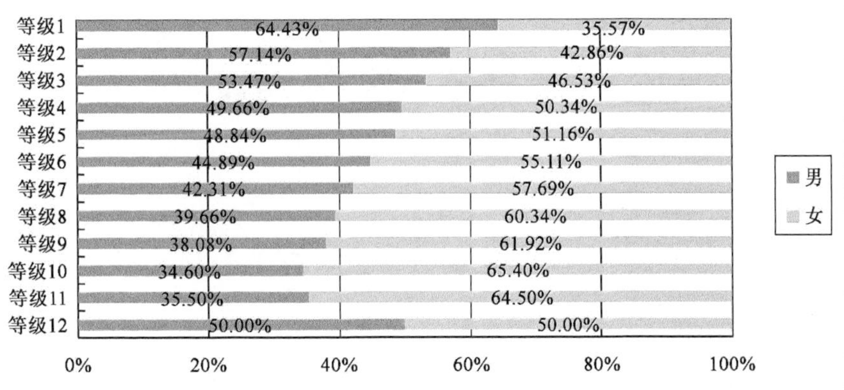

图 10-3　对应级别内部男女比例

10.3.3　用户地区分布与经济发展状况关联性

了解微博用户主要的地域分布是将微博与实践结合的条件之一。在用户集中的地区，微博形成的社区覆盖面更广，传播效力更高，效果更明显，影响力更大。如图 10-4 所示的用户数排名2、3的广东省和北京市,政府在其官方微博上对本省市居民发布新的通知、提醒等产生的传播效果要远好于西藏等地。

不难发现,微博使用地区分布与经济发展水平总体正相关。经济较发达地区微博使用率更高。侧面说明,若要大力推广微博的社会管理需提高经济欠发达地区的群众参与度,而提高当地网络普及率、改善基础硬件设施、开展技术培训成为先行条件。

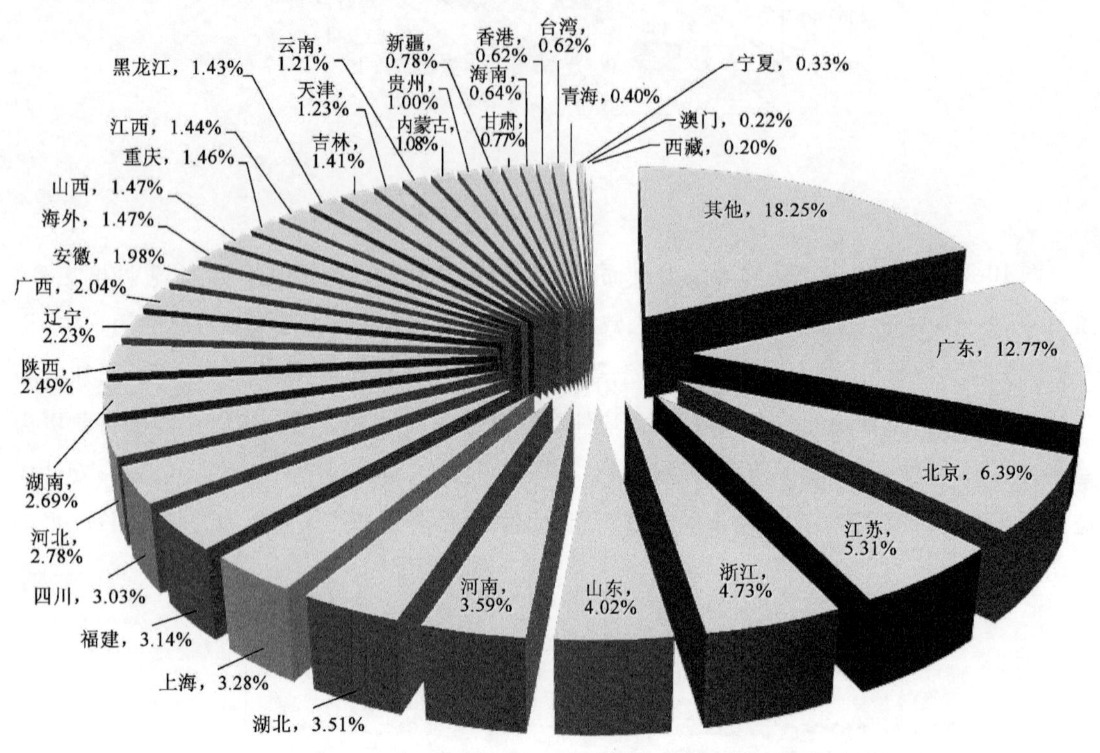

图10-4　微博用户地区分布❶

10.3.4　基于用户信誉度分析的微博监管成效展示

信誉度是为规范用户行为进行的信用等级评定,由新浪自身判定,不具法律效力与实际生活影响。新浪表示,《新浪微博社区公约(试行)》和信用体系的发布,是为了遏制谣言传播,限制反政府或煽动性言论,让用户与微博管理员一同"净化微博环境,维护良好微博秩序"。西方媒体和境外网络专家广泛认为,《新浪微博社区公约(试行)》是对快速发展网络社区的一次更严苛管理。

目前,新浪微博对发布不实言论的用户采取扣除积分机制,积分低至一定程度时限制发表

❶图中排名首位为"其他",为用户注册时填写,出于对隐私的保护或备选地区均不合适等,可忽略。

言论，直至恢复信誉或最终销号处理。新浪官方将微博的信誉分为高、正常、中、低层次。在爬取的1 291 337条用户信息中，信誉为“中”35人，信誉为“低”1人，除去1 470条页面未显示信誉信息，其余全为“正常”。

研究结果显示了信用体系的成效。低于正常线的用户数占比低从侧面说明用户出于自觉，或对信用体系所产生约束的考虑，在使用过程中大多依法守法，尊重事实。然而对于拥有5亿用户群体，3亿多活跃账户，每秒转发次数可达数百上千万的微博而言，低于正常信誉用户的数量仍不容忽视，因为不实或非法言论经过裂变式传播造成的不良影响同样也是巨大的。

新浪微博运行机制目前虽不成熟，但在逐渐完善体系的过程中已取得良好成效。然而单纯地自治管理并不能有效杜绝不实言论的发布，法律震慑力下的监管呼之欲出。如何在保障民主与发言权利的同时进行科学监管成为一大待解决问题。

10.3.5　用户受教育程度分布及学校特征提取

受教育程度对个人的言行举止、思考模式等都会产生潜移默化的影响。正确了解群体受教育程度，亦是有效开展各项工作的条件之一。由于多数用户未将教育信息设置为他人可见，图10-5所得大部分为空，体现用户在网络空间活动过程中隐私保护意识较高。其他项为选取用户最高学历统计所得，即若用户同时填写高中及大学信息，只记为“大学”教育背景。由图10-5可知，在公开教育信息的用户中，大学教育占绝大部分。高学历成为微博用户的一大特征。

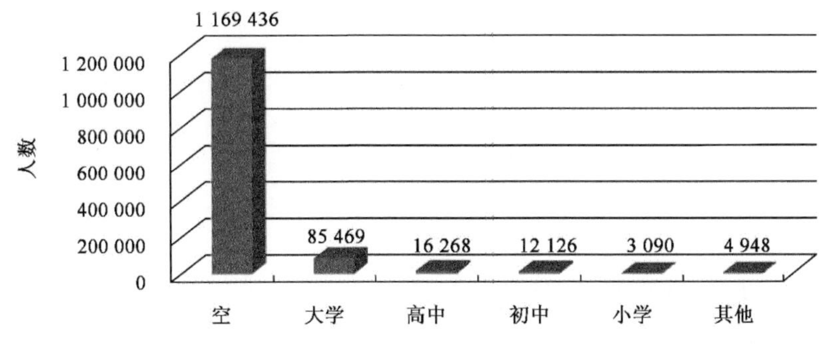

图10-5　用户受教育程度分布

对所有非空教育信息进行关键字提取❶，挖掘微博用户主流学校专业特征，得到如表10-1所示的排列。

❶程序出处为自然语言处理与信息检索共享平台。

微博用户就读学校信息关键字　　表 10-1

关键字	权值	关键字	权值
职业技术学院	18.52	播音主持	7.08
师范高等专科学校	12.20	财管	6.90
教育学院	10.25	中医药大学	6.85
管理干部学院	9.27	对外汉语	6.69
思想政治教育	8.60	进修学院	6.60
农业大学	8.51	水利水电	6.49
人力资源管理	8.33	音乐学院	6.45
动漫	8.09	托普信息	6.43
教育集团	8.04	联合大学	6.27
医科大学	7.77	峨眉校区	6.25
体育大学	7.47	电气工程	6.21
财经大学	7.42	市场营销	6.18

由表 10-1 中关键字可知，在公开教育背景的用户中，专科教育类院校学生居多，此外还有医学类、商科经管类、演艺类以及水电工程类。但教育背景的公开与否并非是地区信息公开那样的简单概率问题，对学校的认可度、学校声誉、所学专业对应的群体性格差异（内向或开朗）乃至从事职业的社交积极性等因素都将产生影响。因此，表 10-1 信息运用领域具有一定局限性。

10.3.6　用户职业与微博社交积极性关联性

职业特征是微博用户构成的展现，一定程度上能反映用户使用微博的动机及用户参与舆论引导的利益诉求。对用户职业分布的大致把握有利于政府及社会组织在决策中甄别信息的代表性，充分考虑非微博用户的潜在需求，还可及时发现并制止利益集团误导性信息的传播。本次实验采集有效信息 1 291 337 条，其中具有职业信息的有 37 032 条。微博用户职业关键字见表 10-2。

微博用户职业关键字　　表 10-2

关键字	权值	关键字	权值
广播电视	10.88	上海	6.58
婚庆	9.98	农商	6.42
婚纱摄影	9.81	瑜伽	6.31
顺丰速运	9.41	管理	6.18
文化传播	8.77	信息	6.16
玫琳凯	7.91	经济	6.10
人力资源	7.89	电脑	6.02
淘宝	7.31	贸易	5.98
卫浴	7.12	装饰	5.86
国土资源	6.97	服饰	5.85
艺术	6.77	孕婴	5.82
轨道交通	6.73	音乐	5.79
汽车	6.63	横店影视城	5.77

由表 10-2 中关键字可知，用户职业集中于影视传媒、财经贸易等。普通用户为了保护隐私一般不公开职业，选择公开用户多出于职业的社交需求，如面向观众的传媒类与面向市场的经管营销类。由于愿意公开的用户对微博的运营更为用心，微博使用更为活跃，故以上关键字可作为微博平台上社交积极用户的职业参考。另一方面，用户适当选择公开职业，也是微博走向成熟的表现。出于安全考虑的隐私保护与出于工作需要的职业公开的平衡正是用户充分运用平台，从谨慎走向灵活的表现。

10.3.7　基于用户微博身份的微博社会参与阶层分析

微博身份作为一项用户身份标识，分为普通用户、达人与认证用户。达人是真实草根中的活跃分子，认证用户包括个人认证与机构认证，具有一定社会影响力且身份得到验证。有学者研究指出，认证用户为凝聚人气形成了较强的角色意识；由于关注度高、影响力大、角色意识明确，他们的行动空间也相应受到制约，专注于私人化性质的“个体工作或生活实录、感言”是他们躲避是非的最佳策略；普通草根（普通用户）和人气草根（达人）作为匿名用户，现实社会的规范于他们而言，制约力相对较弱，二者通过大量的“段子”、冷笑话来发泄他们对现实社会阴暗面的不满与嘲讽，达到自娱或娱人的目的。由于受关注程度不同，普通草根更倾向于私人性质的表达,而人气草根因关注程度较高更倾向于社会责任感的表现。不同微博身份对应不同的社会阶层,反映不同的使用特征,使得对微博身份分布的分析与把握有利于捕捉民生动态,有效进行积极舆论引导。

图 10-6 为实验取得的用户构成,普通用户占比极大,而达人虽完全属于草根阶级,知名度不如认证用户,但数量较后者占绝对优势。微博作为大众娱乐交互平台,普通大众的参与才是主流,这为政府通过微博扩大社会管理参与度与倾听民声提供了可能。然而,达人的社会责任感及其较强的传播影响力在匿名性下也可能引发社会负面评价广泛流传,且随着达人数量增多,影响力还将在话题的广度与深度上持续升级。但任何对真实存在的阴暗面的揭露都将推动社会文明的进步,政府部门应以包容与管理代替杜绝与封杀,在倾听核实的基础上加以思考判断,切实改进自身或立即做出澄清并委托新浪平台制止不实言论。

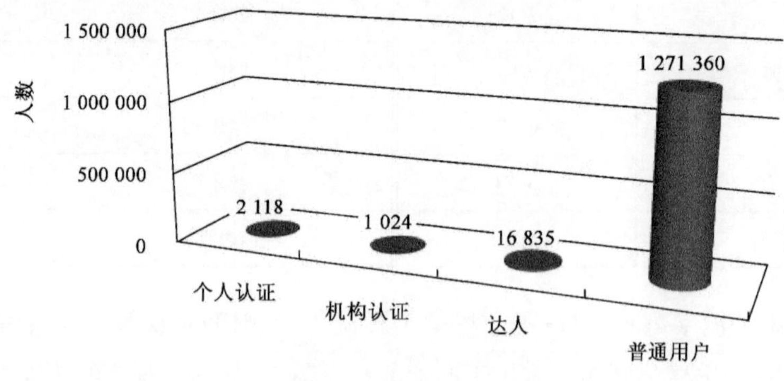

图 10-6 微博身份分布

10.4 微博舆论传播特征

10.4.1 微博舆论传播下的用户角色扮演与平台交互性分析

用户在微博平台的行为主要为发布原创微博、转发、评论、关注与被关注(以粉丝数体现)。粉丝是用户所发微博的直接受众,使用户能更便捷地获取感兴趣的信息,用户作为信息生产者产生的信息经粉丝评论转发发生由核心到边缘的裂变式传播,推进话题的讨论,加深话题影响度。基于关注与被关注两种不同行为,可将用户分为如下三种角色:倾向于看他人微博、动态跟踪信息的“看乐”型;倾向于自己发微博分享感受,扩充粉丝队伍的“乐他型”;二者平衡下的“自乐型”。不难发现,关注数与粉丝数的关系可以作为三者的划分依据。用户倾向分布如图 10-7 所示。

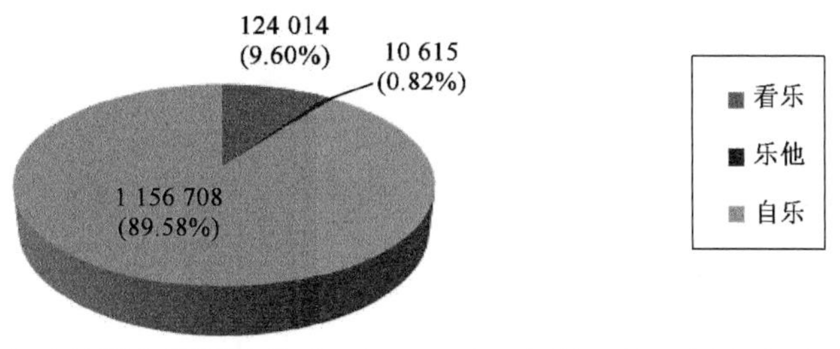

图 10-7　用户倾向分布

本章的角色划分基于以下理念:“看乐”用户表现为关注数大于粉丝数,判断标准为前者是后者的 5 倍以上且二者相差大于 50;乐他表现为粉丝数大于关注数,差与倍数关系同上,剩余用户关注与粉丝数相当,属于自乐。

由图 10-7 知,用户中绝大部分关注与粉丝数较为均衡,此类用户对信息的生产与传播贡献相当。乐他的存在代表以名人明星、草根达人为主体的意见领袖,致力于分享个人经历、评点时事,影响力与影响范围均较大。看乐代表更愿意当信息接收者的用户,通过微博平台获取大量信息,但存在易受他人信息干扰与舆论导向牵制的风险。以关注为主的看乐是乐他的十几倍,体现了及时制止谣言传播、澄清真相的必要性。事实上,乐他与看乐的存在为社会信息高效传递提供了有效途径。

用户个人的关注与粉丝情况反映用户在微博中扮演的角色,而整个微博平台的关注与粉丝分布及信息流量则反映平台交互性的强弱。平台上相互关注关系越强(高关注与粉丝数用户越多),信息流量越大(高微博数用户越数),交互性越强,信息产能与传播力也就越强。

由图 10-8 知,关注与粉丝在 0 ~ 5 阶段集中了大量用户,这与图 10-1 的等级分布是一致的,对应非活跃账号。此外,关注数 5 000 以上的用户数为 0,而粉丝数 500 万以上仍有分布,这是因为个体的直接社交范围有限,关注精力有限。所以关注人数不能反映微博带来的聚焦效应,相反,粉丝数直接体现了账号影响力,还从侧面反映了用户的活跃性。粉丝数在特定阶段的用户数更能代表活跃性与影响力处于该阶段的用户数。处于高分布段的用户数越多,平台活跃性越强。图 10-8 显示粉丝对应的用户数虽然呈长尾分布,但处于较高阶段的用户数仍较为可观且未出现断层现象,同时由于微博平台转发与发布的便携性,信息的多级传播产生的影响力不容忽视。事实上,由于高等级用户发表微博数多,名气高,玩转微博时间跨度长,能吸引更多粉丝,实际微博平台中粉丝数达几千万的已较为常见。

基于此原理,政府或社会组织发布信息时可着力通过粉丝数庞大的用户进行传播,由此产生的持续转发次数及影响力十分可观。微博数量分布则更为均匀(图 10-9),随着数量增至一定限度,人数减少,因为大众书写微博的能动性相当。微博庞大的信息总量充分反映了其作为社交平台的信息容纳能力与调动全民参与的技术可行性。

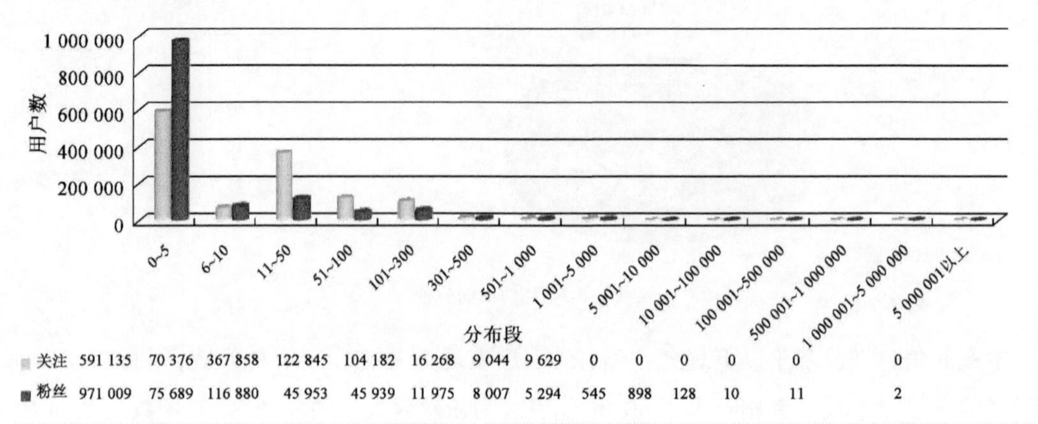

图 10-8　关注与粉丝阶段分布图

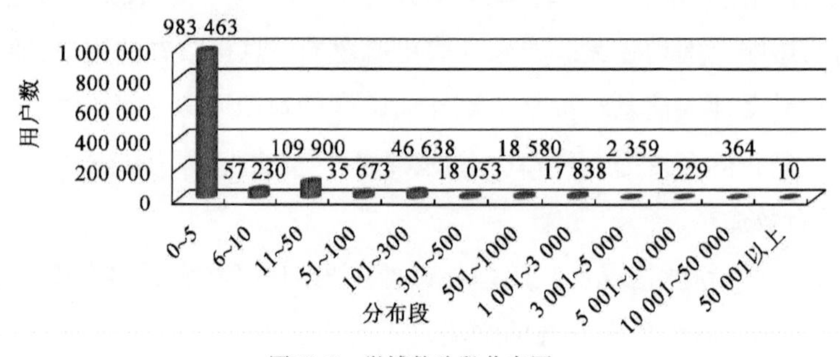

图 10-9　微博数阶段分布图

10.4.2　基于用户标签的微博语言文化特征分析

用户标签是用户用一定个数的词语给自己下定义的一种方式。对单个用户标签的分析可看出个体特性,而对所有用户标签的整体分析则能看出社会文化与思想动态,一定程度上反映用户群体的语言风格及使用微博的心理需求。本实验爬取的 1 291 337 条信息中,有 194 170 位用户设置了标签并对他人可见。对这些标签分析,排除官方提供的“旅游”、“健康”、“饮食”等得到前 15 个关键字如表 10-3 所示。

由表 10-3 可知,关键词中较多为网络用语,如表现幽默、无奈的“苦逼”、“吐槽”、“杯具”和用于评价自己略带调侃的“毒舌”、“腹黑”等,反映出用户把微博平台当作宣泄、放松的所在。这与已有研究发现相符,即在繁忙的城市生活中,出于人的社会化本性,随时随地地将自己的情况、情绪发布在SNS或其他网络上，已成为人们最便利的选择。同时，研究发现，在SNS等网络上进行自我披露，对用户的心理是有益处的，还可提高其自信心与生活满意度。因此，政府机构与社会组织在开展诸如政务微博时需摆脱语言新闻化、官方化的特点，内容贴近生活，用语轻松幽默。

用户标签分析　　表10-3

关键词	权值	关键词	权值
苦逼	9.10	杯具	6.82
倾城	8.60	风息神泪	6.65
吐槽	7.71	O型	6.62
悬疑	7.54	B型	6.51
毒舌	7.47	腹黑	6.04
非诚勿扰	7.20	充值	5.77
纹身	7.06	增肥	5.68
POS机	6.89		

10.4.3　用户微博身份对微博话题传播影响力的差异性分析

如本书前述介绍，热门微博是每日传播最广、影响力最高的前100条微博的综合展示。对热门微博的分析有利于把握具有较强传播力与影响力的微博特征，对平台舆论引导具有借鉴意义。热门微博内容分12个子模块与一个总模块。对此13个部分进行文本解析、数据统计、关键词提取后得到对比表，如表10-4所示。表头用户身份比例＝该身份在1 291 337份随机抽取的用户信息中出现次数/1 291 337，能较好地模拟相应身份占微博总用户的比重；而表10-4中比例＝该身份在此话题热门微博中出现次数/此话题热门微博总数，反映对应身份在此话题最具影响力微博中所占的比重。对比二者值的差异可发现各类微博用户身份在相应话题传播中所起的推动作用的大小。表10-4中话题按热度排列，热度值根据总转评数等体现微博信息传播力与影响力的指标计算得出，反映各话题的受欢迎程度。

由表10-4知，同一用户身份对不同话题的影响力大体一致，但具体到某一特定话题有细微差别。总体而言，话题受欢迎与否与发布者是否为达人无必然关系，与是否通过认证有很大相关，反映出达人的影响力依靠发布内容的质量取得，而经过认证的名人明星由于受认可度高，在传播力上具优越性。具体到特定话题，草根达人在视频领域的影响力较其他领域高，其次为健康、幽默、时尚，反映出草根达人的影响力集中于生活娱乐领域。微博会员是付费获取更多服务的身份标识,用户还可同时拥有达人或认证身份。表 10-4 中反映会员身份对话题传播的推动力较大,除却用户可能具有认证等双重身份的影响,还可以推测会员在平台信息推送方面具有优越性。认证身份是影响微博热度的最显著因素,在各项话题的所占比例都远高于用户实际所占比例,其中体育、科技、财经、社会、哲言、娱乐领域受认证用户影响尤为明显。而具体到个人认证与机构认证,在各话题的影响力方面也不一样,如个人认证在财经、哲言、文化、娱乐领域影响力较大,而机构认证在体育、社会等领域影响力大,反映出不同团体的兴趣爱好、擅长领域与利益诉求的不同。

话题基本数据分析❶

表 10-4

话题	总数	达人（1.30%）	会员（3.32%）	认证（0.24%）	个人认证（0.16%）	机构认证（0.08%）	转发	评论	热度
健康	13 200	1.72%	52.83%	46.92%	41.38%	5.55%	561	69	702
星座	19 299	0.00%	33.88%	47.38%	43.56%	3.82%	629	100	783
体育	19 290	0.75%	9.51%	98.54%	39.28%	59.26%	550	223	1 494
科技	13 200	0.30%	35.50%	90.57%	57.76%	32.81%	1 208	315	2 426
时尚	19 300	1.17%	49.89%	44.43%	30.71%	13.72%	1 850	331	2 919
幽默	19 295	1.57%	72.28%	6.16%	3.18%	2.97%	2 409	317	3 012
财经	19 270	0.04%	39.11%	96.12%	62.82%	33.30%	1 775	387	3 739
社会	19 300	0.15%	13.85%	84.34%	4.39%	79.95%	2 841	965	5 862
哲言	19 260	0.23%	44.47%	91.96%	87.20%	4.76%	3 488	974	7 024
文化	19 270	0.04%	42.82%	98.45%	93.51%	4.94%	3 620	1 026	7 406
娱乐	19 280	0.39%	56.51%	94.14%	69.66%	24.49%	5 409	3 704	10 037
视频	19 279	6.09%	34.98%	52.52%	12.83%	39.69%	3 794	688	10 298
全部	19 286	3.05%	50.82%	74.94%	47.57%	27.37%	15 917	5 223	29 427

此规律反映出,为推动信息传播速度、扩大影响力,尤其是与社会经济相关的话题,最好通过影响力大的认证用户推送。这主要是因为名人明星粉丝多、传播范围广,而且与经济社会关系密切的话题有时需要具有社会认可度的人士发布才可令公众信服。

10.4.4 微博热门话题的时事反映能力及其发布渠道分析

表 10-5 为对热门微博各话题及其信息来源渠道进行关键字分析与提取所得,一定程度上能反映用户对相应话题的关注重心及热门信息发布渠道特征。观察关键字“吴莫愁”、“切糕”、“闯黄灯”、“非诚勿扰”……不难发现热门微博与时事的紧密联系性。某一时事热点除却

❶表中转发、评论及热度为均值。

在自身领域传播,还可迅速通过调侃等方式与其他领域特性结合,渗透到各领域用户,如“切糕”事件不仅是热门“社会”话题,还在“幽默”、“哲言”乃至“科技”话题中出现。微博是社会的缩影,各个领域发生的重大事件,无论是积极的还是消极的,都将通过这面镜子迅速反映、得到反馈。作为强大的信息交流平台,微博信息的碎片化特性与时事新闻传播的动态滚动播出特性不谋而合,平台使用的便携性与参与主体的广泛性为即时信息的发布与获取提供了先天优势,在利用微博进行最新资讯推送方面具有可行性。例如,“波士顿爆炸案”发生于北京时间2013年4月16日凌晨3点左右,新浪微博在凌晨2时56分出现第一条发布此信息的微博,凌晨2时57分又出现两条,到凌晨4时共有435条,凌晨5时为62 624条,此后微博滚动显示最新伤亡情况,截至4月20日,短短5天原创与转发并评论信息即达3 397 691条。而对于“复旦大学投毒案”,也引发了舆论热讨论,4月15日22时13分复旦大学官方微博才发布消息公布学生遭遇投毒并在抢救的事实,直到该生16日下午去世传统媒体才出现大幅报道,而微博平台4月14日21时58分即有用户揭露此事件,4月15日信息达19 776条,4月16日达1 269 282条,此后关于该话题的讨论持续升温,更有用户挖掘出早年清华大学悬而未决的投毒案进行探究,舆论直逼案情未审结的原因,截至4月23日,对“复旦投毒”、“清华投毒”、两案受害者“黄洋”、“朱令”进行搜索,至少含有其中一组关键词的微博信息达3 960 360条,形成了强大的舆论压力。微博平台为信息持续推送与用户广泛参与话题讨论提供了可能,对国内外事件的反应能力之强使微博跃升为信息来源的一大渠道,各大搜索引擎已开始在搜索中引入微博内容。然而,时事准确性的鉴别与保障仍需进一步加强,尽量避免诸如“白宫被炸奥巴马受伤”等假新闻引发股市动荡从而造成损失。

热门微博关键词与来源分析 表10-5

话　题	关键字前五	信息来源渠道关键词前三
健康	排毒、烤瓷牙、宫颈糜烂、医务人员、瑜伽	手机、豆瓣、微博
星座	白羊座、天蝎、金牛、处女座、世界末日	新闻、微博、三星
体育	英锦赛、AC米兰、主场迎战、职业生涯、吐槽	智能手机、手机、凤凰
科技	闯黄灯、智能手机、机顶盒、微软、切糕	智能手机、锋丽、微博
时尚	海贼王、香奈儿、面膜、薰衣草、排毒	手机、lovelady、Android
幽默	吴莫愁、动漫、切糕、非诚勿扰、猫咪	ipone、企业、手机
财经	央视、奥巴马、蓝筹股、城镇化、私募	智能手机、新闻、三星
社会	警察蜀黍、广珠城轨、央视、切糕、环卫工	微博、手机、晚报
哲言	吴莫愁、奥巴马、切糕、中国海监船、村上春树	手机、平板、豆瓣
文化	炎亚纶、吴莫愁、奥巴马、吐槽、中国海监船	手机、平板、音乐
娱乐	非诚勿扰、潘粤明、湖南卫视、央视、颁奖典礼	智能手机、新闻、微博
视频	吐槽、炎亚纶、宫崎骏、鸟叔、央视	微博、Android、时光机
全部	吐槽、中国海监船、警察蜀黎、切糕、五月天	手机、新闻 、周刊

从信息来源渠道关键词可看出智能手机等移动通信设备已占据主流,这既得益于移动通

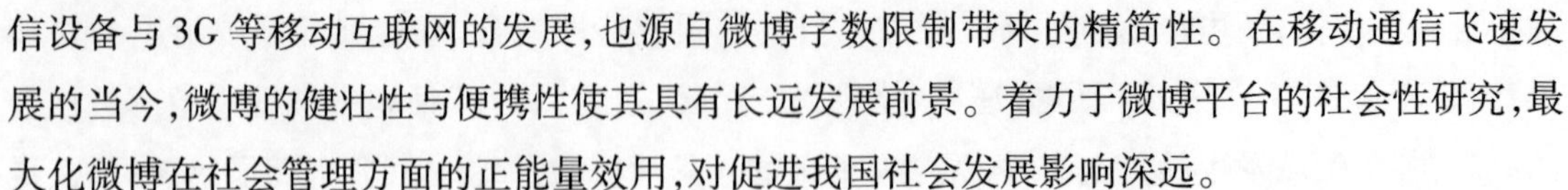

信设备与3G等移动互联网的发展，也源自微博字数限制带来的精简性。在移动通信飞速发展的当今，微博的健壮性与便携性使其具有长远发展前景。着力于微博平台的社会性研究，最大化微博在社会管理方面的正能量效用，对促进我国社会发展影响深远。

10.5 微博与社会管理

社会管理问题是一项对国家政治、经济、文化发展有着巨大影响力的课题。有效的社会管理能监督社会发展运行，提高管理效率，充分调动群众积极性，为社会发展出谋划策。对社会管理及其改革措施的研究中，不少学者指出，当前社会管理理念落后，不能实现“管理”到“服务”的角色转变；管理主体单一，未能调用群众力量。在社会政策体系建设方面，存在着社会立法和政策决策中公民参与不足、立法滞后和社会行政机构之间协调性差等突出问题；在弱势群体权益保护体系建设方面，弱势群体的利益补偿、就业、政治参与、享受公共服务和社会保障等权益缺乏有效的保护；在社会应急体系建设方面，信息公开性、准确性不够，反应不及时，协调难度大，应急管理中的社会参与严重不足。与此同时，官员腐败及政府机构运行效率低下问题也日益突出。

微博作为社会广泛参与、信息高效流通、透明性与实时性并存的平台，很好地满足了社会管理的性能诉求，突破现有体系缺陷，在推动社会管理改革的进程中散发出民主、开放、平等、仁爱的芬芳。当前社会管理中，尽管微博应用还不广泛，基于微博平台的社会管理体系尚未建立，但仍存在不少典型案例，充分体现微博作为社会管理平台的可行性与优越性。本节将从以下四个方面展现微博在社会管理方面传递的正能量，并对当前不足提出改进意见。

10.5.1 微博问政与法制体系建设

我国目前的立法与政策决策体系中存在明显的公民参与不足，具有以部门决定为主的鲜明特征。缺乏公众参与的立法与决策必然存在问题考虑不全现象，引发群众强烈不满，甚至导致社会紊乱，由此引发法律条例的反复修改，更导致法律严肃性的损失，降低了政府公信力。

“闯黄灯”与“国五条”是典型的未经公民讨论、官方单方面发布法律法规引发公民强烈异议并最终执行搁浅并催生“细则”出台进行法规修改的“反面”案例。“闯黄灯”是指公安部发布的“闯黄灯罚6分”新规，被称为“史上最严交规”。一时间，微博平台出现了诸多对于“闯黄灯”的调侃，群众议论纷纷，不满情绪高涨。新浪微博对于“闯黄灯新交规”关键词的信息数达

972 387 条[1]。大众普遍认为惩罚过于严重,不准越线的规定“把黄灯当成了红灯”,且到路口时减速容易引起拥堵,急刹车更可能造成追尾。面对诸多争议,公安部称“暂不处罚,教育为主”,并将听取各方意见,科学论证,进一步细化、明确对违反交通信号灯行为的查处情形和处罚规定。“国五条”是国家针对房地产调控颁发的新法令,对社会舆论与社会秩序造成了极大的影响。一时间,“夫妻半夜排队离婚”,“民政局受理离婚登记数激增”报道纷飞,“假离婚”现象还催生了夫妻一方别有用心谋取财产的诸多诉讼案件。新浪微博关于“国五条”的信息数多达 13 987 074 条。面对强大的舆论压力与社会秩序的扰乱,不少网友预言“国五条”将重步“闯黄灯”的修改后尘。继“闯黄灯”发布不足 6 日即暂停执行之后,“国五条”发布不足 10 日便又传出“遭遇舆论反弹,三部门紧急磋商保护刚需”的消息,并加急修订于周末出台“细则”。

在国民受教育水平显著上升、民主呼声高涨的今天,充分发挥各类社会主体在法律制定中的作用,实现参与主体多元化,提高法律科学性是法制体系建设的新要求。微博问政与法制体系建设的结合充分体现了民众的智慧,是民主与开放的先行者。当前问政体系尚未成形规模,发挥效用方式多为事后补救。为进一步扩大影响,可选取与人民日常生活关系密切的法律法规进行试点,在推出前借助微博平台开展“微博听证会”进行意见征询,整合公民的“切身体验”与各界专家学者的科学论证,博采众长,科学预测潜在不良反应,增强法律制度的科学性与可行性,在排除利益集团不良舆论导向的基础上制定新的法律法规。这对避免法律反复修改,维护法律严肃性,提高政府决策满意度与加强公民主人翁意识有积极的促进作用。

10.5.2　微博窗口与弱势群体权益保护体系建设

民生问题一直是政府关注的重心,“以人为本”的理念不曾动摇。然而在具体运行过程中,往往出现各式各样弱势群体权益得不到保护甚至权益侵犯人为政府执政人员或政府机构的事件,将公权力的监督问题推到了浪尖。一旦弱势群体权益的保护无法通过正常法律手段解决,就只能寄希望于公众舆论压力下的公平保障。图 10-10 反映了社会民生与公共权力监督已成为用户对社会热点的关注重心,为弱势群体使用微博平台开展权益保护的公众参与度与舆论影响力提供了保障,打开了一扇平等、公正与仁爱之窗。

污染与拆迁问题是微博用户对弱势群体权益保护关注度较高的两大问题。截至 2013 年 4 月 23 日,新浪微博关于“污染”关键词的信息达 103 532 047 条,关于“拆迁”的信息为 44 491 113条,其中拆迁问题由于反映了政府公权力与群众利益的尖锐矛盾,对政府的负面影响更为明显。如“郑州中院副庭长回应被拆迁业主:拆迁不立案是中国特色”事件中,维权人

---

[1] 以上信息数为一定时间内的原创与评论信息总数,下同。

士史国旗在微博注册了账号并持续公布维权过程中遇到的各种阻碍。副庭长的不当言论发表后迅速得到关注,政府形象受到了极大的损伤,百姓维权申诉途径问题也由此引起广泛关注。最具代表性的是"宜黄县委书记带队机场围堵进京拆迁户"事件,伤者家属被书记带领的40人围在机场厕所,通过发布微博引发网友关注并迅速转发扩散、吸引记者立即介入而获救,强大的舆论压力最终导致该书记被免职。权利抗衡背后是民生问题矛盾解决途径的缺失,是社会监督机制的不完善,是法律体系的不健全。

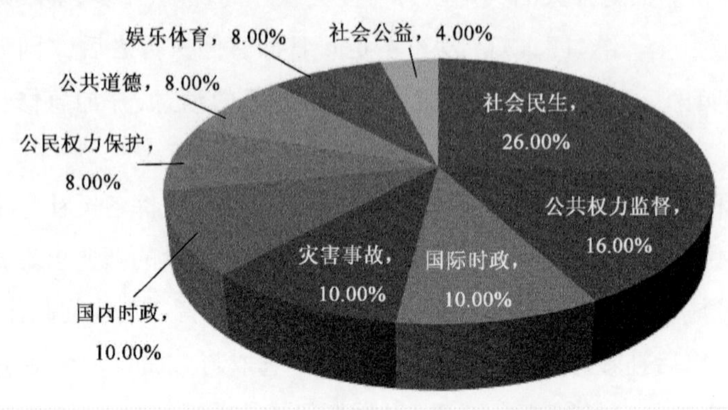

图 10-10　2011 微博社会热点主题分析❶

微博平台高曝光度下的矛盾公开化及解决过程可全程跟踪特性使其成为保障弱势群体权益的有效平台,对政府公开公平行政、切实保障弱势群体权益具有一定震慑性,对建立健全法律体系,完善监督机制具有一定推动作用。然而,当前弱势群体权益维护大多通过权益人自身爆料、等待用户关注而实现,分散的用户行为不能形成"微博打拐"般的规模性警示效应,对社会普遍存在的问题不能产生聚焦,且权利的抗衡导致问题处理耗时较长,对政府形象也产生了负面冲击。在微博维权的大趋势下,政府部门可变被动为主动,充分利用微博,积极开放各类微博维权专用平台,在群众的监督下解决问题,规范集中申诉途径的同时对地方各级政府公权力产生一定制约,既实现弱势群体权益的维护又可展示政府的积极态度以消除负面新闻引发的公众质疑。

10.5.3　微博指挥中心与社会应急体系建设

社会应急体系建设是国家在面对重大自然灾害与重大人为事故等关键时刻快速进行资源与人员调度的保障。在紧急应急指挥中,从高级指挥者到广大民众的信息传播往往费时长,传播效果差,若能通过微博平台实现信息的高效广泛传播,将有利于真实情况的传达与安稳民

❶数据来源:互联网实验室,2011 年 2 月。

心。如波士顿爆炸案中,美国波士顿警方通过当地微博推特发布消息称,此前在逃的波士顿马拉松爆炸案嫌疑人焦哈尔·特萨尔纳伊夫已被捉拿归案,及时消除了当地民众的恐慌,波士顿居民集体上街庆祝。又如禽流感发生时,网络上出现多起为吸引用户访问而造谣本地出现禽流感案例的事件,形成的流感扩散假象引发当地居民与社会群众的强烈不安。“微博小秘书”及时核实情况并出面澄清,发布造谣者被拘的情况以警示用户,制止了谣言的传播,同时,微博平台形成的更透明化的感染人数实时公布也避免了用户恐慌。再如 2013 年 4 月 20 日 08 时 02 分在四川省雅安市芦山县发生的 7.0 级地震事件中,微博不仅充当了灾情实时公布报道、宣扬公益爱心、用户寻找亲人及群众寄托哀思的平台,还充分发挥了资源调度、协调各方的功能。地震发生后,各地爱心人士不仅积极发动捐款捐物,还主动奔赴灾区担任志愿者,然而此时余震频发,为最大限度保障生命,红十字会于当天 22 时 03 分在其官方认证微博发出信息,称“灾情发生后,各地红十字会接到了不少热心人士的电话,希望作为志愿者前往灾区,但根据灾区反馈信息,目前道路中断的情况较为严重,3 ~5 级的余震频发,为了保证专业救援队伍能有效开展救援,建议没有专业救援技能的普通志愿者不要贸然前往灾区,因为每个人的生命都无比珍贵,保护好自己,才能帮助别人。”地震缓和后,志愿者们怀揣热情积极前往灾区救援,不少群众开私家车向灾区运输救援物品,造成道路拥堵,救援部队与大型设备无法进入的现象,微博平台及时反映了这一信息,使情况好转。民间各组织也纷纷通过微博平台贡献绵薄之力:奇虎 360 董事长周鸿祎通过个人认证微博发布信息,呼吁各大搜索平台数据共享,形成面对自然灾害的常规化协调沟通机制;草根用户“作业本”发布四川卫视女记者不当采访妨碍救援现象并呼吁救人为先;顺丰快递、中国邮政、全峰等各大快递公司发布赈灾包裹免邮信息,为救灾物资提供与道路维护做出了贡献。

微博平台的存在使群众了解参与公共事务的意愿得以体现,社会凝聚力得以提升,社会组织对突发事件的应急处理得以有效开展,成为团结与爱的集结地。然而各自为营、缺乏官方权威说明与统一指挥的现象也使信息来源较为分散,从用户自觉发现问题并发布到在社会范围内产生影响力耗时长,建立以事故命名的专项应急管理有利于媒体、群众获取最新资讯,快速传递紧急信息,实现政府及各社会组织在全社会范围内的资源调配与应急指挥,使微博应急体系功能最大化。

10.5.4 海量微博监督与公正廉洁高效政府建设

公正廉洁高效的政府形象是民主发展时代的必然要求。任一环节的缺失都将降低政府公信力,甚至引发群众强烈不满,造成不可预料的后果。微博反腐开创了微博问政的先河。多名高官因微博而“下课”的事实体现了群众公民意识的觉醒。从南京“天价烟”局长周久耕,深圳

“猥亵女童”局长林嘉祥，剑阁“节约”局长曹正直，徐州“一夫二妻”区委书记董锋，陕西“表哥”局长杨达才，被女主播揭发的市人大代表孙德江到不雅视频男主角北碚区委书记雷政富，微博反腐已经发展成为反腐工作的一大信息来源。长期的微博反腐对官员贪污腐败现象已产生了一定的震慑性，如公款吃喝方面，2013 年 4 月 19 日的“江苏泰州官员吃天价餐遭群众围堵，当场下跪求饶”并最终被免职事件足见问题官员对群众力量的畏惧。而就政府工作的公正性与高效性的推动方面，多家政府机构在传统被动监督的基础上主动开创政务微博，自觉接受监督，通过微博“晒工作”断了干部退路；用户申请、受理与答复在微博上进行，阳光政务的推行促进了政府工作的高效运转。“平安北京”、“微博银川”等均是这批政务微博的典型代表。

然而，目前微博反腐也存在爆料人的隐私保护、安全保障等方面的问题，爆料人一方面公布手机号一方面又不敢开机四处躲藏的现象时有发生。可通过设置官方反腐微博，功能上实现举报者个人信息内部隐藏、举报内容公开，进一步推动廉洁工作的开展。对于政务微博，目前也广泛存在开展面不广，运营不够用心，用语过于新闻化，缺少与粉丝的互动等缺点。同时，微博运营人若非“一把手”，在政府部门工作协调方面易出现困难。加强微博运营维护人员培训，合理下放部分调动权限，切实建立从“管理”型政府向“服务”型政府的理念转变是微博监督下公正廉洁高效政府建设的必然要求。

10.6 本章小结

通过对微博的全息透视及其在社会管理方面的正能量分析，研究发现微博整体上体现出以下规律：

(1)微博的影响力与日俱增，已超过社区、独立 SNS、博客等经典网络服务。随着时间推移，用户群体的广泛性和群体之间的联系密度和影响力的持续增长的趋势不可逆转。

(2)经济发展水平的地区差异与微博使用地区分布正相关，表明经济基础影响到的不仅仅是吃穿住行，也会深度影响对未来新技术的掌握和应用。破坏性创新并不一定能给经济不发达的区域带来颠覆性改变的机会。

(3)由经营者自身制定的信誉管理对数量最多的低活跃度用户约束力低，与社会信誉管理存在一定脱节，低于正常信誉用户总数大，对谣言传播、恶意的煽动性管理日趋困难。加强网络内容的科学监管是一个巨大的挑战。

(4)微博具有用户高学历化、活跃用户职业集中且社交需求大，认证用户与普通草根(普通用户）和人气草根（达人）的影响力往往不成比例的特点。运用微博决策应充分考虑非微博用户与非活跃用户的潜在需求，管控利益集团和非法组织利用新媒体进行虚假和恶意误导。

（5）微博超强时事反映及应急能力下，负面和虚假信息的受关注度及其传播速度往往比正能力高，时时关注动态，及时辟谣澄清对避免损失有重大意义。

（6）在运用微博进行信息传播时，可着力发展忠诚度高的女性和以看乐为主的用户作为稳定信息受众。语言风格轻松幽默，满足释压需求，且利益性强的话题发布者最好经过认证，粉丝数越多，产生的持续转发次数及影响力越可观。

在微博助力社会管理方面，微博在法制建设、弱势群体权益保护、应急体系及公正廉洁高效政府建设方面具有积极的推动作用，效果显著，体现了民主、开放、平等与仁爱的思想。然而，各方面建设普遍存在缺乏专用微博进行社会聚焦，集中民智民力的问题，从民间出发的发散式信息传播模式亟待改进。此外，"微博听证会"、爆料人安全问题程序功能化解决、政务微博部分权力下放等可作为进一步推广微博社会管理应用的试点方案，让正能量传播。

诚然，微博作为成为社会生活的一部分，不可避免地也可能存在舆论误导等问题，然而实名制下的微博运用为微博的正常运营与充分利用提供了一定的保障。唯有好好利用微博，擅于运用微博才能通过微博进行有效社会管理，为人们的生活创造更多美丽与奇迹。

本章参考文献

[1] 何增科. 我国社会管理体制的现状分析[J]. 甘肃行政学院学报,2009.

[2] 李林容,黎薇. 微博的文化特性及传播价值[J]. 当代传播,2011.

[3] 刘兴亮. 微博的传播机制及未来发展思考[J]. 新闻与写作,2010.

[4] 刘宗义. 2012 年我国微博发展综述[J]. 重庆社会科学,2013.

[5] 马凯. 努力加强和创新社会管理[J]. 国家行政学院学报,2010.

[6] 马晓宁. 中国微博客价值与发展研究[D]. 南昌:南昌大学. 2010.

[7] 平亮,宗利永. 基于社会网络中心性分析的微博信息传播研究——以 Sina 微博为例[J]. 图书情报知识,2010.

[8] 佟力强. 微博发展研究报 2011[M]. 北京:人民出版社,2012.

[9] 夏雨禾. 微博互动的结构与机制——基于对新浪微博的实证研究[J]. 新闻与传播研究,2010.

[10] 杨柳青. 外媒关注新浪微博用户信用体系[J]. 青年参考,2012.

[11] 杨雪冬. 走向社会权利导向的社会管理体制[J]. 华中师范大学学报(人文社会科学版),2010.

[12] 应松年.社会管理创新引论[J].法学论坛,2010.

[13] 喻国明,欧亚,张佰明,等.微博:一种新传播形态的考察——影响力模型和社会性应用[M].北京:人民日报出版社,2011.

[14] 赵蒙旸."推"出的公民社会——微博在大陆的发展探究[J].东南传播,2010.

[15] 周滨."微博问政"与舆情应对[M].北京:人民出版社,2012.

[16] Nicole B. Ellison . The benefits of facebook friends:social capital and college students' use of online social network sites[J]. Journal of Comput-er-Mediated Communication,2007(12):1143-1168.

第11章 基于网络新闻的国际态势感知

互联网成为人们获取新闻资讯的越来越重要的媒介,2014 年 80% 的网民上网阅读新闻,新闻数据量的增长呈指数级。在信息过载的情况下,新闻的挖掘与分析对网络舆情分析和主流文化建设愈显重要,由此促进了 Web 内容挖掘、自然语言处理(Natural Language Processing)的发展。对于普通网民来说,网络信息的自动挖掘省去了为跟踪热点事件报道而做的重复搜索和筛选,新闻的分类方便了资讯的订阅;对于网络媒体而言,从同行新闻情感分析中可得出社会对热点事件的普遍态度,从而更精准地选择报道角度;从网络内容监控者的角度看,新闻的关键词提取、主题提炼能助其分析事态,把握全网情感动向。

网络新闻研究、国际新闻对比的论文层出不穷,基于此的数据挖掘、自然语言处理、文本分析研究不胜枚举,相应的模型和工具不断完善。然而,由于语言间句法结构不同,存在语义距离,加之海量文本挖掘的技术难度,使得跨语种、海量的新闻文本对比研究较少。因此,本章提出的国际语境、海量文本、多媒体源的全景式网络新闻分析兼具难度和创新。在互联网上对于新闻事件的挖掘一般分为主题发现与跟踪、热点趋势检测和事件预测规律的发现这三类递进的问题。本章将在中文、英文两种不同语境下,以涉及中美双边的网络新闻为对象,对其进行社会热点话题的挖掘与分析。

11.1 理论基础

逐步发展成为"第四媒介"的网络新闻媒体具有时效性、交互性、无限性、多元化、多媒体化、全球化等特点。其报道侧重,体现出人民的关注焦点;其评论倾向,反映出社会主流媒体的舆论态度;其情感倾向,影响着大众读者的认知。在国际环境中,网络新闻媒体凭借跨越国界的互联网络,代表本国行使话语权,进行非官方的广泛对话。价值现象学的情感理论表明,人们对事件设定的价值率高差与人们对此表达的情感在某种函数关系上成正相关([德]马克斯·舍勒)。因此,全方位覆盖多语言的网络新闻媒体,并多维度分析双边报道可总览被报道两国的关系态势,这种分析具有社会学、新闻传播学和国际关系学的理论依据和重要意义。

网络新闻由网络新闻媒体编写、发布于静态网页中,用超文本标记语言(Hypertext Markup Language,HTML)编写成文档,除了新闻标题、正文外,还包括图片、视频等表现媒体,还有 HTML 的标记、脚本语言和 CSS(Cascading Style Sheet,级联样式表)等语法内容。本章实现的新闻挖掘是指新闻文本的采集。

含有新闻的网页在互联网上统一用统一资源定位符(Uniform Resource Locator,URL)标识,每一个 URL 都可以链接到各个网页,因此,要想抓取新闻页面,首先要找到其对应的 URL。

通过对 URL 的访问、记录和更新,可以实现不重复地高效遍历符合要求的新闻页面。

由于网络上存在大量冗余、与主题不相关的新闻,我们需要利用搜索引擎的关键词搜索技术初步筛选出需要访问并抓取的 URL。搜索引擎对数据挖掘的作用在于,使用关键字精确了搜索结果,减少了数据挖掘抓取网页的盲目性。有些搜索引擎提供新闻搜索,搜索结果来源于各大新闻媒体网站,有些搜索门户甚至提供新闻的分类搜索,即在新闻搜索频道下又分为财经、政治、教育等几个子类,如果能利用好这些已有资源,将大大增加新闻抓取的精度。

Web 文本挖掘的框架可分为文本资源查找、文本抓取、文本清洗与筛选、样本处理、建立模式、批量挖掘 6 步,如图 11-1 所示。

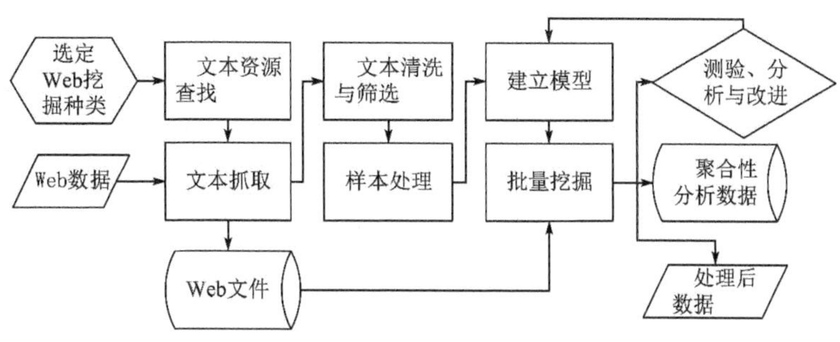

图 11-1　Web 文本挖掘框架

11.2　网页文本获取

11.2.1　获得 URL

按照上述框架,首先要进行文本资源的查找,也即新闻网页 URL 的批量获取,这就要用到网络爬虫技术(Web Crawler)。网络爬虫是在互联网上按照一定规则,查找 URL 并抓取网页的程序。其原理是以一条 URL 为起点,抓取这条 URL 对应的网页文档上的其他相关 URL,记录并再分别以新 URL 为起点获取更多 URL。因为这种工作方式呈现出放射网状,因此网络爬虫又称网络蜘蛛(Web Spider)。

现有的爬虫代码多用 Python 语言、Java 语言编写,其中,Python 语法结构更接近自然语言,有大量用于网页分析的模块,因此,这里用其作为主要编程语言。Python 的 urllib2 模块中,urlopen( )方法用于打开一个 URL,并返回其网页文档。对于某些网站,尤其是反爬虫网站,则需要用其 Request( )方法模拟浏览器行为,在请求上加头信息,与服务器进行 HTTP

对话。

11.2.2 抓取网页正文

网页新闻存储于 HTML 文档中，HTML 标记语言的规整性使文本易于定位和获取。然而不同新闻网站 HTML 标记、结构的不同增加了大量抓取新闻正文有效信息的难度。另外，一些网站上存在大量广告、推广链接、站内相关新闻的自动推送，一些网站以视频和图片为主、文本为辅，增加了文本清洗的难度。

Python 语言中有 BeautifulSoup 第三方库，能分析结构化数据，适用于 HTML 和 XML 文档的处理。新闻网页文档结构清晰，可以用 findAll( ) 方法（在从 BeautifulSoup 库中导入的 BeautifulSoup 模块中）查找带有指定属性的标签，抓取其内容，获取新闻标题、网页 URL、来源、发布时间等基本信息。

获得文档之后，要提取网页新闻正文。为解决新闻页面信息冗杂的问题，这里采用基于文本密度的算法提取新闻正文，主要原理和步骤如下：首先，利用 HTML 结构去掉非正文部分，比如去掉 <head> </head>，留下 <body> </body>，去掉非文字内容的 CSS、JavaScript 等标记，比如 < script > </script> 等；接着，计算出各子串的长度分布、文本最大值，一般取最大子串为正文；最后，检验是否为纯文本，如中文新闻中不可能包含大量符号、数字和字母，去除文本中的超链接、段落标签、空格符号等格式标记，初步整理文本。

11.3 文本分析技术

(1) 相关技术。文本分析中，已有很多成熟的自然语言处理工具，例如用 Python 编写的 Natural Language Tool Kits (NLTK) 工具包，可用于词性标注、词汇分类、文本分类、句法结构分析与分割等，通过 nltk. download( ) 方法下载大量语料库。该工具主要用于处理英文文本，虽包括中文、印地语、葡萄牙语等语料库，但直接用于中文的文本分析仍有距离，因此需要与中文分词工具搭配使用。中文的自然语言处理工具包有复旦大学计算机科学与技术学院开发的 FudanNLP，可用于分词、词性标注、句法分析、实体名识别等，包含一定量的数据集。该工具由 Java 语言写成，有丰富的 API 接口，方便机器学习的研究者使用。另外一个值得提及的是斯坦福大学研发的 Stanford coreNLP，使用 Java 编写，用于英文文本的功能较全面，情感分析较为突出，现应用于为 Twitter 进行情感分析。

(2)分词。进行文本分析,要从让机器理解自然语言开始,这可以分之为理解文本中最小的语义单位——词语。无论是关键词提取、文本分类还是情感分析,都要先进行分词。在汉语文本分析中,分词技术显得尤为重要的原因是,汉语词语之间没有分隔符,分词的作用就是将文本块以词语为单位分解为离散的语义单元。英语单词间以空格隔开,因此可以空格或标点符号为分隔符,将段落文本提取为一个个离散的单词。

(3)分词算法可分为基于字符串匹配、基于理解和基于统计的分词算法三类。这里用到的是基于理解的分词算法,即通过分词系统模拟人对自然语言的理解,用总结出的语法对句子进行句法、语义分析,给出词语序列。比如,对“数据挖掘不简单”的分词,可以有多种可能,“数据|挖掘|不|简单”和“数据挖掘|不|简单”语法上都没有错。然而如果联系上下文语境的话,“数据挖掘|不|简单”则更准确。这种分词方法在新词认知、歧义识别等方面具有优势,是最具准确性的方法,但是对规则的依赖性很大,时间复杂性大。在用 Python 语言写成的中文分词工具中,“结巴”中文分词(jieba)功能简单、使用方便,支持三种中文分词模式,因此,可与 NLTK 配合使用,在纯 Python 环境下做文本分析。本章选用 Python 语境下 jieba + NLTK 的工具组合。

在分词阶段,往往用查停用词表的方法初步筛选分词结果。文本的高频词汇多为无实义虚词,甚至是有干扰作用的无关词汇,因此,根据经验构造停用词表,并从分词结果集合中去除停用词,对提高文本分析的精度具有重要意义。

(4)关键词提取。不管是英文还是中文,句子中都包含基本的词语结构,能表达句子意思的主干部分结构大致相同,比如都为主题 + 谓词的结构,都包含有名词、动词和形容词。通过对句法的分析、查找词典可以对文本进行词性标注。在词性标注的基础上,可以提炼关键词,这对提炼文段主题,分析两段新闻文本是否描述同一事件起到重要作用。本掌尝试利用关键词提取、频度统计的技术来对比中、英文新闻的关注焦点。关键词的提取用 TF-IDF 权重算法,已被 jieba 分词模块实现,算法公式如下:

$$\begin{cases} W_{i,j} = \mathrm{TF}_{ij} \cdot \mathrm{IDF}_i \\ \mathrm{IDF}_i = \log \dfrac{N}{n_i} \end{cases} \tag{11-1}$$

其中,$W_{i,j}$是分词 i 在文本 d_j 里面的权重,TF_{ij}指的是分词 i 在文本 d_j 里面出现的次数,而 IDF_i 是反文档频率(Inverse Document Frequency),N 表示整个文本集的数目,而 n_i 指的是在整个文本集合中包含有分词 i 的文本数目。

(5)文本分类。文本分类在机器学习中属于有指导的学习,是在已分类好的语料库(corpus)中选取文本样本集合(训练集 train set),提取其属性特征集(features),对学习机(分类器 classifier)进行训练,使得分类器具有判断待分类文本类别的功能,并用分类器为待分类

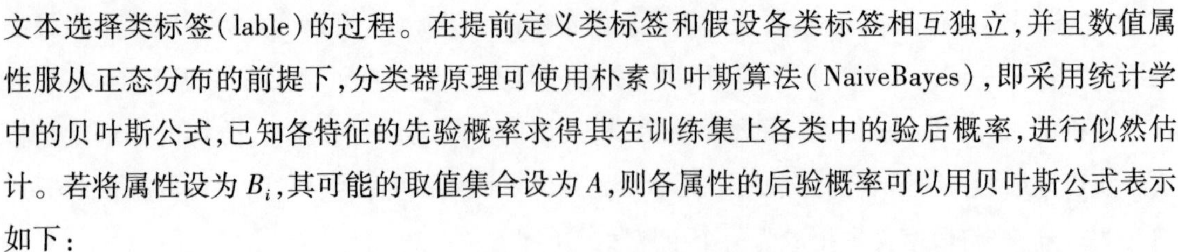

文本选择类标签(lable)的过程。在提前定义类标签和假设各类标签相互独立,并且数值属性服从正态分布的前提下,分类器原理可使用朴素贝叶斯算法(NaiveBayes),即采用统计学中的贝叶斯公式,已知各特征的先验概率求得其在训练集上各类中的验后概率,进行似然估计。若将属性设为 B_i,其可能的取值集合设为 A,则各属性的后验概率可以用贝叶斯公式表示如下:

$$P(B_i \mid A) = \frac{P(B_i)P(A \mid B_i)}{\sum_{j=1}^{n} P(B_j)P(A \mid B_j)} \tag{11-2}$$

分类工具有 NLTK、FudanNLP 等,通过分析与比较,选择用 NLTK 的文本分类器。众多机构提供了各式语料库,对语料库的选取要结合研究侧重点。英文新闻语料库有路透社在 1996 年整理的 reuters21578,该语料库为新闻制定了 5 个各有交叉的分类体系。虽然该语料库格式十分规整,内容易于提取,但分类体系中并无涵盖当今新闻的分类标签,再加上年代比较久远,不适用于含有多种新生词汇的时讯报道,因此,并没有考虑使用该语料库。中文的语料库有搜狗实验室提供的新闻分类语料库,文本来自搜狐新闻网站分类目录下手工编辑的网页,适用于中文新闻分类。其中,有 mini 版、精简版(Reduced)和完整版三个规模的语料库,现选取中等规模的精简版,包含 9 类 17 912 篇文本。

利用上述理论和工具,新闻文本分类主要分为训练分类器生成模型和运用分类器进行文本分类两个阶段,前者的简要步骤有:选定语料库,将语料库中的部分文档选作训练集,自定义特征提取器,选取文本中概率高的关键词作为特征集,用特征集训练文本分类器,并生成训练模型。后者的主要步骤为:导入训练模型至分类器,提取待分类文本的特征,对待分类新闻文本进行分类,并分类存放已处理文本。当然,此方法可以改进的地方还有很多,比如,在特征提取阶段,可以利用主题识别等技术,减少不确定性。

(6)情感分析。新闻有客观公正,叙事为主的特点,不同于一般的评论性文本或抒情性博客,难以分析其情感倾向。现采用如下情感分析方法:首先抽取文本中能表达情感的部分,如谓语中的动词、表语中表示情感的形容词,定语中的倾向性形容词,对每个关键词查找情感词典,标记其情感倾向为积极的或是消极的。最后,统计文本中表达了积极情绪的关键词和消极情绪的关键词的个数,多者则体现了相应情绪。

为词汇标注情感倾向,需要用到情感词典。知网情感词典(Hownet),分别有中文、英文的情感词典。两种语言又各包含有程度级别、评价(正、负)、情感(正、负)、主张的词语,可用于词语极性标注。现选取其中正负评价、正负情感共 4 个词典作为情感分析的基准词典。

然而,这种方法有其局限性。比如,在否定句、反问句等隐含深层意思的语境中,单纯地对比情感词汇的出现频率是不够的。但是在大多数情况下,由于其简单快捷,是词语情感极性标注的首选方法。

11.4　系统模型

本新闻挖掘双边态势感知模型实现了输入双边关系研究对象国关键字，自动分析两国关系形势，并展现为两国双边热点话题、两国对同一热门话题的不同关注角度、两国对共同焦点

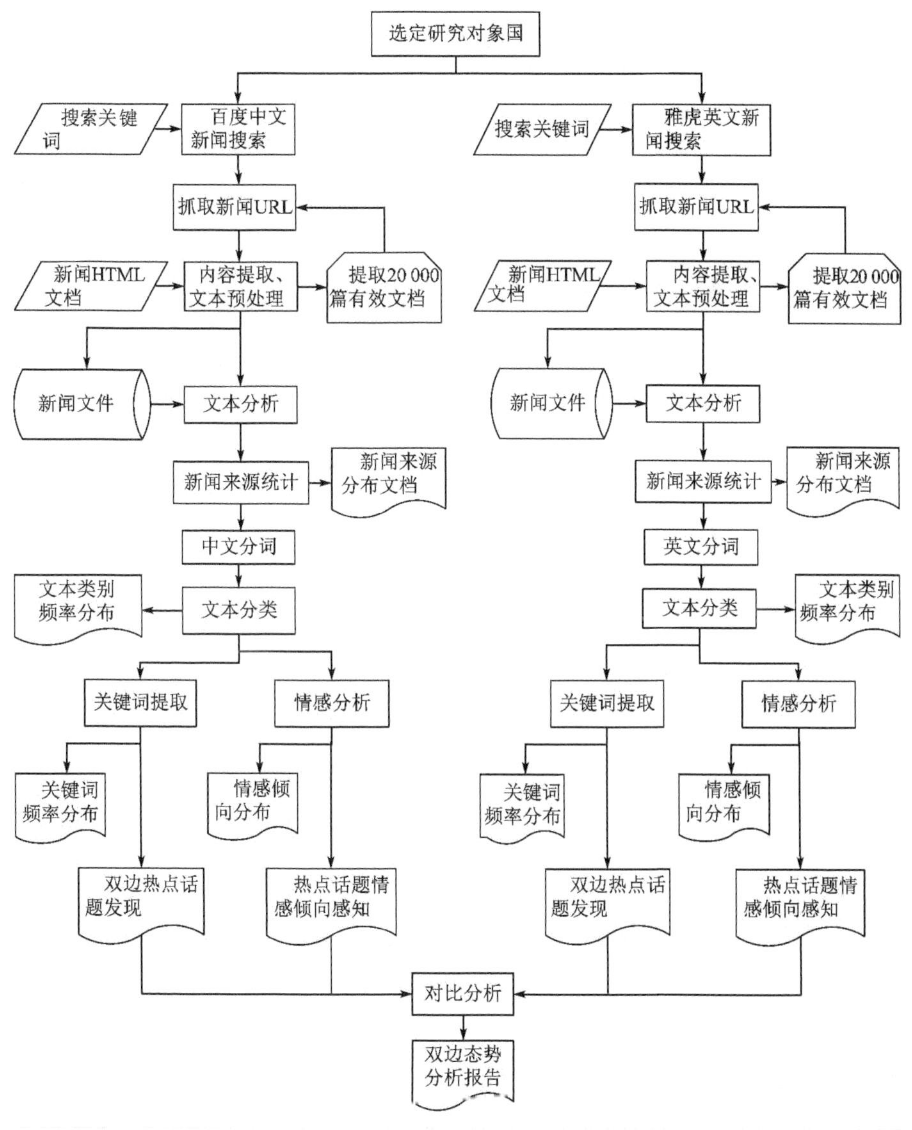

图 11-2　网页新闻分析模型

事件的褒贬倾向等多维指标,可细分为以下子功能。首先,选定两个研究双边关系的对象国(以中国、美国为例)并分别输入中英文两种语言的搜索关键词,搜索和抓取相关网络新闻。其次,对海量新闻文本进行文字处理,通过新闻类聚和热点自动探测得出两国网络媒体关注热点。接着,选取共同焦点进行关键词提取和情感分析,由此得出双边形势的全息图像。网页新闻分析模型如图 11-2 所示,新闻文本分类子模型如图 11-3 所示,网络爬虫子模型如图 11-4 所示。

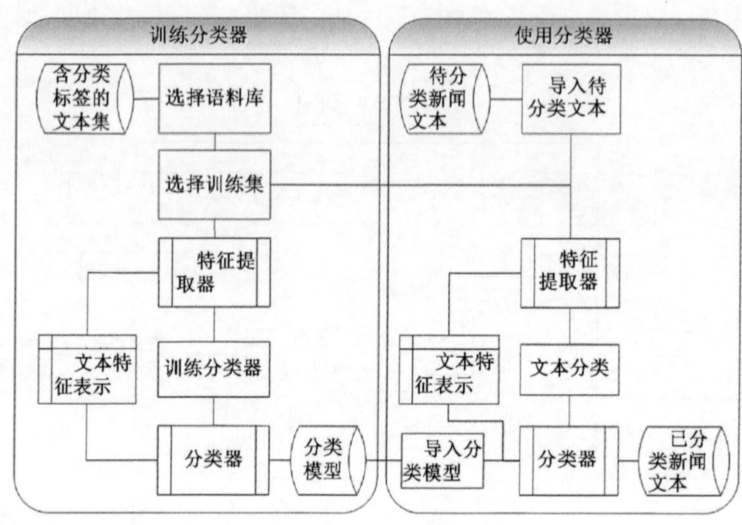

图 11-3　新闻文本分类子模型

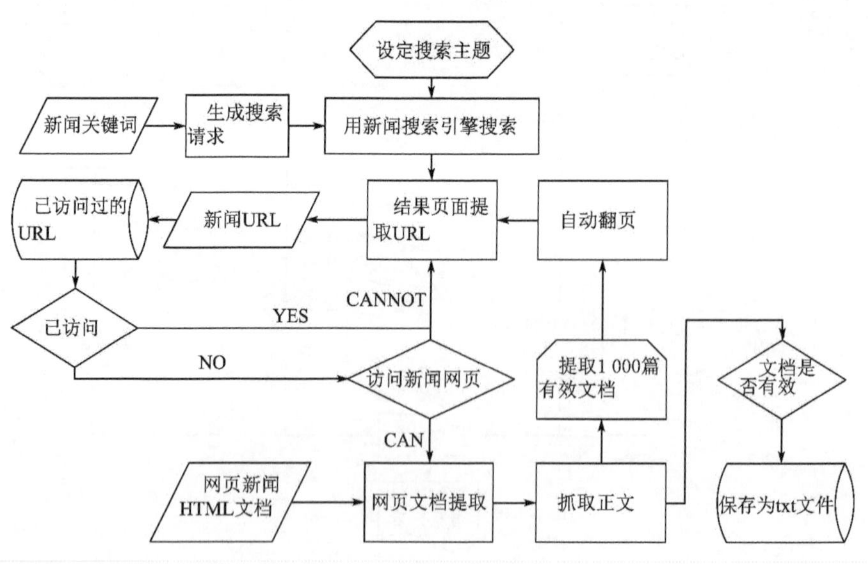

图 11-4　网络爬虫子模型

11.5 实证分析

下面将选取上述理论、技术和工具,在全网抓取以中美双边为主题的中、英文新闻,对其进行来源统计、文本分类、关键词提取、情感分析,并进一步对比分析所得结果,得出结论。

实证之前,要选择编码语言(用 Python 写爬虫程序、用 VBA 写结果数据分析程序),搭建开发环境(IDLE 编辑器、Excel 绘图功能、开发者模式的 Chrome 浏览器),编写软件代码(安装 Python 的第三方库 Beautifulsoup、chardet、jieba、shutil 等),选取自然语言处理工具(NLTK 模块),下载并筛选语料库(搜狗 Reduced 网络新闻语料库、自建英文新闻分类语料库),准备停用词表(NLTK 的语料库中自带的英文停用词表、FudanNLP 中的中文停用词表和根据分词样本补充的自建停用词表)、情感词典(中国知网情感词典)等。

11.5.1 数据准备

1)语料采集

在百度新闻频道(http://news.baidu.com/)用"中国美国""中美两国"等关键词搜索中美双边新闻,取不重复来源的、有效链接的中文新闻。提取新闻标题、来源、发布时间、URL 等基本信息。同时用类似的方法,在雅虎新闻频道(http://news.yahoo.com/)采集英文新闻。

2)文本处理和数据清洗

从 html 源码中,计算文段密度,提取最长文段为新闻正文。对文本进行清洗,去除 html 标记、无用字段等,将抓取的大量文本存储为带格式的 txt 文件,分语种存放。去除无效、过短等不符合质量要求的新闻,英文去除 511 篇,最终得到有效新闻 19 774 篇,中文去除 1 450 篇,余下 19 449 篇。语料采集时间为 2015 年 3 月 ~4 月。最后,随机选取 100 篇样本,统计高频词汇,建立停用词表。

11.5.2 深入挖掘

分别对中、英文新闻文本数据挖掘,从不同角度分析文本。

1)来源统计

通过对新闻来源网站的统计(已归并一个互联网门户下的多个子频道),得出中文新闻共有 375 个网络新闻媒体来源,英文新闻来源有 401 个。英文新闻中,由于雅虎作为门户网站有自己的新闻频道,因此用其搜得的新闻中,来源自雅虎的较多。中文新闻来源分布图如图 11-5 所示,英文新闻来源分布图如图 11-6 所示。

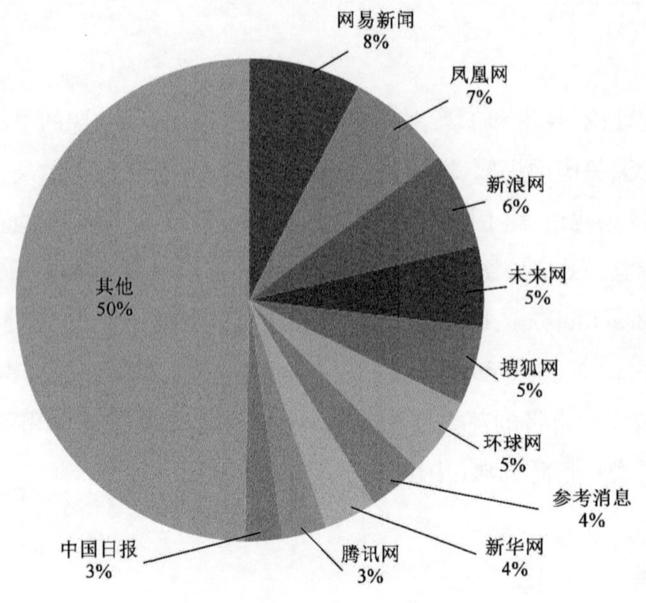

图 11-5　中文新闻来源分布图

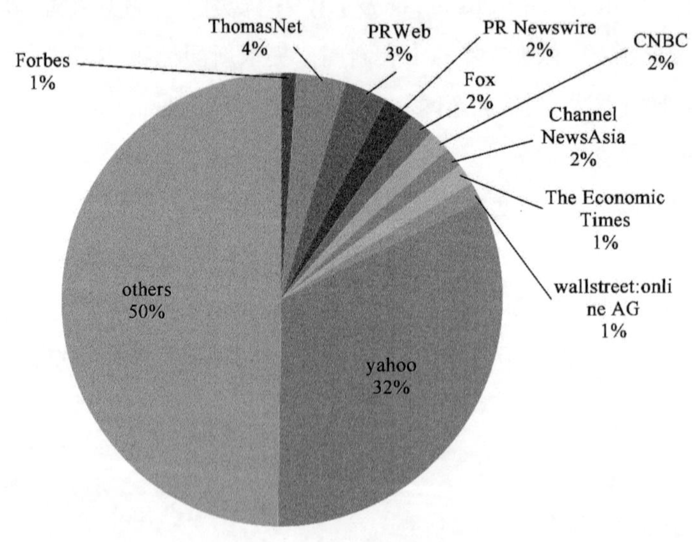

图 11-6　英文新闻来源分布图

2)文本分类

参考搜狗语料库的分类方法,在中英文新闻中,分别选取经济(economy)、就业(employment)、军事(military)、文化(culture)、科技(technology)、体育(sports)、教育(education)、旅游(travel)等9个类标签。在中文语料库的9类中,各随机选取100篇文本作为训练集。英文的训练集来自自建语料库的270篇文章。定义特征提取器,将前1 000个高频有效关键词作为其特征词,统计每类文本中特征词的出现频率,得出特征模型。将特征模型导入分类器并批量分类,结果如图11-7和图11-8所示。

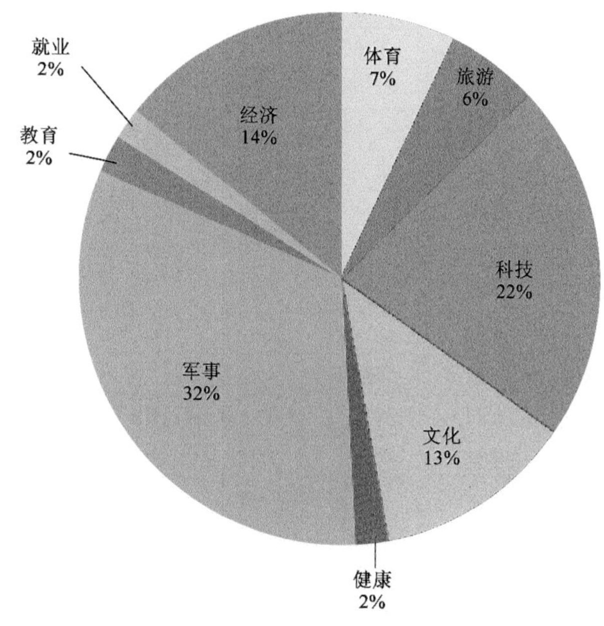

图11-7　中文新闻类别分布图

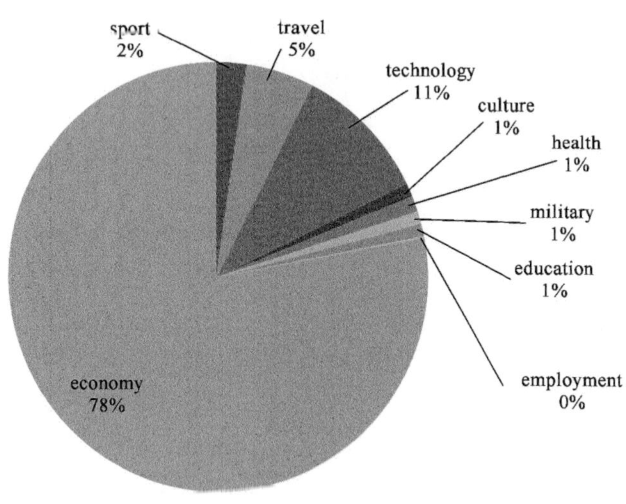

图11-8　英文新闻类别分布图

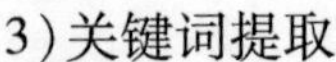

3)关键词提取

利用 TF-IDF 值提取关键词,过滤去搜索用词和无实义词,统计每一类关键词的出现频度,摘取前 15 个,如表 11-和表 11-2 所示。

中文新闻分类高频关键词 top15　　表 11-1

	体 育	旅游	科技	文化	健康	军事	教育	就业	经济
1	女子冰壶	游客	马尼拉	奥巴马	医生	战略	学生	留学生	投行
2	中国女足	博物馆	新规	日本	游客	合作	留学	移民	战略
3	战胜	海洋公园	绿卡	英国	营养	日本	高中	亚裔	合作
4	巴西	圣地亚哥	专利	政治	兰普顿	对话	家长	家庭	亚洲
5	德国	送礼	出口	合作	亚洲	海军	学校	华人	投资
6	发生冲突	代购	汽车	亚洲	密西西比河	俄罗斯	中国崛起	合作	奥巴马
7	美国国务院	航空	日本	基辛格	鲤鱼	武器	孩子	工作	日本
8	邀请赛	饺子	股市	利益	健康	亚太	美式	学习	习近平
9	也门	排队	俄罗斯	移民	药品	卫星	课外活动	形象	国债
10	拜登	签证	富豪	华盛顿	危重症	钓鱼岛	计划	委员会	发展
11	赛季	春节	制造	挑战	世界华人	东风导弹	汉语	投资	印度
12	北京铁路局	弗吉尼亚州	欧洲	智库	男同性恋	潜艇	橄榄球	私立学校	国际
13	辩论会	福布斯	苹果	孩子	急诊	太空	大学	强硬派	增长
14	部长	高铁	个人所得税	历史	患者	美军	中文	蓝皮书	英国
15	财华社	购物中心	新税法	女性	何大一	盟友	研究	回国	制造业

英文新闻分类高频关键词 top15　　表 11-2

	sport	travel	technology	culture	health	military	education	employment	economy
1	FC	org	Russia	Italy	women	tourism	Russia	Angeles	market
2	Liverpool	University	India	Orchestra	story	maternity	world	said	report
3	Everton	tourism	tourism	NYO	marriage	Pravda	President	USA	new
4	subtitles	Published	industry	Carnegie	pregnant	Mulloy	people	Friday	World
5	passenger	brand	TV	America	company	California	Cuba	moved	Chart
6	pound	ridien	hangover	Russia	rights	raids	Premiere	UPDATE	industry
7	Noumenon	Gray	funeral	SINGLES	federal	submarines	Washington	Thursday	Company
8	crew	business	products	Photo	birth	authorities	Share	PIX	global
9	flight	climate	casket	National	study	Irvine	Post	words	growth
10	plane	Palm	Asia	Premiere	tourism	pregnant	sales	was	Graph
11	team	Cup	countries	Narrative	equality	nuclear	growth	—	million
12	cricket	Malin	government	tea	state	Moscow	comments	—	includes
13	league	terrestrial	Malamas	France	gay	Obama	Ralf	—	company
14	ICC	travel	caskets	Press	vaccine	Iran	revenue	—	business
15	season	Springs	Korea	tour	children	Russia	Group	—	Industry

4）情感分析

采用查情感词典、标注词极、统计频度的方法，分类统计每篇新闻的情感倾向和评论倾向，如图11-9～图11-12所示。

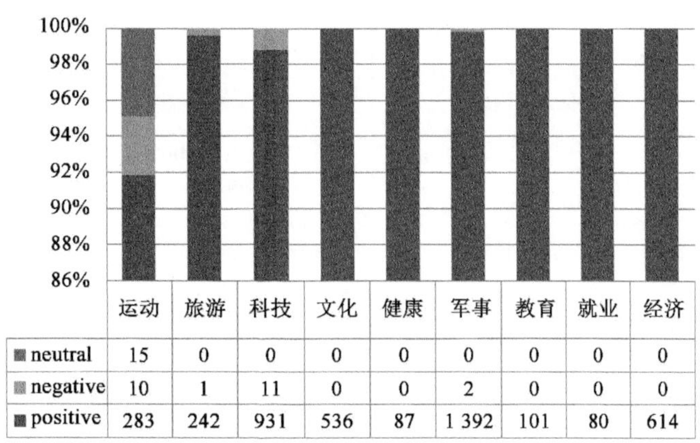

	运动	旅游	科技	文化	健康	军事	教育	就业	经济
neutral	15	0	0	0	0	0	0	0	0
negative	10	1	11	0	0	2	0	0	0
positive	283	242	931	536	87	1 392	101	80	614

图11-9　中文新闻评论极性分布图

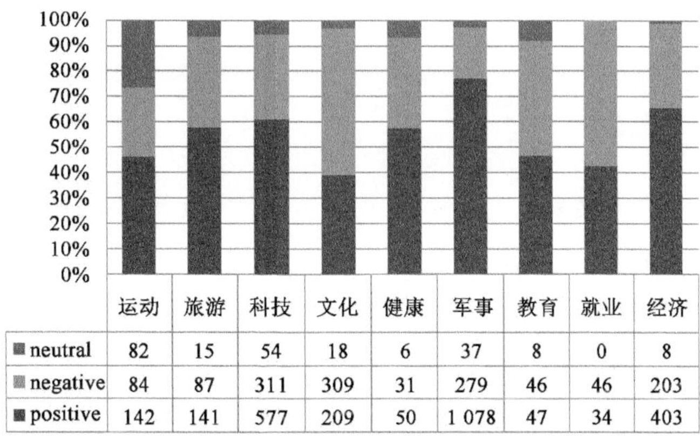

	运动	旅游	科技	文化	健康	军事	教育	就业	经济
neutral	82	15	54	18	6	37	8	0	8
negative	84	87	311	309	31	279	46	46	203
positive	142	141	577	209	50	1 078	47	34	403

图11-10　中文新闻情感极性分布图

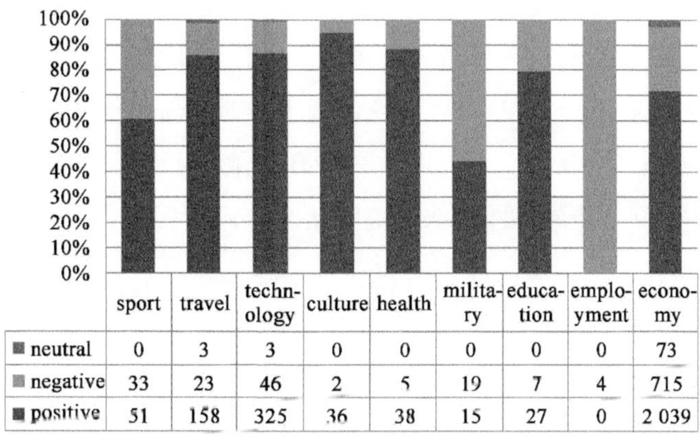

	sport	travel	techn-ology	culture	health	milita-ry	educa-tion	emplo-yment	econo-my
neutral	0	3	3	0	0	0	0	0	73
negative	33	23	46	2	5	19	7	4	715
positive	51	158	325	36	38	15	27	0	2 039

图11-11　英文新闻评论极性分布图

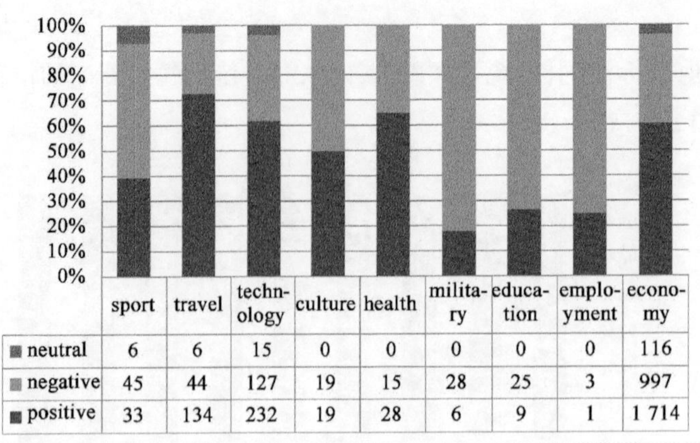

	sport	travel	techn-ology	culture	health	milita-ry	educa-tion	emplo-yment	econo-my
■ neutral	6	6	15	0	0	0	0	0	116
■ negative	45	44	127	19	15	28	25	3	997
■ positive	33	134	232	19	28	6	9	1	1 714

图 11-12　英文新闻情感极性分布图

11.6　本章小结

1)实验结果详解

平均每 10.8 篇中文新闻来自同个媒体,英文新闻为 8.9 篇,可见中文新闻的来源较广,其报道更具大众代表性,而英文网络新闻媒体话语权较集中,大型新闻门户网站对小型网站的采编更频繁。十大英文新闻来源中有 83% 来自美国,接着依次为英国、新加坡、印度、俄罗斯、中国和澳大利亚。这些国家或以英语作为第一、第二语言,或关心中美、亚洲、国际态势,93% 为西方国家;而中文新闻则均出自中国网络媒体,因此,所采集的中、英文新闻可代表中、西方网络新闻媒体对中美关系的认知。

涉及中美双边的中文新闻类别分布较均衡,军事、科技、经济、文化类话题主导新闻媒体取景框,体育、旅游、健康、教育与就业所占比重较小。相比之下,英文新闻的题材分布则有较大偏向,经济类新闻占 78% ,技术类占 11% 。这体现了中西方新闻价值观的不同,中方网络新闻媒体更具人性化,报道取材广泛,而西方媒体取材集中,侧重民众关心的中美经贸、技术交流等话题。较之传统媒体,网络新闻媒体的取材范围从时事政治等硬新闻,扩大至文体娱乐、生活健康、就业教育等领域。

以上词汇给出新闻界关注维度的概览。由中方新闻各类热词可知,女子冰壶、女足等国际体育赛事关注度较高;旅游热点为参观与购物,"春节"这个词的高频出现反映出国际游客对中国传统文化的兴趣;科技热词多与知识产权获利有关;抗艾专家华人何大一在健康一栏中名列前茅也体现了艾滋病受关注的程度;军事热词中"合作""对话""盟友"展示了中方媒体对两国军事关系的乐观友好态度，日本、俄罗斯等国名的出现体现了世界军事的多极化；教育与就业类新闻热词则体现了中美教育、职业的交流；经济类热词反映出投资与借贷在中美经济交流中的重要性。各类英文新闻的高频关键词中，国际组织频频出现，生活用语比重较大，体现了英文使用者对民生的关注，其人文视角体现了新闻价值五要素中的接近性和趣味性。中、英文新闻高频关键词的不同也反映了中、西方群体与思辨、个体与实证的思维差异。由于提取的关键词过多、关键词分布过散，存在一些不相关词汇，可见在关键词频率统计前期就要对关键词进行筛选，以增加准确性。

结果表明，中方网络新闻媒体对中美双边领域评价积极，情感倾向总体中立，正反态度基本持平，最不满意体育领域，最满意军事领域。英文新闻中，就业与军事最广为担心，而文化、旅游好评较多。

2）模型的总结与效果评估

该模型完整包含总体模型与子模型，适用于对中、英文网络语境下的新闻的大批量自动提取、整理与分析。本书尝试将自然语言分析放在国际网络中，不仅对中、英双语新闻对比和双边关系分析有启发性，还对跨语种社会热点分析有意义。

实证分析找出并改进模型的不足，精确了结论。比如，关键词提取过程中，增加了关键词筛选机制，集中并扩大了分析内容。又如，情感分析阶段，先提炼表达情感的词语，再标注其极性。模型也有可改进之处。比如，分类结果中，中、英文的新闻分布差异较大。原因可能为英文语料库规模较小，不具代表性，也可能反映了中、英文网络新闻媒体对热点事件的关注倾向的差异。英文新闻分类结果偏向过强，原因可能为语料库文本不具典型性，可尝试结合查找分类词典。由于时间原因，新闻文本的采集量不够庞大，搜索与筛选不够准确。这些均可在未来的研究中加以改进。

本章首先以挖掘和分析跨中英语境的网络新闻为目的，介绍了在Web数据挖掘、自然语言处理和文本分析领域的基本理论和现有技术，列举相关技术工具和语料库与字典。接着，本章构建出国际网络新闻分析模型，实现了抓取海量中、英文新闻文本，数据清洗，自然语言处理和文本分析。然后，本书用实验证明了模型的可行性，并对其改进，通过四个维度的分析，得出中英文网络新闻媒体对中美双边话题的关注角度、评论倾向的异同，为国际网络舆论研究提供了新思路。最后，本书总结出模型的应用前景，反省了不足，并探讨了将来的改进方向。

本章参考文献

[1] Wasserman S, Faust K. Social network analysis: methods and applications[M]. Cambridge University Press, 1994.

[2] Chen Kehan, Han Panpan, Wu Jian. User clustering based social network recommendation [J]. Chinese Journal of Computers, 2013, 36(2): 349-359.

[3] 徐嬴, 刘屹, 阴红志,等. 查询性能预测方法的性能评测研究[J]. 计算机研究与发展, 2013.

[4] Blei D M, Ng A Y, Jordan M I. Latent dirichlet allocation[J]. Journal of Machine Learning Research, 2003.

[5] Milstein S, Chowdhury A, Hochmuth G, et al. Twitter and the micro-messaging revolution: Communication, connections, and immediacy-140 characters at a time [J]. O' Reilly Report, 2008.

[6] Jianshu Weng, Ee-Peng Lim, Jing Jiang, Qi He. TwitterRank: finding topic-sensitive influential twitterers[C]//Proceedings of the third ACM international conference on Web search and data mining, 2010.

[7] Jianshu W, Ee-Peng L, Jing J, et al. finding topic-sensitive influential twitterers[R]//The third ACM international conference on Web search and data mining, 2010.

[8] [LavrenkoV, AllanJ, DeGuzmanE et al. Relevance models for topic detection and tracking [C]//Proceedings of the Human Language technology Conference, 2002.

[9] 陈友,程学旗,杨森. 面向网络论坛的突发话题发现[J]. 中文信息学报, 2010, 24(3).

[10] Jon M. Kleinberg: bursty and hierarchical structure in streams[J]. Data Mining and Knowledge Discovery, 2003, 7(4):373-397.

[11] Toshimitsu T, Ryota T, Kenji Y. Discovering emerging topics in social streams via link-anomaly detection[J]. IEEE Trans. Knowl. Data Eng, 2014, 26(1):120-130.

[12] Juanjuan Zhao, Weili Wu et al. A short-term prediction model of topic popularity on microblogs[J]. Proceedings of the COCOON, 2013.

[13] Duan Y, Jiang L, et al. An empirical study on learning to rank of tweets[C]. Proceedings of the 23rd International Conference on Computational Linguistics, 2010.

[14] Hong Yu, Zhang Yu, Liu Ting, et al. Topic detection and tracking review[J]. Journal Of Chinese Information Processing, 2007, 21(6):71-87.

[15] Jing Zhang. Research on the model and platform of hotspot detection based on micro-blog [M]. Wu han: Huazhong University of Science&Technology, 2010.

[16] Guanchao Yang. Research of hot topic discovery strategy on microblogging platforms[M]. Hangzhou: Zhejiang University Press, 2011.

[17] Jimeng Sun, Jie Tang. A Survey of models and algorithms for social influence analysis[J].

Social Network Data Analytics,2011:177-204.

[18] 徐建民,张猛,吴树芳.基于话题的事件相似度计算[J].计算机工程与设计,2014.

[19] Rumi Ghosh, Kristina Lerman. Predicting influential users in online social network[C]// Proceedings of the Fourth Social Network Analysis,2010.

[20] Sabidussi G. The centrality index of a graph[J]. Psychometrika, 1966, 31(4):581-603.

[21] Newman M E. A measure of betweenness centrality based on random walks[J]. Social Networks, 2005, 27(1):39-54.

[22] Ding Zhaoyun, Zhou Bin, Jia Yan, et al. Topical influence analysis based on the multi-relational network in microblogs[J]. Journal of Computer Research and Development, 2013, 50 (10).

[23] Joseph P Turian, Lev-Arie Ratinov, et al. Word representations: a simple and general method for semi-supervised learning[J]. ACL, 2010.

[24] Yoshua Bengio, Rejean Ducharme, Pascal Vincent, et al. A neural probabilistic language model[J]. Journal of Machine Learning Research, 2003.

[25] T Mikolov, Q V Le I Sutskever. Distributed representations of sentences and documents[C]. ICML, 2014.

[26] https://github.com/fxsjy/jieba.

[27] 徐恪,张赛,陈昊,等.在线社会网络的测量与分析[J].计算机学报,2014,37(1).

[28] 张静.新闻事件的文本挖掘[D].唐山:唐山师范大学, 2010.

[29] 郭思远.网络新闻伦理困境及对策[D].北京:首都师范大学, 2014.

[30] 邱锡鹏. 复旦自然语言处理——FudanNLP说明文档 v0.01[D].上海:复旦大学计算机科学技术学院, 2012.

[31] 胡峰.Web数据挖掘及其在网络新闻文本数据中的应用[D].西安:电子科技大学,2010.

[32] S Bird, E Klein, E Loper. Natural language processing with python[J]. O'REILLY, 2009.

[33] X Fan. A comparative study on the international news between china daily and the new york times[J]. Jinan University Press, 2014.

[34] 李纲. 突发事件情境下网络问答社区用户构成和行为分析[J].图书情报工作, 2013.

[35] 陈效. 中美国际新闻比较研究[D].南昌:江西师范大学, 2010.

[36] Manning, Christopher D, Surdeanu, et al. The stanford coreNLP natural language processing toolkit[C]. Proceedings of 52nd Annual Meeting of the Association for Computational Linguistics, 2014.

[37] Li SS, Huang CR, Zong CQ. Multi-domain sentiment classification with classifier combina-

tion[J]. Journal of Computer Science and Technology, 2011.

[38] Cong S, Zhang J, Xu Z, et al. Feature selection algorithm for text classification based on improved mutual Information[J]. Journal of Harbin Institute of Technology, 2011.

[39] 蔡霞. 自然语言理解在 Web 数据挖掘中的应用[J]. 计算机工程与设计, 2003.

[40] Shoushan Li, Sophia Yat Mei Lee, Wei Gao, et al. Semi-supervised text categorization by considering sufficiency and diversity[J]. NLP&CC, 2013, 26(1).

[41] Huang, C N. A review of ten years of Chinese word segmentation[J]. Journal of Chinese Information, 2007.